华为ICT大赛系列

华为ICT大赛实践赛
计算赛道真题解析

组　编　华为ICT大赛组委会
主　编　张倩 秦宇镝 梁硕
副主编　王苏南 李竹茵 柴一源等

人民邮电出版社
北　京

图书在版编目（CIP）数据

华为 ICT 大赛实践赛计算赛道真题解析 / 华为 ICT 大赛组委会组编 ; 张倩, 秦宇镝, 梁硕主编. -- 北京 : 人民邮电出版社, 2024. -- ISBN 978-7-115-65456-4

Ⅰ. TP3-44

中国国家版本馆 CIP 数据核字第 2024ME7646 号

内 容 提 要

本书对华为 ICT 大赛 2023—2024 实践赛计算赛道真题进行解析，涉及 openEuler、openGauss、Kunpeng Application Development 等前沿技术。本书共 5 章，第 1 章先讲解华为 ICT 大赛目标，以及华为 ICT 大赛 2023—2024 实践赛和创新赛，然后介绍实践赛计算赛道的赛制和考试大纲；第 2～5 章按照由浅入深的顺序逐步解析省赛初赛、省赛复赛、总决赛和全球总决赛的真题，解析时根据各技术细分方向分解真题涉及的考点，帮助学生系统掌握考点相关知识并提升实践技能。

◆ 组　　编　华为 ICT 大赛组委会
主　　编　张　倩　秦宇镝　梁　硕
副 主 编　王苏南　李竹茵　柴一源 等
责任编辑　贾　静
责任印制　王　郁　胡　南

◆ 人民邮电出版社出版发行　　北京市丰台区成寿寺路 11 号
邮编　100164　　电子邮件　315@ptpress.com.cn
网址　https://www.ptpress.com.cn
三河市兴达印务有限公司印刷

◆ 开本：800×1000　1/16
印张：13.75　　　　2024 年 11 月第 1 版
字数：341 千字　　　　2024 年 11 月河北第 1 次印刷

定价：59.80 元

读者服务热线：(010)81055410　印装质量热线：(010)81055316
反盗版热线：(010)81055315
广告经营许可证：京东市监广登字 20170147 号

前言

当前，AI 等新技术的发展突飞猛进；数据规模呈现爆炸式增长态势；越来越多的行业正在加快数字化转型和智能化升级进程，从而推动数字技术和实体经济深度融合，使人类社会加速迈向智能世界。而信息与通信技术（Information and Communications Technology）人才则成为推动全球智能化升级的第一资源和核心驱动力，成为推动数字经济发展的新引擎。

为加速 ICT 人才的培养与供给，提高 ICT 人才的技能使用效率，华为技术有限公司（以下简称“华为”）积极构建良性 ICT 人才生态。通过华为 ICT 学院校企合作项目，华为向全球大学生传递华为领先的 ICT 技术和产品知识。作为华为 ICT 学院校企合作项目的重要举措，华为 ICT 大赛旨在打造年度 ICT 赛事，为全球大学生提供国际化竞技和交流平台，帮助学生提升其 ICT 知识水平和实践能力，培养其运用新技术、新平台的创新创造能力。

目前为止，华为 ICT 大赛已举办八届，被中国高等教育学会正式纳入全国普通高校大学生竞赛榜单，也是 UNESCO（United Nations Educational,Scientific and Cultural Organization，联合国教科文组织）全球技能学院的关键伙伴旗舰项目。随着华为 ICT 大赛的连续举办，大赛规模及影响力持续提升。第八届华为 ICT 大赛共吸引了全球 80 多个国家和地区、2000 多所院校的 17 万余名学生报名参赛，最终来自 49 个国家和地区的 161 支队伍、470 多名参赛学生入围全球总决赛。

同时，参赛学生的知识水平与实践能力也在不断提升。据统计，第八届华为 ICT 大赛实践赛的所有参赛队伍平均得分为 562 分，较第七届提高了 105 分，其中中国区参赛队伍平均得分为 670 分，高于华为认证体系中最高级别的 ICT 技术认证——HCIE（Huawei Certified ICT Expert，华为认证 ICT 专家）认证要求的 600 分，反映出华为 ICT 大赛的竞争日益激烈、含金量日益提升。

为帮助参赛学生更好地备赛，华为特推出华为 ICT 大赛系列真题解析，该系列丛书共 4 册，涵盖第八届华为 ICT 大赛实践赛的网络、云、计算、昇腾 AI 赛道真题及解析，是唯一由华为官方推出的聚焦华为 ICT 大赛的真题解析。该系列丛书逻辑严谨、条理清晰，按照由浅入深的顺序，逐步解析全国初赛（网络、云和计算这 3 条赛道为省赛的形式，其中省赛分为省赛初赛和省赛复赛）、全国总决赛和全球总决赛真题，从基础概念讲起，帮助参赛学生在学习相关知识的同时提升实践能力；按照模块化设计模式，按技术方向拆解考点，并深入讲解重点和难点知识，帮助参赛学生系统、高效地学习。该系列丛书将尽量保持华为 ICT 大赛 2023—2024 实践赛各赛道真题的原貌，以方便读者感受各赛道考题的风格、难易程度，能有效帮助读者把握命题思路、掌握重点内容、检验学习效果、增加实战经验。既适合作为华为 ICT 大赛的参考书，也适合作为相关华为认证考试的参考书。

在编写本书的过程中，我们努力确保信息的准确性，但由于时间有限，难免存在不足之处。如有问题，读者可以发电子邮件到 wangsunan@szpu.edu.cn。在此，也特别感谢杨柳、叶礼兵、吴粤湘、明月、李冬青、许可和胡家顺，他们一起参与了本书的编写。

计算赛道涵盖众多前沿技术，如 openEuler、openGauss、Kunpeng Application Development 等。在智能时代的星辰大海中，未来正等待着我们去探索与征服。时代的浪潮带来了前所未有的挑战和机遇。让我们在华为 ICT 大赛计算赛道上，以不懈的努力和执着的追求，去迎接属于我们的光辉时刻。它们不仅是技术的前沿，更是创新的驱动力。让我们在这片浩瀚的技术天地中，从该系列丛书起步，以知识为帆，以技术为桨，乘风破浪，勇敢前行，怀揣梦想，迎接挑战，与华为携手，共同构建一个更加智能的万物互联的未来世界。让我们用智慧和激情去谱写属于我们的辉煌篇章，在计算赛道上，探索未知、创造奇迹，与未来共舞！

华为 ICT 大赛组委会

2024 年 8 月

资源与支持

资源获取

本书提供如下资源：

- 考试指导；
- 异步社区 7 天 VIP 会员。

要获得以上资源，您可以扫描下方二维码，根据指引领取。

提交勘误

作者和编辑尽最大努力来确保书中内容的准确性，但难免会存在疏漏。欢迎您将发现的问题反馈给我们，帮助我们提升图书的质量。

当您发现错误时，请登录异步社区（https://www.epubit.com），按书名搜索，进入本书页面，点击“发表勘误”，输入勘误信息，点击“提交勘误”按钮即可（见下图）。本书的作者和编辑会对您提交的勘误进行审核，确认并接受后，您将获赠异步社区的 100 积分。积分可用于在异步社区兑换优惠券、样书或奖品。

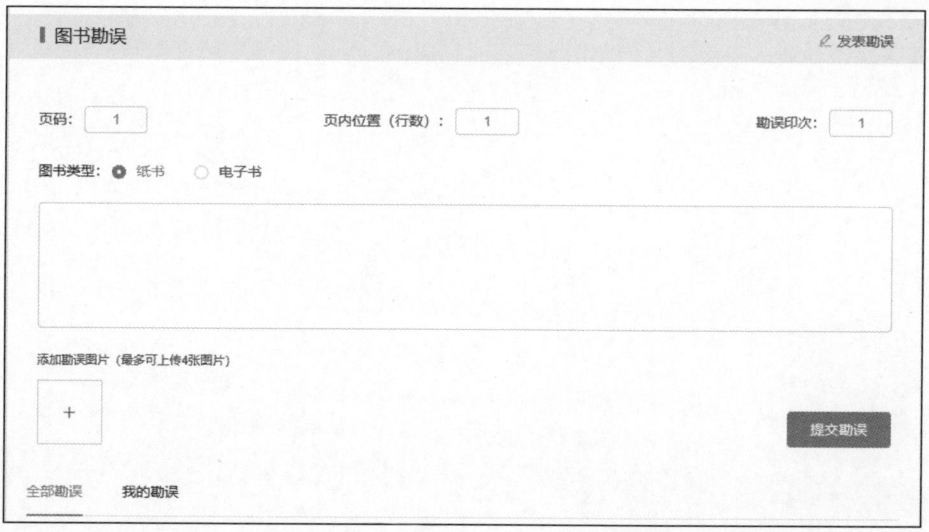

与我们联系

我们的联系邮箱是 contact@epubit.com.cn。

如果您对本书有任何疑问或建议，请您发邮件给我们，并请在邮件标题中注明本书书名，以便我们更高效地做出反馈。

如果您有兴趣出版图书、录制教学视频，或者参与图书翻译、技术审校等工作，可以发邮件给本书的责任编辑（jiajing@ptpress.com.cn）。

如果您所在的学校、培训机构或企业，想批量购买本书或异步社区出版的其他图书，也可以发邮件给我们。

如果您在网上发现有针对异步社区出品图书的各种形式的盗版行为，包括对图书全部或部分内容的非授权传播，请您将怀疑有侵权行为的链接发邮件给我们。您的这一举动是对作者权益的保护，也是我们持续为您提供有价值的内容的动力之源。

关于异步社区和异步图书

“异步社区”（www.epubit.com）是由人民邮电出版社创办的 IT 专业图书社区，于 2015 年 8 月上线运营，致力于优质内容的出版和分享，为读者提供高品质的学习内容，为作译者提供专业的出版服务，实现作者与读者在线交流互动，以及传统出版与数字出版的融合发展。

“异步图书”是异步社区策划出版的精品 IT 图书的品牌，依托于人民邮电出版社在计算机图书领域 30 余年的发展与积淀。异步图书面向 IT 行业以及各行业使用相关技术的用户。

目 录

第 1 章 华为 ICT 大赛实践赛计算赛道介绍 ······ 1

1.1 华为 ICT 大赛目标 ······ 1

1.2 华为 ICT 大赛 2023—2024 比赛内容及方式 ······ 2

1.2.1 实践赛 ······ 2

1.2.2 创新赛 ······ 2

1.3 实践赛计算赛道赛制 ······ 3

1.3.1 实践赛计算赛道省赛初赛赛制 ······ 3

1.3.2 实践赛计算赛道省赛复赛赛制 ······ 3

1.3.3 实践赛计算赛道全国总决赛赛制 ······ 4

1.3.4 实践赛计算赛道全球总决赛赛制 ······ 4

1.4 实践赛计算赛道考试大纲 ······ 5

1.4.1 各技术方向占比 ······ 5

1.4.2 考试范围 ······ 5

第 2 章 2023—2024 省赛初赛真题解析 ······ 11

2.1 openEuler 模块真题解析 ······ 11

2.2 openGauss 模块真题解析 ······ 20

第 3 章 2023—2024 省赛复赛真题解析 ······ 32

3.1 openEuler 模块真题解析 ······ 32

3.2 openGauss 模块真题解析 ······ 51

第 4 章 2023—2024 全国总决赛真题解析 ······ 70

4.1 理论考试真题解析 ······ 70

4.1.1 本科组真题解析 ······ 70

4.1.2 高职组真题解析 ······ 78

4.2 实践考试真题解析 ······ 85

4.2.1 考题设计背景 …… 85
4.2.2 考试说明 …… 86
4.2.3 考题正文 …… 87

第 5 章 2023—2024 全球总决赛真题解析 …… 135

5.1 Background of Task Design …… 135
5.2 Exam Description …… 136
5.2.1 Weighting …… 136
5.2.2 Exam Requirements …… 136
5.2.3 Exam Platform …… 137
5.2.4 Saving Tasks …… 137
5.3 Exam Questions …… 137
5.3.1 openEuler …… 137
5.3.2 openGauss …… 165
5.3.3 Kunpeng Application Development …… 193

第 1 章

华为 ICT 大赛实践赛计算赛道介绍

华为 ICT 大赛是华为面向全球大学生打造的年度 ICT 赛事，大赛以“联接、荣耀、未来”为主题，以“I. C. The Future”为口号，旨在为全球大学生打造国际化竞技和交流平台，提升学生的 ICT 知识水平和实践动手能力，培养其运用新技术、新平台的创新能力和创造能力，推动人类科技发展，助力全球数字包容。

华为 ICT 大赛自 2015 年举办以来，影响力日益增强，不仅参赛国家和地区、报名人数不断增加，还被中国高等教育学会正式纳入全国普通高校大学生竞赛榜单。

1.1 华为 ICT 大赛目标

华为 ICT 大赛目标如下。

- 建立联接全球的桥梁。大赛旨在打造国际化竞技和交流平台，将华为与高校联接在一起、教育与 ICT 联接在一起、大学生就业和企业人才需求联接在一起，促进教育链、人才链与产业链、创新链的有机衔接；助力高校构建面向 ICT 产业未来的人才培养机制，实现以赛促学、以赛促教、以赛促创、以赛促发展，培养面向未来的新型 ICT 人才。
- 提供绽放荣耀的舞台。大赛为崭露头角的学生提供国际舞台，授予奖项和荣誉；大赛成果将反映高校人才培养的质量，助力教师和高校提高业内影响力。
- 打造面向未来的生态。大赛培养学生的团队合作精神，培养其创新精神、创业意识和创新创业能力，促进学生实现更高质量的创业、就业；大赛将教育融入经济社会产业发展，推动互联网、大数据、AI 等 ICT 领域的成果转化和产学研用融合，促进各国加大对 ICT 人才生态建设的重视与投入，加速全球数字化转型与升级；大赛助力发展平等、优质教育，推进全球平衡发展，促进全球数字包容，力求让更多人从数字经济中获益，打造一个更美好的数字未来。

1.2　华为 ICT 大赛 2023—2024 比赛内容及方式

华为 ICT 大赛 2023—2024 的主题赛事包括实践赛和创新赛。

1.2.1　实践赛

实践赛包含网络、云、计算和昇腾 AI 这 4 条赛道（目前昇腾 AI 赛道仅对中国开放），主要考查参赛学生的 ICT 理论知识储备、上机实践能力以及团队合作能力；通过理论考试和实验考试考查学生的理论知识水平和动手能力，基于考试得分进行排名，学生需熟悉相关技术理论及实验。

实践赛采用“国家→区域→全球”三级赛制，国家赛的考查方式为理论考试；区域总决赛的考查方式为理论考试和实验考试；全球总决赛的考查方式为实验考试，其参赛队伍由区域总决赛队伍晋级产生。

中国区华为 ICT 大赛 2023—2024 实践赛为“省赛/全国初赛→全国总决赛→全球总决赛”三级赛制，比赛时间规划如表 1-1 所示。

表 1-1　中国区华为 ICT 大赛 2023—2024 实践赛比赛时间规划

<table>
<tr><th>主题赛事</th><th>报名时间</th><th>省赛时间</th><th>全国初赛时间</th><th>全国
总决赛时间</th><th>全球
总决赛时间</th></tr>
<tr><td>实践赛（网络、云、计算赛道）</td><td>2023 年 9 月 22 日—2023 年 10 月 31 日</td><td>2023 年 10 月—2023 年 12 月</td><td>无</td><td rowspan="2">2024 年 3 月</td><td rowspan="2">2024 年 5 月</td></tr>
<tr><td>实践赛（昇腾 AI 赛道）</td><td>2023 年 10 月 26 日—2023 年 12 月 10 日</td><td>无</td><td>2023 年 12 月</td></tr>
</table>

实践赛赛道的赛制级别及其中的组别划分如下。

- 省赛/全国初赛：分为网络、云、计算、昇腾 AI 这 4 条赛道，每条赛道分为本科组和高职组。
- 全国总决赛：分为网络、云、计算、昇腾 AI 这 4 条赛道，每条赛道分为本科组和高职组。
- 全球总决赛：分为网络、云、计算、昇腾 AI 这 4 条赛道（不区分本科组和高职组）。

其中，省赛分为省赛初赛和省赛复赛。

1.2.2　创新赛

创新赛要求学生从生活中遇到的真实需求入手，结合行业应用场景，运用 AI（必选）及云计算、物联网、大数据、鲲鹏、鸿蒙等技术，提出具有社会效益和商业价值的解决方案，并设计功能完备的作品。

创新赛采用作品演示加答辩的方式进行，重点考查作品创新性、系统复杂性/技术复合性、商业价值/社会效益、功能完备性及参赛队伍的答辩表现。

1.3　实践赛计算赛道赛制

1.3.1　实践赛计算赛道省赛初赛赛制

实践赛计算赛道省赛初赛赛制如表 1-2 所示。

表 1-2　实践赛计算赛道省赛初赛赛制

赛段	考试类型	考试时长	试题数量	试题类型	总分	比赛形式	说明
省赛初赛（必选）	理论考试	90 分钟	60 道	判断、单选、多选	1000 分	个人	2023 年 1 月 1 日起至省赛初赛结束日前，通过 HCIA-openEuler、HCIA-openGauss、HCIA-Kunpeng Application Developer、HCIA-Kunpeng Computing 中的任一认证加 50 分，通过 HCIP-openEuler、HCIP-openGauss、HCIP-Kunpeng Application Developer、HCIP-Kunpeng Computing 中的任一认证加 100 分，通过 HCIE-openEuler、HCIE-openGauss、HCIE-Kunpeng Application Developer、HCIE-Kunpeng Computing 中的任一认证加 200 分可累计加分，加分上限为 200 分。 注意：华为 ICT 大赛报名所用 Uniportal 账号需与认证考试所用 Uniportal 账号保持一致，否则将无法加分

1.3.2　实践赛计算赛道省赛复赛赛制

实践赛计算赛道省赛复赛赛制如表 1-3 所示。

表 1-3　实践赛计算赛道省赛复赛赛制

赛段	考试类型	考试时长	试题数量	试题类型	总分	比赛形式	说明
省赛复赛（可选）	理论考试	90 分钟	90 道	判断、单选、多选	1000 分	个人	2023 年 1 月 1 日起至省赛初赛结束日前，通过 HCIA-openEuler、HCIA-openGauss、HCIA-Kunpeng Application Developer、HCIA-Kunpeng Computing 中的任一认证加 50 分，通过 HCIP-openEuler、HCIP-openGauss、HCIP-Kunpeng Application Developer、HCIP-Kunpeng Computing 中的任一认证加 100 分，通过 HCIE-openEuler、HCIE-openGauss、HCIE-Kunpeng Application Developer、HCIE-Kunpeng Computing 中的任一认证加 200 分可累计加分，加分上限为 200 分。 注意：华为 ICT 大赛报名所用 Uniportal 账号需与认证考试所用 Uniportal 账号保持一致，否则将无法加分

1.3.3　实践赛计算赛道全国总决赛赛制

实践赛计算赛道全国总决赛入围规则：各省/市本科组队伍总成绩第一名、高职组队伍总成绩第一名入围全国总决赛。

实践赛计算赛道全国总决赛赛制如表 1-4 所示。

表 1-4　实践赛计算赛道全国总决赛赛制

<table>
<tr><th>赛段</th><th>考试类型</th><th>考试时长</th><th>试题数量</th><th>试题类型</th><th>总分</th><th>比赛形式</th><th>说明</th></tr>
<tr><td rowspan="2">全国总决赛</td><td>理论考试</td><td>60 分钟</td><td>20 道</td><td>判断、单选、多选</td><td>1000 分</td><td rowspan="2">3 人一队</td><td rowspan="2">全国总决赛的理论考试由队伍中的 3 名成员共同完成 1 套试题；实验考试由队伍中的 3 名成员通过分工共同完成任务，统一提交一份答案。总成绩=30%×队伍理论考试成绩 + 70%×队伍实验考试成绩</td></tr>
<tr><td>实验考试</td><td>4 小时</td><td>不定</td><td>综合实验</td><td>1000 分</td></tr>
</table>

实践赛计算赛道全国总决赛奖项设置如表 1-5 所示。

表 1-5　实践赛计算赛道全国总决赛奖项设置

奖项	本科组	高职组
特等奖	1 队	1 队
一等奖	5 队	5 队
二等奖	12 队	12 队
三等奖	剩余队伍	剩余队伍

1.3.4　实践赛计算赛道全球总决赛赛制

实践赛计算赛道全球总决赛入围规则为：本科组队伍总成绩前 8 名、高职组队伍总成绩前 8 名入围全球总决赛。

实践赛计算赛道全球总决赛赛制如表 1-6 所示。

表 1-6　实践赛计算赛道全球总决赛赛制

赛段	考试类型	考试时长	试题数量	试题类型	总分	比赛形式	说明
全球总决赛	实验考试	8 小时	不定	综合实验	1000 分	3 人一队	无

实践赛计算赛道全球总决赛奖项设置如表 1-7 所示。

表 1-7　实践赛计算赛道全球总决赛奖项设置

奖项	计算赛道本科组、高职组混合
特等奖	4 队
一等奖	8 队
二等奖	10 队
三等奖	14 队

1.4　实践赛计算赛道考试大纲

1.4.1　各技术方向占比

各技术方向占比如表 1-8 所示。

表 1-8　各技术方向占比

技术方向	省赛初赛	省赛复赛	全国总决赛	全球总决赛
openEuler	50%	50%	50%	50%
openGauss	50%	50%	30%	30%
Kunpeng Application Development	不定	不定	20%	20%

1.4.2　考试范围

（1）考试内容

实践赛计算赛道考试内容涵盖 openEuler、openGauss、Kunpeng Application Development 这 3 个技术方向的相关知识，包括但不限于 openEuler 操作系统基础、基础操作命令、内存管理、进程管理及文件系统等，openGauss 数据库概述、openGauss 连接与访问及数据库日常使用、集群管理、全密态、防篡改、运维监控等，Kunpeng 体系架构、应用开发、应用迁移、性能优化及解决方案等。

（2）考点

考点如表 1-9 所示。

表 1-9　考点

技术大类	能力分类	能力模型	能力细则	省赛初赛	省赛复赛	全国总决赛	全球总决赛
				HCIA 级别	HCIP 级别	HCIE 级别	HCIE 级别及以上
openEuler	基本理论	概述	openEuler 基本概念、主要特性及发展历程	√	√	√	√
		体系架构	鲲鹏处理器体系架构	√	√	√	√
	操作系统基础	操作系统安装	openEuler 安装方法及登录方式	√	√	√	√
		命令行操作基础	Bash Shell 使用和操作	√	√	√	√
		VIM 编译器基础	VI 与 VIM 文本编辑器使用	√	√	√	√
		Shell 脚本基础	Shell 脚本使用、Shell 编程基础、Shell 编程实践	√	√	√	√
	管理	内存管理	分页机制、物理页和虚拟页的管理方式、页表和 MMU 的工作原理，虚实地址转换过程、malloc、kmalloc 和 vmalloc 的区别及各自使用场景等	√	√	√	√
		进程管理	进程空间布局、系统调用使用、系统调用与库函数的关系、系统调用原理、进程调度概念及调度算法、进程间通信机制及进程同步等	√	√	√	√
		权限管理	用户和组管理、文件权限管理、其他权限管理	√	√	√	√
		软件和服务管理	软件包管理、dnf 使用或源码软件安装、systemd 管理服务使用等	√	√	√	√
		网络管理	常见网络通信模型和网络协议	√	√	√	√
		文件系统及存储管理	文件系统基础概念、磁盘存储挂载与使用、逻辑卷管理等	√	√	√	√
		系统管理	任务管理、网络管理、进程管理等	√	√	√	√
	安全	安全管理	rwx 安全机制、防火墙、SELinux 策略等		√	√	√
		安全加固	secGear 的基本概念和使用方法			√	√
	性能优化	性能监控	系统性能监控工具使用及对应指标（CPU、内存、磁盘 I/O、网络）分析	√	√	√	√
		性能调优	常用性能调优手段、自动调优工具 A-Tune 的基本概念和使用方法			√	√
		编译优化	常用编译优化、插件框架等		√	√	√

续表

技术大类	能力分类	能力模型	能力细则	省赛初赛 HCIA级别	省赛复赛 HCIP级别	全国总决赛 HCIE级别	全球总决赛 HCIE级别及以上
openEuler	企业服务管理配置	Apache	基本安装配置		√	√	√
		Nginx	基本安装配置		√	√	√
		DNS	DNS 工作原理及配置		√	√	√
		MySQL	用户添加、数据查询等		√	√	√
		LNMP/LAMP	各个组件的联合配置等		√	√	√
	集群软件配置	LVS	安装、NAT 模式和 DR 模式配置等		√	√	√
		Nginx	反向代理配置、负载均衡配置等		√	√	√
		HAProxy	基本安装配置、ACL 访问控制等		√	√	√
		Keepalived	基本安装配置		√	√	√
	共享存储配置	iSCSI	target 和 initiator 安装配置、挂载等		√	√	√
		NFS	nfs 安装、权限配置、自动挂载等		√	√	√
		GlusterFS	卷类型、高可用配置、自动挂载等		√	√	√
	自动化管理	Ansible	基础模块功能、playbook 编写等		√	√	√
		SaltStack	远程控制、任务编排等		√	√	√
	关键特性	虚拟化	QEMU、StratoVirt 的基本概念和使用方法			√	√
		容器	Docker、iSulad 的基本概念和使用方法			√	√
		Kubernetes	Kubernetes 基础知识			√	√
		OpenStack	OpenStack 基础知识			√	√
		迁移	x2openEuler 工具的基本概念和使用方法			√	√
		运维	智能运维工具 A-Ops、内核热升级、应用热补丁的基本概念和使用方法			√	√
	生态	社区生态	社区组织形式、社区贡献、学习、代码发布等	√	√	√	√
openGauss	openGauss 概述	基本概念	openGauss 基本概念、基础理论、基本功能等	√	√	√	√
		体系结构	openGauss 体系结构（逻辑结构、物理架构）、主要特性、组件详解等	√	√	√	√
	安装与部署	安装与部署	openGauss 单实例安装与部署，主备 HA 部署、升级、卸载等	√	√	√	√

续表

技术大类	能力分类	能力模型	能力细则	省赛初赛 HCIA 级别	省赛复赛 HCIP 级别	全国总决赛 HCIE 级别	全球总决赛 HCIE 级别及以上
openGauss	数据库管理	数据库及对象管理	表空间创建和管理、用户及角色、系统表和系统视图、数据导入和导出及高危操作、分区表增强、对象管理工具等	√	√	√	√
		导入和导出	数据导入和导出	√	√	√	√
		连接与访问	pg_hba/ssl 及远程访问、密码控制策略以及终端工具、开发工具连接数据库等	√	√	√	√
		日常运维	日常运维管理、常见故障切换、集群管理组件、闪回特性等		√	√	√
	存储引擎	数据存储结构	行存储、列存储、存储规划等		√	√	√
		表空间管理	默认表空间、表空间创建与管理等		√	√	√
		分区管理	创建分区、删除分区、合并分区、分裂分区、交换分区等		√	√	√
		日志管理	系统日志、性能日志、pg_xlog、审计日志等		√	√	√
	SQL 引擎	SQL 基础	SQL 语法分类（DDL、DML、DCL）、常用函数与操作符、数据字典（系统表、系统视图）、数据类型等	√	√	√	√
		SQL 进阶	SQL 高级语法（子查询、嵌套查询、联合查询、聚集查询）、VACUUM 操作、兼容性插件等		√	√	√
		SQL 执行计划	执行算子（表连接、表扫描、表聚集、集合操作）、explain 使用、执行方式等		√	√	√
	数据库开发	接口开发	数据库开发规范、基于 JDBC 接口开发、基于 ODBC 接口开发、基于 Python 接口开发等			√	√
		连接与访问	开发工具、中间件、编程语言连接数据库等		√	√	√
	存储过程与触发器	存储过程	声明语法、基本语句、动态语句、控制语句、游标等		√	√	√
		触发器	触发器创建、触发器修改、触发器删除等		√	√	√
	安全管理	访问控制	数据库连接控制、SSL 连接控制、远程连接控制、连接认证等	√	√	√	√
		用户管理	角色与用户，用户创建、修改、删除，账号安全策略	√	√	√	√

续表

技术大类	能力分类	能力模型	能力细则	省赛初赛 HCIA级别	省赛复赛 HCIP级别	全国总决赛 HCIE级别	全球总决赛 HCIE级别及以上
openGauss	安全管理	权限管理	基于角色的权限管理模型、三权分立等		√	√	√
		对象管理	授权操作、最小授权等		√	√	√
		数据加密	行级访问策略、数据脱敏（列级访问控制）、函数加密、传输加密、透明加密等		√	√	√
		安全审计	审计策略、审计开关、审计日志等		√	√	√
	迁移工具	openGauss 迁移工具	一站式迁移工具，全量迁移、增量迁移、反向迁移以及数据校验工具等			√	√
	性能调优	openGauss 性能调优	慢 SQL 诊断、关键参数调优及性能诊断分析、SQL 调优等			√	√
	高阶特性	安全高级特性	全密态数据库、防篡改数据库等			√	√
		MOT	特性价值、关键技术、管理使用、应用场景等			√	√
		AI 特性	索引推荐（AI4DB）、DB4AI 等			√	√
	生态	社区生态	社区组织形式、社区贡献、学习、代码发布等	√	√	√	√
Kunpeng	产品体系	硬件知识	处理器、服务器主板及整机产品等			√	√
		软件知识	openEuler、openGauss、openLooKeng 等			√	√
	开发使能（DevKit）	基础知识	计算机体系结构、程序运行原理、架构差异、开发语言差异等			√	√
		软件迁移	迁移原理、迁移工作流程、迁移策略、应用打包方法、解释型语言迁移方法等			√	√
			C/C++常见迁移问题处理方法			√	√
			Fotran、Rust 等常见迁移问题处理方法			√	√
			代码迁移工具 Porting Advisor 的功能介绍、安装与部署等			√	√
		编译器	编译原理、编译调试工具、毕昇编译器、毕昇 JDK、GCC for openEuler 等			√	√
		性能分析工具	功能介绍、安装与部署等			√	√
			Java 性能分析、系统性能分析、调优助手、系统诊断等			√	√

续表

技术大类	能力分类	能力模型	能力细则	省赛初赛	省赛复赛	全国总决赛	全球总决赛
				HCIA 级别	HCIP 级别	HCIE 级别	HCIE 级别及以上
Kunpeng	应用使能（Boost Kit）	性能调优	性能调优方法论、常见的分析工具等			√	√
			CPU/内存调优方法、磁盘 I/O 子系统调优方法、网络子系统调优方法等			√	√
			应用常见调优方法、Java 应用调优方法等			√	√
		大数据解决方案	大数据常见组件安装、部署、调优、主要特性，包含机器学习算法、图算法、OmniRuntime 等			√	√
		数据库解决方案	数据库常见组件安装、部署、调优、主要特性，包含 MySQL 并行优化、MySQL 无锁优化、NUMA 调度优化、MySQL 线程池等			√	√
		虚拟化解决方案	QEMU、OpenStack、K8s、Docker 的安装与部署、调优等			√	√
		HPC 解决方案	HPC 解决方案架构、多瑙调度器、Hyper MPI、HPC 软件部署及调优等			√	√
	生态	社区	社区组织形式、社区模块及其功能、社区贡献、学习、代码发布等			√	√
		生态	产业概述、生态策略、智能基座、鲲鹏众智、优才计划，以及开发者计划、开发者大赛等			√	√

注意：本考试考点为通用考试考点，考试中可能会出现本表中未提及的其他相关内容。

第 2 章

2023—2024 省赛初赛真题解析

2.1 openEuler 模块真题解析

1.【单选题】openEuler 管理员需将某文件的组外成员的权限设为只读，组内成员的权限设为读写，所有者拥有全部权限，以下哪个选项是对应的权限值?

A. 467　　B. 674　　C. 476　　D. 764

【解析】

在 Linux/UNIX 系统中，权限值通常由 3 部分组成，每一部分代表不同的访问权限，从左到右分别是所有者权限、所属组（组内成员）权限和其他用户（组外成员）权限。

- 7 = 4（读）+ 2（写）+ 1（执行）。
- 6 = 4（读）+ 2（写）。
- 5 = 4（读）+ 1（执行）。
- 4 = 4（读）。

题目中提到，组外成员的权限是只读，因此权限值应该是 4；组内成员的权限为读写，因此权限值应该是 6；所有者拥有全部权限，因此权限值应该是 7。与题目相对应的权限值是 764，所以选项 D 是正确的。

选项 A：467 表示所有者拥有只读权限，组内成员拥有读写权限，组外成员拥有全部权限。

选项 B：647 表示所有者拥有读写权限，组内成员拥有只读权限，组外成员拥有全部权限。

选项 C：476 表示所有者拥有只读权限，组内成员拥有全部权限，组外成员拥有读写权限。

【答案】D

2.【单选题】以下关于定时任务描述的选项中，哪个是正确的?

A. 可以用 at 命令设置　　B. 可以用 crontab 命令设置

C. 无法使用 kill 命令杀死　　D. 可以用 job 命令设置

【解析】

选项 A：at 命令用于安排一次性执行的任务，而不是周期性的定时任务。

选项 B：正确。在 Linux 系统中，定时任务通常通过 cron 服务来调度和执行，而 crontab 命令用于编辑和管理与当前用户相关的 cron 表。通过 crontab-e 命令可以编辑用户的 cron 表添加或修改定时任务。

选项 C：定时任务是由 crond 守护进程管理的，我们可以通过使用 kill 命令结束 crond 守护进程来停止所有定时任务。

选项 D：job 命令用于操作 Bash 中的任务，而不是系统的定时任务。

【答案】B

3.【单选题】以下哪个选项不属于 SSH 客户端工具？

A. ssh　　B. scp　　C. rsync　　D. sftp

【解析】

选项 A：ssh 是 SSH 客户端工具，用于远程登录和在两台主机之间执行命令。

选项 B：scp 是 SSH 客户端工具，用于在本地和远程主机之间安全地复制文件。

选项 C：rsync 不是 SSH 客户端工具，虽然它经常与 SSH 结合使用来进行远程文件同步（通过使用 rsync -e ssh），但 rsync 本身并不是 SSH 客户端工具。它有自己的协议，并且可以在没有 SSH 的情况下使用。

选项 D：sftp 是 SSH 客户端工具，它是一种安全文件传输程序，可以用于在两台主机之间传输文件。

【答案】C

4.【单选题】以下哪个选项是 openEuler 在系统启动过程中的第一步？

A. 系统引导　　B. 硬件自检

C. 内核启动　　D. 系统初始化

【解析】

选项 A：系统引导发生在硬件自检之后，用于加载启动引导程序。

选项 B：正确。openEuler 在系统启动过程中的第一步是硬件自检。这一步是在 BIOS 或者 UEFI 固件的控制下执行的，旨在检查系统硬件是否正常工作。当硬件自检通过之后，系统才能进入后续的启动步骤。

选项 C：内核启动发生在系统引导之后。

选项 D：系统初始化是系统启动的最后一步，在内核启动后进行。

【答案】B

5.【单选题】以下哪个选项不属于 openEuler 默认的 SSH 服务中的必要组成部分？

A. openssh　　B. openssh-askpass

C. openssh-server　　D. openssh-clients

【解析】

openEuler 默认的 SSH 服务包含 openssh、openssh-server 和 openssh-clients 软件包。其中，openssh 是 SSH 服务的主程序包，包含 sshd 服务端和 SSH 客户端等核心组件。openssh-server 包含 sshd 守护进程，用于提供 SSH 服务器功能。在服务器环境中，SSH 服务只需要 openssh 和 open-server 软件包就可以正常工作。

而在客户端环境中，SSH 服务要想正常工作，还需要包含 openssh-clients 软件包，以提供客户端工具。

选项 A：属于 openEuler 默认的 SSH 服务中的必要组成部分。

选项 B：对于默认的 SSH 服务来说，openssh-askpass 软件包是一个可选项。它提供了一个用于在图形化环境下输入 SSH 密码的助手程序 askpass，其作用是增强与图形界面的交互性。

选项 C：属于 openEuler 默认的 SSH 服务中的必要组成部分。

选项 D：属于 openEuler 默认的 SSH 服务中的必要组成部分。

【答案】B

6.【单选题】在为 openEuler 创建新用户时，以下哪个选项可以为新用户指定家目录？

A. -d　　B. -p

C. -u　　D. -c

【解析】

openEuler 是一个基于 Linux 的开源操作系统。useradd 命令是 Linux 系统中用于创建新用户的标准命令，它支持使用多个选项来设置新用户的属性。-d 或--home-dir 选项用于显式指定新用户的家目录路径。

例如：

useradd -d /home/newuser newuser

这条命令会为名为 newuser 的新用户，设置家目录为/home/newuser。如果不使用-d 选项，useradd 默认会根据系统设置的用户家目录基目录（通常是/home）来创建新用户的家目录。

选项 B：用于为新用户设置初始密码。

选项 C：用于为新用户指定用户 ID。

选项 D：用于添加注释性的用户描述信息。

【答案】A

7.【单选题】Linux 文件权限由 4 部分组成，以下哪个选项是第三部分所表示的权限？

A. 文件类型　　B. 文件所有者的权限

C. 文件所有者所在组的权限　　D. 其他用户的权限

【解析】

Linux 文件权限由 4 部分构成：文件类型、文件所有者的权限、文件所有者所在组的权限和其他用户的权限。

【答案】C

8.【单选题】以下哪个命令可用于查看当前 Shell 的后台任务？

A. cat　　B. vim

C. jobs　　D. bg

【解析】

当我们在终端或 Shell 中启动一个命令或程序时，可以通过按 Ctrl+Z 将其暂停并放入后台运行。此时通过 jobs 命令就可以查看这些后台任务。

选项 A：cat 是用于连接和显示文件内容的命令，与查看后台任务无关。

选项 B：vim 是一个流行的命令行文本编辑器，也与查看后台任务无关。

选项 D：bg 用于将一个暂停的后台任务恢复运行，而不用于查看后台任务。

【答案】C

9.【单选题】以下哪个目录或文件的存在可以决定 openEuler 的系统引导方式？

A. /boot/efi/EFI/openEuler/　　B. /etc/grub2

C. /sys/firmware/efi　　D. /etc/default/grub

【解析】

选项 A：/boot/efi/EFI/openEuler/目录存放了 UEFI 启动所需的引导文件，但不直接决定系统引导方式。

选项 B：/etc/grub2 是 grub2 引导程序的配置目录，用于配置引导选项，但不直接决定系统引导方式。

选项 C：正确。

选项 D：/etc/default/grub 也是 grub2 的配置文件，用于指定 grub 的默认设置，同样不决定系统引导方式。

【答案】C

10.【单选题】在 openEuler 中，以下哪个符号用于创建后台执行进程？

A. @　　B. &　　C. |　　D. $

【解析】

选项 A：@不是 Shell 中用于创建后台执行进程的符号。

选项 B：正确。

选项 C：|（管道符号）用于将一个命令的输出作为另一个命令的输入。

选项 D：$只是 Shell 提示符的一种常见形式，不是用于创建后台执行进程的符号。

【答案】B

11.【单选题】在 openEuler 中，在应用程序启动后，可通过以下哪个命令来设置对应进程的优先级？

A. priority　　B. nice　　C. renice　　D. setpri

【解析】

选项 A：priority 在 openEuler 中不存在。

选项 B：正确。

选项 C：renice 命令用于改变已运行进程的优先级。与 nice 不同，renice 是对现有进程进行优先级调整。虽然 renice 也是用于设置进程优先级，但题中是"在应用程序启动后"，所以应使用 nice。

选项 D：setpri 在 openEuler 中也不存在。

需要注意的是，nice 命令只能被普通用户用来降低新进程的优先级，但不能提高优先级（除非具有 root 权限）。这是一个安全保护措施，防止普通用户的进程影响系统关键进程的运行。

【答案】B

12.【单选题】以下哪个选项不属于 iptables 的表？

A. filter　　B. nat　　C. mangle　　D. INPUT

【解析】

选项 A：filter 用于控制网络数据包的过滤和阻挡行为。

选项 B：nat 用于网络地址转换（SNAT 和 DNAT）操作。

选项 C：mangle 用于对特定数据包的报头进行修改。

选项 D：INPUT 用于过滤进入主机的数据包，其不属于 iptables 的表，而是在 filter 表中定义的一个重要链。

【答案】D

13.【多选题】以下哪些选项对配置文件/etc/fstab 的描述是错误的？

A. 系统启动后，由系统自动产生

B. 用于管理文件系统信息

C. 用于设置命名规则，确认是否可以使用 TAB 来命名一个文件

D. 保存硬件信息

【解析】/etc/fstab 是 Linux 系统中非常重要的一个配置文件，用于定义系统在启动时需要挂载的文件系统。

选项 A：错误。/etc/fstab 文件不是由系统自动产生的，而是由系统管理员或用户手动编辑和配置的。这个文件用于定义在启动时需要挂载的文件系统。

选项 B：正确。/etc/fstab 文件可用于管理文件系统信息。它包含系统中所有需要挂载的文件系统的相关信息，如设备名、挂载点、文件系统类型、挂载选项等。

选项 C：错误。/etc/fstab 文件与文件命名规则无关。文件命名规则是由文件系统本身和操作系统共同确定的，而不是由/etc/fstab 文件设置的。另外，使用 TAB 来命名文件是不允许的，文件名中不能包含 TAB 字符。

选项 D：错误。/etc/fstab 文件主要用于保存文件系统挂载相关的信息，而不是硬件信息。硬件信息通常保存在其他配置文件中，如/etc/udev/rules.d/目录下的规则文件或/proc 和/sys 目录下的虚拟文件系统中。

【答案】ACD

14.【多选题】在 openEuler 系统中，以下哪些选项是 route 命令的正确用法？

A. route

B. route print

C. route add default gw 192.168.1.1

D. route del -net 192.168.0.1 netmask 255.255.255.0

【解析】

选项 A：正确。在 openEuler 中，当直接执行 route 命令而不带任何参数时，通常用于快速查看当前路由表的状态或获取 route 命令的帮助信息。该命令的显示内容取决于具体的系统实现，但通常该命令是一个有效的命令。

选项 B：错误。该命令是 Windows 系统中用于查看路由表的命令，而非 Linux 系统（包括 openEuler）的标准命令。在 Linux 系统中，使用 route -n 或 ip route 命令来查看路由表信息。尽管在某些 Linux 发行版中可能存在 route print 的别名或扩展支持，但它们不是标准的 Linux 用法。

选项 C：正确。该命令是一个标准的 Linux route 命令用法，用于向路由表中添加一个默认网关。192.168.1.1 是默认网关的 IP 地址。该命令告诉系统，当目标 IP 地址不在本地路由表中时，应该将数据包发送到 192.168.1.1 这个 IP 地址进行路由。

选项 D：正确。该命令用于从路由表中删除一个特定的网络路由。这个选项使用 route del -net 命令，删除网络地址为 192.168.0.1、子网掩码为 255.255.255.0 的路由规则。

【答案】ACD

15.【多选题】以下哪些选项对命令功能的描述是正确的？

A. cat /etc/os-release 可用于查看系统版本

B. lscpu 命令可用于查看 CPU 型号、数量、频率

C. lspci 命令可用于查看系统硬件信息

D. cat /etc/fstab 可用于查看内存使用情况

【解析】

选项 A：正确。/etc/os-release 命令用于显示操作系统的发行版信息，包括版本号。

选项 B：正确。lscpu 可以输出 CPU 的详细信息。

选项 C：正确。lspci 用于列出系统上的 PCI 设备硬件信息。

选项 D：错误。/etc/fstab 文件与内存无关，它用于定义系统在启动时需要挂载的文件系统。

【答案】ABC

16.【多选题】以下哪些选项属于 SSH 客户端的配置文件？

A. /etc/ssh/sshd_config

B. /etc/ssh/ssh_config

C. ~/.ssh/config

D. /etc/ssh/sshd_config.d/中以“.conf”结尾的配置文件

【解析】

SSH 服务端的配置文件主要包括可以直接控制服务器行为和设置的文件。

选项 A：/etc/ssh/sshd_config 是 SSH 服务端的主配置文件，它包含配置 SSH 服务的选项。

选项 B：/etc/ssh/ssh_config 是 SSH 客户端的配置文件，用于控制客户端而不是服务端的行为。

选项 C：~/.ssh/config 是 SSH 客户端的配置文件，它允许用户设置个人化的 SSH 行为，同样不是 SSH 服务端的配置文件。

选项 D：在/etc/ssh/sshd_config.d/目录中，尽管具体的文件命名可能因不同的系统和发行版而不同，但一般来说，该目录可能包含额外的服务端配置文件，这些配置文件通常以“.conf”结尾，用于提供额外的配置选项或覆盖主配置文件中的设置。

【答案】BC

17.【多选题】以下哪些选项属于命令 systemctl 的功能？

A. 收集操作系统串口信息

B. 设置服务为开机自启动

C. 启动、重启、停止服务

D. 重启、关闭系统

【解析】

systemctl 是 Linux 系统上一个用于管理 systemd 系统和服务管理器进行交互的命令行工具。

选项 A：错误。收集操作系统串口信息不属于 systemctl 的功能，需要使用其他命令（如 dmesg 等）来实现。

选项 B：正确。可以使用命令 systemctl enable service_name 将某个服务设置为开机自启动。

选项 C：正确。可以使用命令 systemctl start/restart/stop service_name 来启动、重启或停止某个服务。

选项 D：正确。虽然 systemctl 也可以用来重启或关闭系统，但它的主要功能是管理系统服务。重启系统可以使用 systemctl reboot，关闭系统可以使用 systemctl poweroff。

【答案】BCD

18.【多选题】以下哪些命令无法将分区/dev/hdb6 格式化？

A. mkfs -t ext4 /dev/hdb6

B. format -t ext4 /dev/hdb6

C. mount -t ext4 /dev/hdb6

D. makefile -t ext4 /dev/hdb6

【解析】

在 Linux 系统中，格式化分区的标准命令是 mkfs（make file system 的缩写）。通常使用 mkfs -t <文件系统类型> 设备名语法。

其中：

-t 用于指定要创建的文件系统的类型，如 ext4、xfs 等；设备名是要格式化的分区的设备文件名，如/dev/sda1、/dev/hdb6 等。因此，使用 mkfs -t ext4 /dev/hdb6 可以将分区/dev/hdb6 格式化为 ext4 文件系统。

选项 B：format 命令在 Linux 系统中并不存在，它是 Windows 系统下的命令。

选项 C：mount 命令用于挂载已经格式化的分区，无法完成格式化操作。

选项 D：makefile 命令在 Linux 中也不存在，可能与 Makefile 文件混淆。

【答案】BCD

19.【多选题】以下哪些选项是 openEuler 支持的本地文件系统类型？

A. ext4　　B. btrfs　　C. xfs　　D. nfs

【解析】

选项 A：支持。

选项 B：支持。

选项 C：支持。

选项 D：nfs 通常是指网络文件系统（Network File System，NFS）。它不是一个本地文件系统类型，而是一个网络协议，用于在网络上共享文件。因此，它不属于 openEuler 支持的本地文件系统类型。

【答案】ABC

20.【多选题】以下关于 chgrp 命令的描述中，哪些选项是错误的？

A. 用于配置文件权限

B. 用于对文件或目录的所属组进行更改

C. 用于修改文件的所有者

D. 用于指定在创建文件时进行权限掩码的预设

【解析】

选项 A：错误。chgrp 命令本身并不直接用于配置文件权限，它只是通过改变文件所属组来间接影响文件权限。真正用于配置文件权限的是 chmod 命令。

选项 B：正确。chgrp 命令的主要作用是更改文件或目录的所属组。

选项 C：错误。修改文件的所有者需要使用 chown 命令，使用 chgrp 无法实现该功能。

选项 D：错误。指定在创建文件时进行权限掩码的预设的是 umask 命令，与 chgrp 无关。

【答案】ACD

21.【多选题】以下关于 openEuler 内置变量的描述中，哪些选项是正确的？

A. $0 表示 Shell 所有参数

B. $n 表示 Shell 程序（或过程）的第 n 个位置参数，n=1,…,9

C. $*表示 Shell 程序所有的位置参数组成的字符串

D. $#表示 Shell 程序的位置参数个数

【解析】

选项 A：错误。$0 表示脚本名称或执行的程序名称，而不是所有参数。

选项 B：正确。$1 表示第一个参数，$2 表示第二个参数，以此类推，$9 表示第九个参数。

选项 C：正确。$*会将所有位置参数视为一个整体字符串。

选项 D：正确。$#可获取参数的总数量。

【答案】BCD

22.【多选题】在安装 openEuler 时，当进入安装界面后，可对以下哪些选项进行设置？

A. 网络和主机名　　B. 时间和日期

C. 软件选择　　D. 用户环境变量

【解析】

安装程序的设置选项通常涉及底层系统配置，以确保操作系统可以正常启动和运行。而诸如环境变量等更高层次的设置，则需要在系统启动后由用户根据需求自行配置。

选项 A：正确。安装界面通常会提供设置系统网络（如 IP 地址、网关等）和主机名的选项。

选项 B：正确。安装程序会让用户验证并设置系统当前的时间和日期。

选项 C：正确。大多数 Linux 发行版的安装程序都允许用户自定义要安装的软件包组，如服务器环境、开发工具等。

选项 D：错误。用户环境变量通常是在系统安装完成并启动后，由用户自行设置和管理的，不属于安装界面的配置选项。

【答案】ABC

23.【多选题】在命令行查看一台 Linux 机器的 CPU、Swap 分区信息、硬盘信息，可以使用以下哪些选项？

A. cat /proc/cpuinfo　　B. du　　C. cat /proc/swaps　　D. df -lh

【解析】

选项 A：正确。这个命令可以查看 CPU 的相关信息，包括型号、缓存大小、CPU 核心数量等。

选项 B：错误。du 命令用于查看目录或文件所占磁盘空间大小，不能用于查看 CPU、Swap 分区信息或硬盘信息。

选项 C：正确。这个命令可以查看当前系统使用的 Swap 分区信息，包括设备文件名、类型、大小等。

选项 D：正确。df 命令用于报告文件系统的磁盘空间使用情况，使用-l 选项可以只列出本地文件系统的磁盘空间使用情况，使用-h 选项可以使输出的文件系统容量以更易读的方式显示（以 KB、MB、GB 为单位）。因此，使用 df -lh 可以非常方便地查看硬盘信息。

【答案】ACD

24.【判断题】mount 命令只能用于挂载文件系统，不能用于查看挂载状态。

【解析】

mount 命令不仅可以用于挂载文件系统，也可以用于查看当前已挂载的文件系统的状态。

详细介绍如下。

- 用于挂载文件系统。mount 命令最常见的用途是挂载设备或文件系统到指定的挂载点上，例如，mount /dev/sda1 /mnt。
- 查看当前已挂载的文件系统。如果不带任何选项和参数直接运行 mount 命令，它会列出当前系统中已挂载的所有文件系统，包括设备名、挂载点、文件系统类型、挂载选项等信息。

【答案】错误

25.【判断题】Linux 的文件系统是一棵目录树。

【解析】

在 Linux 系统中，文件系统被组织成一棵目录树。

详细介绍如下。

- 文件系统的最上层是根目录，用/表示。这是整个文件系统层次结构的起点。
- 在根目录下，可以创建子目录作为分支。每个子目录下又可以创建子目录或文件。
- 通过目录和文件名组成的路径，可以唯一标识一个文件或目录在整个文件系统中的位置。
- 不同的物理设备和分区可以挂载到根目录树的不同挂载点上，从而合并为一个整体的目录树结构。

所以，“Linux 的文件系统是一棵目录树”是正确的。

【答案】正确

26.【判断题】在使用 mkdir 命令创建新的目录时，在其父目录不存在时先创建父目录的选项是-p。

【解析】

在 Linux 系统中，如果要使用 mkdir 命令创建新的目录，但其父目录不存在，那么需要使用-p（--parents）选项，这个选项可以自动创建缺失的父目录。

-p 选项可以大大简化在嵌套目录结构中创建目录的操作，避免了手动逐级创建父目录的烦琐步骤。它是 mkdir 最常用的一个选项之一。

【答案】正确

27.【判断题】openEuler 是单用户、多任务的操作系统。

【解析】

openEuler 支持多用户登录和使用，在同一时刻，其他用户则通过共享系统资源的方式间接使用系统。

"单用户"指一个用户可以直接使用和控制计算机系统，这个用户享有对系统所有资源的控制权限。因此，"openEuler 是单用户、多任务的操作系统"是错误的。

【答案】错误

28.【判断题】VIM 编辑器是从 VI 发展出来的一个性能更强大的文本编辑器，支持 3 种模式，分别是一般模式、编辑模式和指令模式。

【解析】

VIM（Vi IMproved）编辑器是从 VI 发展出来的一个性能更强大的文本编辑器。VIM 编辑器支持多种模式，但最为基础和常用的 3 种模式如下。

- 一般模式（Normal Mode）：通常称为正常模式或普通模式。在这种模式下，用户可以通过一系列的快捷键来执行复制、粘贴、剪切、查找、替换等文本操作，或进入其他模式。
- 编辑模式（Insert Mode）：在此模式下，用户可以插入和编辑文本。通常从一般模式通过按 i 键或其他相关键进入。
- 指令模式（Command Mode）：有时也被称为末行模式（Last Line Mode）或命令模式。在这种模式下，用户可以执行保存文件、退出编辑器、查找替换字符串等命令。通常从一般模式通过按:键进入。

【答案】正确

29.【判断题】cat f1.txt > f2.txt 命令可将 f1.txt 复制为 f2.txt。

【解析】

这个命令实际上是将 f1.txt 的内容输出到 f2.txt 中。如果 f2.txt 在执行此命令之前已经存在，那么它的内容会被 f1.txt 的内容覆盖。如果 f2.txt 不存在，那么它会被创建，并且 f1.txt 的内容会被写入 f2.txt 中。

【答案】正确

30.【判断题】用户不能通过修改 yum 配置文件指定 yum 源。

【解析】

用户可以通过修改 yum 配置文件指定 yum 源。这些配置文件通常位于/etc/yum.repos.d/目录下，每个配置文件代表一个 yum 源的配置。用户可以使用文本编辑器（如 VI、nano 等）打开这些配置文件，并修改其中的参数，如 baseurl（指定 yum 源的 URL 地址）、enabled（指定是否启用该 yum 源）和 gpgcheck（指定是否进行 GPG 校验）等。

修改完成后，用户需要清除 yum 缓存（使用 yum clean all 命令）并重新生成缓存（使用 yum makecache 命令），以确保新的 yum 源配置生效。

【答案】错误

2.2 openGauss 模块真题解析

1.【单选题】当在 openGauss 中创建或更新用户账户时，哪个选项可以提高账户的安全性？

A. 设置简单密码　　　　B. 允许任何 IP 地址登录

C. 启用 SSL/TLS 加密连接　　D. 关闭密码策略检查

【解析】

在 openGauss 中创建或更新用户账户时，为了提高账户的安全性，应该选择那些能够增强认证和通信安全性的选项。以下是对提供的选项的分析和建议。

选项 A：错误。简单密码容易被破解，因此这是降低安全性的做法。应避免使用简单密码，选择复杂、难以猜测的密码。

选项 B：错误。允许任何 IP 地址登录实际上降低了安全性，因为它允许来自任何地方的访问，没有进行适当的限制，攻击者可能会利用这一点来尝试进行未经授权的访问。

选项 C：正确。SSL/TLS 用于确保客户端和服务器之间的通信是加密的，从而保护传输的数据不被窃取或篡改。这是保障网络通信安全的重要措施。

选项 D：错误。关闭密码策略检查会减弱账户安全。密码策略可以帮助确保用户设置难以猜测的密码，并防止使用过于简单的密码。

【答案】C

2.【单选题】以下关于 openGauss 三权分立的说法正确的是？

A. 数据库管理员（DBA）、应用程序开发人员和系统管理员各自拥有同样的权限和责任

B. 数据库管理、数据安全和数据库审计日志查看与管理的职责被分配给不同的角色或用户

C. 数据库实例、数据库和表空间之间的职责清晰地分离

D. 数据库的读写操作和管理操作由不同的角色或用户执行

【解析】

选项 A：错误。在三权分立原则下，不同的角色或用户应该拥有不同的权限和责任，以确保彼此之间的制衡和防止单一角色或用户拥有过大的权限。

选项 B：正确。openGauss 的三权分立模型明确提出了 3 个关键角色：系统管理员、安全管理员和审计管理员。系统管理员对创建的用户进行赋权，安全管理员创建数据管理用户，而审计管理员则审计安全管理员、系统管理员、普通用户实际的操作行为。这样，数据库管理、数据安全和数据库审计日志查看与管理的职责就被明确地分配给了不同的角色或用户。

选项 C：错误。该说法虽然描述了一种良好的数据库管理实践，但它并不直接对应于 openGauss 的三权分立原则。三权分立更侧重于不同角色或用户之间的权限和责任分离，而不是数据库实例、数据库和表空间之间的职责分离。

选项 D：错误。该说法并没有涵盖三权分立中的全部内容。三权分立不仅涉及数据库的读写操作和管理操作的分离，更重要的是在数据库管理、数据安全和数据库审计日志查看与管理等方面的职责分离。

【答案】B

3.【单选题】下列关于数据库事务 ACID 特性的说法不正确的是？

A. A 指的是原子性，即事务中所有操作要么全部成功，要么全部失败

B. C 指的是一致性，即系统的状态只能是事务成功前的状态，或者事务成功后的状态，而不会出现任何不一致的中间状态

C. I 指的是可用性，即数据库系统要为数据库执行提供尽可能高的可用性，确保大部分事务可以成功执行

D. D 指的是持久性，即事务成功后即使发生机器断电，数据也可以恢复到事务成功后的状态

【解析】

选项 A：正确。原子性（Atomicity）确保事务中所有操作要么全部成功，要么全部失败并回滚到事务开始前的状态。

选项 B：正确。一致性（Consistency）要求事务必须使数据库从一个一致性状态变换到另一个一致性状态。事务执行前后，数据库的完整性约束不会被破坏。

选项 C：不正确。I 代表的是隔离性（Isolation），而不是可用性。隔离性要求并发的事务是相互隔离的，一个事务内部的操作及正在操作的数据必须封锁起来，不被其他事务干扰。

选项 D：正确。持久性（Durability）确保一旦事务提交，其结果就是永久的，即使系统发生崩溃或故障，数据库也能将数据恢复到事务成功结束时的状态。

【答案】C

4.【单选题】openGauss 安装前需要使用哪个工具检查环境是否符合安装条件?

A. gs_checkos　　B. gs_check

C. gs_checkperf　　D. gs_collector

【解析】

在 openGauss 安装前，为了确保操作系统的环境和配置是合适的，需要使用专门的工具来检查环境。

选项 A：正确。gs_checkos 可以用于检查操作系统版本、内核参数、磁盘空间和 I/O 配置、网络配置、其他依赖软件等。

其他选项（gs_check、gs_checkperf 和 gs_collector）虽然也是 openGauss 提供的工具，但在安装前的环境检查方面不如 gs_checkos 直接和全面。

【答案】A

5.【单选题】openGauss WDR Snapshot 默认多长时间执行一次?

A. 30 分钟　　B. 60 分钟

C. 120 分钟　　D. 360 分钟

【解析】

关于 openGauss WDR Snapshot 默认的执行时间间隔，首先要知道 WDR 性能快照数据默认每小时采集一个快照（wdr_snapshot_interval=1h）。其中明确提到 wdr_snapshot_interval 参数的默认值为 1h（即 60 分钟）。

因此，对于 openGauss WDR Snapshot 默认的执行时间间隔，我们可以确定答案是 60 分钟。

【答案】B

6.【单选题】openGauss 采用的是什么开源协议?

A. MIT License　　B. GNU General Public License

C. BSD License　　D. Mulan PSL

【解析】

openGauss 采用的开源协议是 Mulan PSL（木兰宽松许可证）。华为在 2020 年 6 月 30 日正式开源了 openGauss 数据库，并采用了 Mulan PSL v2 作为其开源协议。该协议比 Apache License 更友好，意味着中小企业都可以自由使用，不用担心任何商业问题。同时，该协议也确保了代码的开放性和透明度，使得开发者可以更容易地协作和共享代码。

【答案】D

7.【单选题】客户端连接工具 Data Studio 通过哪种驱动与 openGauss 数据库进行通信？

A. JDBC B. ODBC C. libpq D. Psycopg

【解析】

选项 A：正确。

选项 B：错误。ODBC 是一种常见的数据库连接接口，但 Data Studio 没有使用 ODBC 与 openGauss 进行通信。

选项 C：错误。libpq 是 PostgreSQL（openGauss 的基础）的 C 语言接口库。

选项 D：错误。Psycopg 是 Python 的 PostgreSQL 适配器，与 Data Studio 无直接关联。

【答案】A

8.【单选题】以下对 openGauss 数据库逻辑复制特点的描述正确的是？

A. 支持双主部署和表级别复制

B. 将二进制日志转换为逻辑 SQL 语句和表级别复制

C. 支持双主部署和将二进制日志转换为逻辑 SQL 语句

D. 支持双主部署、将二进制日志转换为逻辑 SQL 语句和表级别复制

【解析】

对 openGauss 数据库逻辑复制特点的正确描述的详细介绍如下。支持双主部署：逻辑复制允许在主备实例之间实现双向同步，任何一个节点既可以作为主节点提供服务，也可以作为备节点接收其他主节点的数据。将二进制日志转换为逻辑 SQL 语句：逻辑复制通过解析主节点的二进制日志（WAL）并将其转换为逻辑 SQL 语句，然后在备节点重放这些逻辑 SQL 语句实现数据同步。表级别复制：与传统的实例或数据库级别复制不同，openGauss 的逻辑复制可以实现表级别的数据复制，只同步指定表的数据变更。

【答案】D

9.【单选题】以下哪个工具用来让用户了解 openGauss 的负载情况？

A. gs_checkos B. gs_check

C. gs_checkperf D. gs_collector

【解析】

选项 A：错误。该工具用于检查操作系统配置是否满足 openGauss 的部署要求。

选项 B：错误。该工具用于检查 openGauss 数据库实例的整体状态和配置。

选项 C：正确。

选项 D：错误。该工具用于收集 openGauss 实例的日志、运行状态等信息，并用于问题定位和分析。

【答案】C

10.【单选题】以下对 openGauss 数据库的全密态等值查询能力描述正确的是？

A. 数据在存储时加密，在计算时解密

B. 数据在存储和计算时加密，在向客户端返回时解密

C. 数据在传输、存储和计算等阶段均是密文形式，无法解密

D. 数据在存储时加密，在计算时由应用提供动态密钥解密后进行计算

【解析】

选项 A：错误。这个选项描述的是数据在存储时是加密的，但在计算时需要解密。然而，全密态等值查询强调的是数据在整个生命周期内都保持密文形式，包括计算阶段。

选项 B：错误。虽然这个选项描述了数据在存储和计算时加密，在向客户端返回时解密，但它没有涵盖数据在传输阶段也需要保持密文形式这一点。

选项 C：正确。这个选项准确描述了全密态等值查询的核心概念，数据在整个生命周期（包括传输、存储和计算等阶段）内都保持密文形式。

选项 D：错误。这个选项描述的是数据在存储时是加密的，但在计算时需要应用提供动态密钥来解密。这与全密态等值查询的概念不符，因为全密态等值查询强调的是数据在整个生命周期内都保持密文形式，包括计算阶段，不需要解密。

【答案】C

11.【单选题】以下哪一项功能不是 gs_guc 工具提供的？

A. 修改客户端认证策略

B. 修改配置文件中的参数

C. 检查配置文件中的参数

D. 检查 openGauss 运行状态

【解析】

选项 A：错误。gs_guc 用于修改数据库的客户端认证相关参数，如 ssl、krb_server_keyfile 等。

选项 B：错误。这是 gs_guc 最核心的功能，gs_guc 可以实时修改数据库实例的运行参数，无须重启实例。

选项 C：错误。gs_guc 可以查看配置文件中设置的当前生效的参数。

选项 D：正确。检查 openGauss 整体的运行状态，包括进程、会话、锁、事务等的运行状态，并不属于 gs_guc 工具的功能。

【答案】D

12.【单选题】在使用 gs_checkperf 工具时，只有 root 用户才能查看的是哪个选项？

A. 节点级别

B. 会话/进程级别

C. SSD 性能

D. openGauss 级别

【解析】

gs_checkperf 工具可用于对 openGauss 的不同级别进行定期性能检查，包括 openGauss 级别（主机 CPU 占用率、Gauss CPU 占用率、I/O 使用情况等）、节点级别（CPU 使用情况、内存使用情况、I/O 使用情况）、会话/进程级别（CPU 使用情况、内存使用情况、I/O 使用情况）以及 SSD 性能（写入、读取性能）。然而，对 SSD 性能的检查，只有 root 用户才能执行。

参考命令如下：

gs_checkperf -U USER [-o OUTPUT] -l SSD [-l LOGFILE]

其中，-I SSD 参数指定了对 SSD 性能的检查，而执行该操作需要拥有 root 用户权限。

【答案】C

13.【单选题】以下哪一个工具的命令必须使用 root 用户来执行？

A. gs_checkperf　　B. gs_checkos

C. gs_check　　D. gs_ssh

【解析】

选项 A：错误。这个工具可用于检查 openGauss 的性能，包括 SSD 性能等。对于 SSD 性能的检查，虽然 gs_checkperf 的示例命令中提到 root 用户，但并没有明确说明必须使用 root 用户来执行 gs_checkperf 的所有功能。只是使用特定功能（如检查 SSD 性能）可能需要 root 权限。

选项 B：正确。通过 openGauss 提供的 gs_checkos 工具可以完成操作系统状态检查，并且必须使用 root 用户执行 gs_checkos 命令。

选项 C：错误。这个工具用于统一化当前系统中存在的各种检查工具，帮助用户检查集群运行环境、操作系统环境、网络环境及数据库执行环境。扩容新节点检查只能使用 root 用户执行，其他场景可使用 omm 用户执行。

选项 D：错误。这是一个用于在 openGauss 集群环境中同步执行命令的工具，它基于 SSH 协议，但提供了更便捷的集群管理功能。用户可以通过 gs_ssh 命令在集群的各个节点上执行相同的命令，从而简化集群的管理和维护工作。在使用 gs_ssh 命令时，通常需要使用特定的操作系统用户（如 omm 用户）来执行，以确保有足够的权限在集群各节点上执行命令。

【答案】B

14.【多选题】Data Studio 是一个集成开发环境，下列哪些选项属于 Data Studio 的特性？

A. 创建和管理数据库对象　　B. 执行 SQL 语句/脚本

C. 编辑和执行 PL/SQL 语句　　D. 查看 WDR 报告

【解析】

Data Studio 是一个集成开发环境，以下是 Data Studio 的一些主要特性。

- Data Studio 支持创建和管理多种数据库对象，包括数据库、模式、函数、存储过程、表、索引、序列、视图、触发器等。这使得数据库开发人员能够方便地在图形界面中进行数据库对象的创建和管理。
- Data Studio 支持执行 SQL 语句/脚本。这使得开发人员能够直接在 Data Studio 中编写和运行 SQL 查询语句，从而简化了数据库查询的过程。
- Data Studio 支持编辑和执行 PL/SQL 语句。PL/SQL 是 Oracle 数据库中的过程化 SQL 扩展语言。

【答案】ABC

15.【多选题】以下关于 openGauss 数据库的说法正确的是？

A. OM：集群管理模块，提供集群启停、主备切换和状态查询

B. CM：运维管理模块，提供集群日常运维、配置管理的管理接口、工具

C. 客户端驱动（Client Driver）：负责接收来自应用的访问请求，并向应用返回执行结果

D. openGauss 主备（Primary-Standby）：负责存储业务数据（支持行存储、列存储、内存表存储），执行数据查询任务以及向客户端驱动返回执行结果

【解析】

选项 A：错误。在 openGauss 中，OM 是运维管理（Operations Management）模块，它提供的是数据库日常运维、配置管理的管理接口和工具，而不是集群管理模块。

选项 B：错误。CM 是集群管理（Cluster Manager）组件，它负责的是数据库主备节点状态监控、故障自动主备切换等功能，而不是运维管理模块。

选项 C：正确。

选项 D：正确。

【答案】CD

16.【多选题】以下哪些工具可以实现 openGauss 数据库的逻辑备份？

A. LVM 快照　　B. PITR

C. gs_dump　　D. gs_dumpall

【解析】

选项 A：错误。LVM（Logical Volume Manager，逻辑卷管理）快照通常用于物理备份，而不是逻辑备份。逻辑备份指的是导出数据库的结构和数据到 SQL 脚本或归档文件，而 LVM 快照则是在文件系统级别创建数据快照，实现物理备份。

选项 B：错误。PITR（Point-In-Time Recovery，时间点恢复）是 openGauss 的一种物理备份恢复策略，它允许数据库恢复到物理备份后的任意时间点，它不是逻辑备份工具。

选项 C：正确。gs_dump 是 openGauss 用于导出数据库相关信息的逻辑备份工具。用户可以自定义导出一个数据库或其中的对象（模式、表、视图等），回收站对象除外。

选项 D：正确。gs_dumpall 是 openGauss 用于导出所有数据库相关信息的逻辑备份工具。它可用于导出 openGauss 数据库的所有数据，包括默认数据库 postgres 的数据、自定义数据库的数据以及 openGauss 所有数据库公共的全局对象。

【答案】CD

17.【多选题】在 openGauss 数据库架构设计中，使用主备模式跟使用单机模式比有哪些好处？

A. 最大可能丢失的数据的时长（RPO）可以控制，系统恢复正常所需要的最大时长（RTO）可以控制

B. 可以实现最大可靠性、最大性能和最大可用性

C. 支持多种故障转移和切换模式

D. 可以进行损坏页自动修复

【解析】

选项 A：正确。主备模式通过数据同步和故障恢复机制，能够确保在故障发生时，数据丢失的时长（RPO）和系统恢复正常所需的最大时长（RTO）在可控范围内。例如，通过流复制技术，备机可以实时或近乎实时地同步主机的数据，从而最小化数据丢失的风险。

选项 B：正确。主备模式可以提高系统的可靠性和可用性，因为它允许在主机出现故障时，将备机提

升为主机，继续提供服务。

选项 C：正确。openGauss 的主备模式支持多种故障转移［如手动故障转移（通过 failover 命令）和自动故障转移（基于某些预设条件自动触发）］和切换模式。此外，主备机之间可以通过 switchover 命令进行角色切换，以支持计划内的维护操作。

选项 D：正确。openGauss 的主备模式支持数据页 CRC，当检测到数据页损坏时，可以通过备机自动修复损坏的数据页，确保数据的完整性和一致性。

【答案】ABCD

18.【多选题】在 openGauss 全密态数据库中，哪些方式可以创建一个加密表？

A. 使用 CREATE TABLE 语句，指定加密算法和密钥

B. 使用 ALTER TABLE 语句，指定加密算法和密钥

C. 使用 CREATE TABLESPACE 语句，指定加密算法和密钥

D. 使用 pg_dump 命令备份已有的加密表，并指定加密算法和密钥

【解析】

选项 A：这是直接创建加密表的标准方法。在 CREATE TABLE 语句中可以通过指定加密算法和密钥来创建加密表。

选项 B：这是将已有的表转变为加密表的方法。通过 ALTER TABLE 语句可以为已有的表指定加密算法和密钥，从而将其转变为加密表。

选项 C：CREATE TABLESPACE 语句用于创建表空间，而不直接用于创建加密表。表空间的加密是表空间级别的操作，而不是表级别的操作。

选项 D：pg_dump 命令用于备份数据库表，但它不用于创建加密表或指定加密算法和密钥。备份和加密表的创建是两个不同的过程。

【答案】AB

19.【多选题】下列哪些是健康检查的场景？

A. 安装 openGauss 前检查

B. 设置自动 WAL 检查点

C. 升级前检查

D. 重要操作前检查

【解析】

选项 A：正确。环境检查作为编译安装 openGauss 5.0.0 的一部分，包括检查 OS 版本、修改主机名、检查防火墙和 SELinux 等步骤，这些可以视为安装前的健康检查。

选项 B：错误。这是 openGauss 中关于容灾性能参数设置的一部分，而非健康检查的场景。

选项 C：正确。openGauss 升级前的版本要求和注意事项，包括通过工具检查当前版本、确保数据库正常和互信正常等，这些都是升级前的健康检查。

选项 D：正确。openGauss 的 gs_check 工具被用于在进行重大操作（如升级、扩容）前对各类环境进行全面检查，确保 openGauss 满足操作所需的环境条件和状态条件。这符合重要操作前的健康检查的定义。

【答案】ACD

20.【多选题】关于 openGauss 数据库辅助线程，请判断以下哪些描述是正确的？

A. walwriter 负责将已提交的事务记录永久写入预写日志文件中

B. pagewriter 用于将脏页数据复制至双写区域并落盘

C. checkpointer 用于周期性检查点，将数据脏页刷新到磁盘，确保数据库一致

D. AutoVacuum 主要用于统计信息，包括对象、SQL、会话、锁等，存储到 pgstat.stat 文件中

【解析】

选项 A：正确。walwriter 线程的主要职责是确保已提交的事务都被永久记录，不会丢失，它通过将内存中的预写日志页数据刷新到预写日志文件中来实现这一功能。

选项 B：正确。pagewriter 线程的主要任务是负责将脏页数据复制至双写（double-writer）区域并落盘，以确保数据的持久性和完整性。

选项 C：正确。checkpointer 线程处理所有检查点，并在适当的时候将数据脏页刷新到磁盘，这有助于减少崩溃恢复时间，并确保数据库的一致性。

选项 D：错误。AutoVacuum 的主要作用是定期清理数据库表中的过时数据，释放存储空间，并更新表的统计信息，以优化数据库性能和稳定性。它并不涉及将统计信息存储到 pgstat.stat 文件中。

【答案】ABC

21.【多选题】以下哪些情况不支持生成 WDR 报告?

A. 两次 Snapshot 中间有节点重启

B. 两次 Snapshot 中间有 truncate table

C. 两次 Snapshot 中间有主备倒换

D. 两次 Snapshot 中间有 drop database

【解析】

在生成 WDR 报告的过程中，需要满足一些特定的条件以确保报告的准确性和完整性。

选项 A：这是不支持生成 WDR 报告的情况之一。因为节点重启可能会导致数据库状态的不一致或数据的丢失，从而影响 Snapshot 的完整性和准确性。

选项 B：虽然 truncate table 操作会删除表中的所有数据，但它本身并不直接影响两次 Snapshot 之间的数据一致性。因此，这个操作本身通常支持生成 WDR 报告。

选项 C：这也是不支持生成 WDR 报告的情况之一。主备倒换是保障数据库高可用性的一种策略，但在倒换过程中，数据库的状态可能会发生变化，这可能导致 Snapshot 的数据不一致，从而无法生成准确的 WDR 报告。

选项 D：这个操作会删除整个数据库，包括其所有的表、视图、索引等。这同样会导致数据库状态的变化，使得之前的 Snapshot 变得无效，因此不支持在此情况下生成 WDR 报告。

【答案】ACD

22.【多选题】关于 openGauss 表设计，以下哪些说法是正确的?

A. 规划好表结构设计，避免添加字段、修改字段类型或长度

B. 对于频繁更新的 astore 表，需要设置较小的填充因子

C. COMMENT 只是注释，没有必要添加

D. 尽量通过聚簇/局部聚簇实现热数据的连续存储，将随机 I/O 转换为连续 I/O

【解析】

选项 A：正确。在数据库设计中，良好的表结构设计是至关重要的。避免频繁地添加字段、修改字段类型或长度可以保持数据的稳定性和减少维护成本。

选项 B：正确。fillfactor 是表的一个属性，用于指定表在插入或更新数据时保留的空间比例。对于频繁更新的表，设置较小的填充因子可以减少页分裂和页合并的频率，从而提高性能。但需要注意的是，fillfactor 的设置需要根据具体的业务场景和性能需求进行权衡。

选项 C：错误。虽然 COMMENT 只是注释，但它对于数据库对象的维护和管理非常重要。通过添加注释，可以清晰地描述数据库对象的用途、功能、约束等信息，有助于其他开发人员或数据库管理员更好地理解和使用这些对象。

选项 D：正确。通过聚簇/局部聚簇可以实现热数据的连续存储，从而减少扫描的 I/O 成本。聚簇是将相关的数据行存储在一起，使得读取这些数据行时能够减少磁盘 I/O 操作，提高查询性能。

【答案】ABD

23.【判断题】主从模式和主备模式的差异是主从模式下，备机会对外提供服务。

【解析】

主从模式和主备模式的主要差异在于备机（或从机）是否对外提供服务。在主从模式下，备机除了同步主机的数据外，还对外提供读服务；而在主备模式下，备机仅在主机故障时接替其工作，但在主机正常运行时不对外提供服务。

【答案】正确

24.【判断题】主备架构的数据库部署模式，其优点在于应用不需要针对数据库故障来增加开发量。

【解析】

在主备架构中，备库主要承担数据备份工作，并不直接参与业务的读写操作。对客户端或应用系统来说，它们主要与主库进行交互，而不需要感知备库的存在。因此，在应用开发过程中，开发人员无须针对可能的数据库故障编写额外的代码或逻辑。

【答案】正确

25.【判断题】在数据大幅增长时，如何确保数据安全是应用开发者需要面临的挑战。

【解析】

- 数据增长带来的挑战：数据量的快速增长意味着需要更大的存储空间、更高的处理能力和更复杂的管理策略。随着数据的增长，数据的敏感性、价值以及潜在的风险相应增加。
- 数据安全的重要性：数据安全是保护用户隐私、企业机密以及遵守相关法律法规的关键。任何数据泄露或滥用都可能对企业声誉、用户信任以及法律合规性产生严重影响。

【答案】正确

26.【判断题】事务具有原子性，是一个不可分的整体，其状态只有成功或失败两种。

【解析】

在该题描述中事务还有回滚，事务里面还有子事务，还可以设置回滚点等。

【答案】错误

27.【判断题】数据管理发展的目的是减小数据冗余、增强数据独立性以及方便数据操作。

【解析】

数据管理发展（特别是从文件系统到数据库系统的演进）的目的确实是减小数据冗余、增强数据独立性以及方便数据操作。

- 减小数据冗余：在数据库系统中，数据通常是以结构化的形式存储的，这可以避免在多个地方存储相同的数据。这不仅节省了存储空间，还提高了数据的准确性，因为只需要在一个地方更新数据。
- 增强数据独立性：数据独立性包括物理独立性和逻辑独立性。物理独立性是指数据的物理存储结构（如存储位置、存储方式等）发生变化时，不影响应用程序。逻辑独立性是指数据库的逻辑结构（如表结构、字段类型等）发生变化时，应用程序无须修改。数据独立性使得数据库系统更加灵活和可维护。
- 方便数据操作：数据库系统提供了丰富的数据操作功能，如查询、插入、更新和删除等。这些操作可以通过 SQL 等高级语言进行，无须用户直接操作底层数据。此外，数据库系统还支持事务处理、并发控制等功能，使得数据操作更加可靠和安全。

【答案】正确

28.【判断题】数据库系统就是指数据库管理系统。

【解析】

数据库系统（Database System）和数据库管理系统（Database Management System，DBMS）是两个不同的概念，但它们之间有密切的关系。

- 数据库系统：它是一个复杂的系统，不仅包括数据库管理系统，还包括数据库、数据库管理员、应用程序、用户以及支持数据库系统运行的软硬件环境。数据库系统的主要目标是提供数据的存储、查询、更新和管理功能，以及确保数据的完整性、安全性和一致性。
- 数据库管理系统：它是数据库系统的核心软件，负责数据库的建立、使用和维护。数据库管理系统提供了数据描述语言（Data Description Language，DDL）、数据操纵语言（Data Manipulation Language，DML）和数据控制语言（Data Control Language，DCL），用于定义数据库结构、操作数据库中的数据以及控制对数据的访问。数据库管理系统还提供了数据的存储、备份、恢复、并发控制、安全性控制等功能。

【答案】错误

29.【判断题】数据库管理系统是数据库和用户之间的接口，允许用户管理、监控和控制数据库。

【解析】

数据库管理系统是数据库和用户之间的接口。它为用户提供了访问和操作数据库中数据的方法，并允许用户执行多种数据库管理任务，如创建、更新、查询、删除数据等。此外，数据库管理系统还提供了数据完整性、安全性和并发控制等功能，可以确保数据库的稳定性和性能。

【答案】正确

30.【判断题】逻辑操作符的运算优先级顺序为 AND>OR>NOT。

【解析】

在大多数编程语言中，逻辑操作符的运算优先级顺序如下：

- NOT 操作符（!）;
- AND 操作符（&&）;
- OR 操作符（||）。

NOT 操作符具有最高的优先级，其次是 AND，最后是 OR。这与数学运算中“先乘除后加减”的运算顺序类似。

【答案】错误

第 3 章

2023—2024 省赛复赛真题解析

3.1 openEuler 模块真题解析

1.【单选题】编写一个 Shell 脚本，该脚本可以实现将一个文本文件中的所有行进行反转，并将结果保存到另一个文件中。以下哪个命令可以实现？

A. cat input.txt | sort -r > output.txt

B. cat input.txt | tac > output.txt

C. cat input.txt | rev output.txt

D. cat input.txt | awk 'BEGIN{OFS=ORS="" ""};{for (i=NF;i>0;i--) print $i};' > output.txt

【解析】

选项 A：cat input.txt | sort -r > output.txt 命令不会反转行的顺序，而会对行中的内容进行按字典序反转排序（sort -r）。这不是题目需要的结果，因为要反转的是行顺序，而不是行中的字符顺序。

选项 B：cat input.txt | tac > output.txt 命令是正确的。tac 是 cat 的反向版本，它会从输入文件的最后一行开始，按反向顺序将行输出到标准输出。这正是题目需要的结果。

项目 C：cat input.txt | rev output.txt 命令在语法上是错误的。rev 命令用于反转行中的字符顺序，但它不使用输出文件名作为参数。正确的方式是使用重定向（>）来指定输出文件。然而，即使修正了语法，rev 命令也不会反转行的顺序，而会反转每行中的字符顺序。

项目 D：cat input.txt | awk 'BEGIN{OFS=ORS="" ""};{for (i=NF;i>0;i--) print $i};' > output.txt 命令试图反转每行中的字段（由空格分隔的单词或字符串），而不是反转行的顺序。此外，OFS=ORS="" "" 这部分代码是多余的，并且可能导致不可预测的行为，因为 OFS（输出字段分隔符）和 ORS（输出记录分隔符）都被设置为空字符串，这通常不是期望的行为。

【答案】B

2.【单选题】以下哪个 Ansible 模块可将被控制主机的文件复制到控制主机中？

A. fetch　　B. service　　C. copy　　D. cron

【解析】

选项 A：fetch 模块用于从远程主机上复制文件到控制主机上。fetch 模块允许用户在远程主机上复制文件或目录，并将其下载到控制主机上的指定位置。这可以用于从远程主机下载配置文件、日志文件等以进行分析和故障排除。

选项 B：service 模块用于管理（如启动、停止、重启等）服务，与文件复制无关。

选项 C：copy 模块用于将控制主机上的文件或目录复制到远程主机上，而不是从远程主机复制到控制主机上。

选项 D：cron 模块用于管理 cron 作业，与文件复制无关。

【答案】A

3.【单选题】以下哪个选项中的命令，可以将文件 myfile 的权限修改为“所属用户可修改可执行、所属组用户仅可读可执行、其他用户无任何权限”？

A. chown 706 myfile　　B. chmod 750 myfile

C. chown 705 myfile　　D. chmod 777 myfile

【解析】

选项 A：chown 706 myfile 命令用于改变文件的所有者和/或所属组，但它不会直接修改文件权限。

选项 B：chmod 750 myfile 命令用于修改文件权限。其中，7 表示“所属用户可读、可写、可执行”，5 表示“所属组用户可读、可执行”，0 表示“其他用户无任何权限”。所以，这个选项符合题目要求。

选项 C：chown 705 myfile 命令同样用于改变文件的所有者和/或所属组，但它不会直接修改文件权限。

选项 D：chmod 777 myfile 命令将文件权限设置为“所有用户可读、可写、可执行”，这不符合题目要求。

【答案】B

4.【单选题】以下哪个选项是 openEuler 22.03 LTS planned EOL 时间？

A. 2023/03　　B. 2024/03　　C. 2025/03　　D. 2026/03

【解析】

选项 A：2023/03 这个时间仅在 openEuler 22.03 LTS 版本发布后的第一年，对 LTS 版本来说这个时间太短了。

选项 B：2024/03 这个时间是在 openEuler 22.03 LTS 版本发布后的第二年，对 LTS 版本来说是一个合理的答案。

选项 C：2025/03 这个时间是在 openEuler 22.03 LTS 版本发布后的第三年，虽然也可能是，但通常 LTS 版本的支持周期不会这么长（除非官方有特别说明）。

选项 D：2026/03 这个时间是在版本发布后的第四年，对大多数 LTS 版本来说，这个时间太长了。

【答案】B

5.【单选题】以下哪条 SQL 语句能够赋予用户所有权限？

A. GRANT ALL PRIVILEGES ON *.* TO 'username'@'localhost';

B. REVOKE ALL PRIVILEGES ON *.* FROM 'username'@'localhost';

C. GRANT SELECT, INSERT, UPDATE ON dbname.* TO 'username'@'localhost';

D. REVOKE SELECT, INSERT, UPDATE ON dbname.* FROM 'username'@'localhost';

【解析】

在遇到关于 SQL 权限的题目时，首先需要了解 GRANT 和 REVOKE 命令的基本用途以及它们如何与数据库权限结合使用。

选项 A：这条 SQL 语句将会赋予名为 username 的用户从 localhost 连接到数据库服务器时对所有数据库的所有权限。这符合题目中“赋予用户所有权限”的要求。

选项 B：这条 SQL 语句将会从名为 username 的用户处收回从 localhost 连接时对所有数据库的所有权限。这是与题目要求相反的操作。

选项 C：这条 SQL 语句会赋予名为 username 的用户从 localhost 连接时对名为 dbname 的数据库（dbname.*）的 SELECT、INSERT 和 UPDATE 权限。虽然它赋予了一些权限，但并没有赋予所有权限。

选项 D：这条 SQL 语句会从名为 username 的用户处收回从 localhost 连接时对名为 dbname 的数据库的 SELECT、INSERT 和 UPDATE 权限。这也是与题目要求相反的操作。

【答案】A

6.【单选题】以下哪个 Bash 命令可以用来获取文件的大小？

A. wc -l filename

B. stat %s filename

C. ls -lh filename | awk '{print $5}'

D. du -h filename | awk '{print $1}'

【解析】

选项 A：wc -l filename 命令用于统计文件的行数，而不用于获取文件的大小。

选项 B：stat %s filename 命令的语法不正确。正确的语法应该是 stat -c %s filename，这表示使用 stat 命令的-c 选项来按照指定的格式（这里是%s，代表文件大小）输出文件大小。

选项 C：ls -lh filename | awk '{print $5}'命令会列出文件的详细信息，并通过管道将输出传递给 awk 命令，该命令会提取第五列（通常是文件大小）的内容。该命令仅在某些情况下是有效的，它依赖于 ls 命令的输出格式，同时，它是非标准输出，无法获得确切的文件大小。

选项 D：du -h filename | awk '{print $1}'命令会以人类可读的格式显示文件或目录的大小，并且使用 awk 命令输出文件或目录的大小。

【答案】D

7.【单选题】某管理员配置了 nginx 服务器，使用 80 端口对外提供服务，并且在本机进行测试正常，但是用户无法通过 80 端口正常访问，以下哪个选项是造成该现象的可能原因？

A. nginx 服务器防火墙未放行 80 端口

B. 用户不应使用 80 端口进行访问

C. nginx 不支持浏览器直接访问

D. 管理员使用 curl 命令进行测试，用户侧未安装该命令

【解析】

选项 A：即使 nginx 服务器在本地测试时能够正常监听 80 端口并提供服务，但如果服务器的防火墙配置

没有允许外部流量通过 80 端口，那么用户将无法从外部访问该服务。

选项 B：HTTP 的标准端口是 80 端口，用户通常都是通过这个端口来访问 Web 服务的。除非有特殊的网络策略或安全要求，否则用户完全可以使用 80 端口进行访问。

选项 C：nginx 是一个流行的 Web 服务器和反向代理服务器，它专门用于处理 HTTP 请求并提供 Web 服务。浏览器是直接通过 HTTP 与 nginx 服务器通信的，所以 nginx 完全支持浏览器直接访问。

选项 D：curl 命令是一个用于发送 HTTP 请求的工具，它常被用于测试 Web 服务。但用户是否安装了 curl 命令并不影响他们通过浏览器访问 nginx 服务器。即使用户没有安装 curl 命令，它们仍然可以通过浏览器来访问 nginx 服务器提供的服务。

【答案】A

8.【单选题】在 LNMP 架构中，如果使用 GaussDB 代替现有的 MySQL，以下哪个选项是需要执行的操作？

A. 直接卸载 MySQL 并安装 GaussDB

B. 迁移数据到 GaussDB 中，并更新 PHP 配置以支持 GaussDB

C. 更新 Nginx 配置以支持新数据库

D. 更改数据库连接字符串以指向新数据库

【解析】

在 LNMP（Linux+Nginx+MySQL+PHP）架构中，如果考虑使用 GaussDB 代替现有的 MySQL，需要详细分析每个选项，并基于 GaussDB 与 MySQL 的差异来做出选择。

选项 A：虽然 GaussDB 和 MySQL 在功能上有很多相似之处，但直接卸载 MySQL 并安装 GaussDB 是不可行的。这样做会丢失所有的数据库配置和数据，除非已经有了完整的备份和恢复策略。

选项 B：这是更为全面和细致的操作。首先，需要将 MySQL 中的数据迁移到 GaussDB 中，这通常涉及数据导出、格式转换和数据导入等步骤。其次，由于 GaussDB 在某些数据类型和语法上与 MySQL 存在差异，需要更新 PHP 代码或配置，以确保它们能够与新数据库兼容。这样做可以确保在更换数据库后应用程序能够继续正常运行，同时保留了原有的数据和配置。

选项 C：Nginx 是主要用于处理 HTTP 请求和静态资源的服务器，它并不直接与数据库交互。因此，更换数据库通常不需要更新 Nginx 配置。

选项 D：虽然更改数据库连接字符串是必要的操作之一，但仅这样做并不足以完成整个迁移过程，还需要确保新的数据库能够处理原有的数据，并且需要应用程序代码与新的数据库兼容。

【答案】B

9.【单选题】以下关于命令 free -m 的描述，哪个是正确的？

A. 输出的结果以 MB 为单位

B. 输出的结果以 KB 为单位

C. 该命令用于查看空闲磁盘空间

D. 该命令用于查看空闲 CPU 空间

【解析】

选项 A：正确。free 命令用于显示 Linux 系统中物理内存和交换内存的使用情况。-m 选项是一个常见的选项，它使得 free 命令的输出结果以 MB（兆字节）为单位。

选项 B：错误。虽然 free 命令的默认输出可能以 KB（千字节）为单位，但使用 -m 选项后，输出的结果将以 MB 为单位。

选项 C：错误。free 命令不用于查看磁盘空间。要查看磁盘空间，可以使用 df 命令。

选项 D：错误。CPU 是中央处理器，它没有“空间”的概念，因此应使用“CPU 占用率”而非“空闲 CPU 空间”来描述 CPU 的状态。要查看 CPU 的使用情况，可以使用 top、htop、vmstat 或 mpstat 等命令。

【答案】A

10.【单选题】以下哪个选项是 DNS 缓存服务器的主要作用？

A. 加快域名解析速度

B. 保护域名解析免受 DDoS 攻击

C. 防范 DNS 欺骗攻击

D. 提供域名注册服务

【解析】

选项 A：DNS 缓存服务器可以缓存已经解析过的域名对应的 IP 地址。当用户再次访问该域名时，可以直接从缓存中获取对应的 IP 地址，避免了再次进行 DNS 解析，从而显著提高了域名解析速度。

选项 B：虽然 DNS 缓存服务器本身并不直接提供 DDoS 攻击防护功能，但高防 DNS（一种特殊的 DNS）能够保证域名解析免受 DDoS 攻击影响，不过这不是 DNS 缓存的主要作用。

选项 C：DNS 缓存服务器可以通过缓存黑名单和白名单来过滤恶意域名和网站，这在一定程度上可以防范 DNS 欺骗攻击，但并非其主要作用。

选项 D：DNS 缓存服务器并不提供域名注册服务。域名注册服务由专门的域名注册商提供。

【答案】A

11.【单选题】以下关于 Nginx 的描述，哪个是错误的？

A. 占用内存小，可实现高并发连接，处理响应快

B. 可实现 HTTP 服务器、虚拟主机、反向代理等

C. 配置简单

D. 擅长处理动态请求和静态请求

【解析】

选项 A：正确。Nginx 是一款高性能的 HTTP 和反向代理服务器，以其高效、轻量级和高度可配置性而闻名。它能够处理大量的并发连接，并且具有非常低的内存占用率。

选项 B：正确。Nginx 最初被设计为一个 HTTP 服务器和反向代理服务器，但它支持虚拟主机功能，允许用户在同一台服务器上托管多个网站或应用程序。

选项 C：正确。虽然 Nginx 的配置文件（nginx.conf）看起来可能有些复杂，但一旦用户熟悉了它的语法和指令，就会发现它其实是非常直观和易于理解的。此外，Nginx 提供了大量的文档和社区支持，可以帮助用户更容易地配置和管理它。

选项 D：错误。虽然 Nginx 可以处理动态请求和静态请求，但它通常被优化为更擅长处理静态请求和

作为反向代理服务器。对于动态请求，Nginx 通常会将它们传递给后端的应用程序服务器（如 Apache、Tomcat 或 Node.js 等）来处理，然后缓存静态资源以加快响应速度。

【答案】D

12.【单选题】以下哪个选项是 Keepalived 的默认配置文件？

A. /usr/keepalived/keepalived.conf

B. /var/keepalived/keepalived.conf

C. /usr/etc/keepalived/keepalived.conf

D. /etc/keepalived/keepalived.conf

【解析】

在 Linux 系统中，Keepalived 的默认配置文件位于/etc/keepalived/目录下，其名字为 keepalived.conf。这个文件中包含 Keepalived 的全局定义、VRRP（Virtual Router Redundancy Protocol，虚拟路由冗余协议）实例定义以及虚拟服务器定义等关键配置信息。这些配置信息决定了 Keepalived 如何监测转移服务，以及如何处理网络故障和冗余问题。下面介绍 keepalived.conf 文件的详细构成。

- 全局定义块：用于设置 Keepalived 的故障通知机制和 Router ID 标识等全局参数。
- VRRP 实例定义块：用于定义 VRRP 的实例，包括状态、接口、虚拟路由标识、优先级等。
- 虚拟服务器定义块：可选配置，用于定义虚拟服务器和相关的健康检查脚本等。

需要注意的是，虽然配置文件的路径和名称可能因系统或安装方式的不同而略有差异，但 /etc/keepalived/keepalived.conf 是大多数 Linux 发行版中 Keepalived 的默认配置文件。

【答案】D

13.【单选题】在使用 VIM 进行文本编辑时，以下哪个命令可以实现对多字符串"2023"进行自下而上的查找？

A. /2023　　B. ?2023

C. #2023　　D. %2023

【解析】

在使用 VIM 进行文本编辑时，实现字符串查找的基本方法有两种：

- 使用/来从当前位置开始向前（向下）查找字符串；
- 使用?来从当前位置开始向后（向上）查找字符串。

现在解析每个选项。

选项 A：/2023 是从当前位置开始向前（向下）查找字符串"2023"。

选项 B：?2023 是从当前位置开始向后（向上）查找字符串"2023"。这正是题目要求的。

选项 C：在 VIM 的标准命令集中，#并不用来查找字符串。

选项 D：%在 VIM 中通常用来匹配当前括号内的内容，而不用来查找字符串。

【答案】B

14.【单选题】以下哪个操作可以在 SaltStack 中创建一个新的任务？

A. 使用 Python 脚本创建新任务　　B. 使用 YAML 文件创建新任务

C. 使用 ZML 文件创建新任务　　D. 使用 Shell 脚本创建新任务

【解析】

选项 A：虽然 SaltStack 底层使用 Python 编写，并且支持远程执行 Python 脚本，但直接使用 Python 脚本来“创建新任务”并不是 SaltStack 的推荐或标准做法。SaltStack 更倾向于使用描述性的配置文件来定义和管理系统的状态，并通过 state.apply、salt-call 等命令来创建、执行和管理任务，以实现对基础设施的自动化配置与管理。

选项 B：使用 YAML 文件创建新任务是正确的。在 SaltStack 中，状态文件（SLS 文件）通常使用 YAML 格式编写，用于描述系统的目标状态。这些文件可以被应用到 Salt Minion 上，以确保系统处于所描述的状态。通过编写 SLS 文件，用户可以定义各种任务，包括文件部署、软件包安装、服务管理等。

选项 C：ZML 不是 SaltStack 支持的格式。SaltStack 主要使用 YAML 作为配置文件的格式。

选项 D：虽然 SaltStack 支持远程执行 Shell 脚本，但这并不是创建新任务的标准方法。Shell 脚本通常用于执行特定的命令或任务，而不是定义系统的目标状态。

【答案】B

15.【单选题】以下关于僵尸进程的描述，哪个是正确的？

A. 僵尸进程不存在于进程表中

B. 执行 kill -9 僵尸进程的进程号，可以杀死僵尸进程

C. 执行 kill -15 僵尸进程的进程号，可以杀死僵尸进程

D. 执行 kill -9 僵尸进程父进程的进程号，可以杀死僵尸进程

【解析】

选项 A：错误。当子进程比父进程先结束，父进程没有回收子进程并释放子进程占用的资源时，子进程将成为一个僵尸进程。在 UNIX 系统中，即使子进程已经结束，其进程描述符（包括进程号和其他信息）仍然会保留在系统中，直到父进程调用 wait 或 waitpid 等函数来获取其状态信息并释放相关资源。因此，僵尸进程实际上是存在于进程表中的。

选项 B：错误。kill -9 命令用于强制终止一个进程，但它不能直接杀死僵尸进程。僵尸进程是一个已经终止但尚未被其父进程回收的进程，因此它本身不再执行任何代码，也不能被 kill 命令终止。

选项 C：错误。与 kill -9 类似，kill -15 也是用于终止进程的命令，但它也不能直接杀死僵尸进程。僵尸进程的状态已经是“终止”，所以不再需要被终止。

选项 D：正确。虽然不能直接杀死僵尸进程，但可以通过杀死其父进程来间接杀死僵尸进程。当父进程终止后，其子进程（包括僵尸进程）将由 init 进程（PID 为 1 的进程）接管。init 进程会定期清理其下的僵尸进程，从而释放被僵尸进程占用的进程号等资源。因此，通过杀死僵尸进程的父进程，可以间接地清理僵尸进程。

【答案】D

16.【单选题】在配置 iSCSI 客户端的过程中，希望注销 iqn.2023-10.com.test:raid 节点，应该使用以下哪个命令？

A. iscsiadm -m node –T iqn.2023-10.com.test:raid -p 192.168.1.1:3260 -l

B. iscsiadm -m node –T iqn.2023-10.com.test:raid -p 192.168.1.1:3260 -u

C. iscsiadm -m node -o delete -T iqn.2023-10.com.test:raid -p 192.168.1.1:3260

D. iscsiadm -m node -o update -T iqn.2023-10.com.test:raid -p 192.168.1.1:3260

【解析】

选项 A：这个命令用于登录到指定 iSCSI 目标，而不用于注销节点。-l 选项表示登录（login）。

选项 B：这个命令正是用于从指定 iSCSI 目标注销的。-u 选项表示注销（unlogin）。这是符合题目要求的命令。

选项 C：这个命令用于删除 iSCSI 节点的配置，而不用于注销当前活动的节点。-o 选项的 delete 参数表示删除操作。

选项 D：这个命令用于更新 iSCSI 节点的配置，而不用于注销节点。-o 选项的 update 参数表示更新操作。

【答案】B

17.【单选题】在以下哪种场景下，最适合使用 GlusterFS 的分布式条带卷?

A. 需要读/写性能高的大量大文件的场景

B. 需要大量文件读和可靠性要求高的场景

C. 需要灵活的数据访问控制的场景

D. 需要快速数据恢复的场景

【解析】

选项 A：分布式条带卷（Distributed Stripe Volume）是指在 GlusterFS 中，多个文件在多个节点上哈希存储，每个文件再分条带在多个数据块（brick）上存储。分布式条带卷继承了分布卷和条带卷的优点，适用于读/写性能高的大量大文件的场景。其优点是高并发支持，读/写性能相对更高；缺点是没有冗余，可靠性差。

选项 B：该选项描述的是分布式复制卷的应用场景，它更侧重于高可靠性和读性能。

选项 C：该选项提到的灵活的数据访问控制并不是 GlusterFS 分布式条带卷的主要特点。

选项 D：该选项提到的快速数据恢复与 GlusterFS 的数据恢复能力相关，相关场景不是分布式条带卷的直接应用场景。

【答案】A

18.【单选题】循环展开是一种优化技术，它通过减少循环迭代的次数来提高程序的性能。以下哪个选项可以开启循环展开优化?

A. -O　　B. -O1　　C. -O2　　D. -O3

【解析】

选项 A：-O 是基本优化级别，仅会启用一些基础的编译器优化策略，通常不包括循环展开这样的高级优化。循环展开（Loop Unrolling）是一种编译器优化技术，它通过减少循环迭代的次数来提高程序的性能。这种优化通常通过将循环体多次复制并插入循环来实现，从而减少了循环控制逻辑的开销。在 GCC（GNU Compiler Collection）和其他一些编译器中，循环展开优化可以通过不同的优化级别来开启。这些优化级别通过编译器命令行选项 -O、-O1、-O2 和 -O3 来设置，其中 -O 是基本优化，而 -O3 是最高级别的优化。

选项 B：-O1 是第一个优化级别，它包括-O 级别中的所有优化，并添加了一些额外的优化。但是，循环展开通常不在这个级别中。

选项 C：-O2 是第二个优化级别，它包括-O1 级别中的所有优化，并添加了一些更复杂的优化，例如死代码消除和常量折叠。然而，循环展开通常也不在这个级别中。

选项 D：-O3 是最高级别的优化，它包括-O2 级别中的所有优化，并添加了一些可能进一步提高性能但可能增加编译时间和/或生成代码大小的优化。循环展开通常在这个级别中开启。

【答案】D

19.【单选题】以下哪个选项是 CISC 和 RISC 的主要区别？

A. CISC 指令集更简单，RISC 指令集更复杂

B. CISC 指令集更复杂，RISC 指令集更简单

C. CISC 和 RISC 指令集的复杂度相同，但 CISC 处理器更快

D. CISC 和 RISC 指令集的复杂度相同，但 RISC 处理器更快

【解析】

首先详细比较 CISC（Complex Instruction Set Computer，复杂指令集计算机）指令集和 RISC（Reduced Instruction Set Computer，精简指令集计算机）指令集的主要区别。

- CISC 指令集复杂庞大，指令数目一般为 200 条以上，且指令长度不固定，指令格式多，寻址方式多。
- RISC 指令集相对精简，指令数目一般小于 100 条，且指令长度固定，指令格式少，寻址方式少。

选项 A：错误。由上述分析可知，CISC 指令集更复杂，RISC 指令集更简单。

选项 B：正确。由上述分析可知，CISC 指令集更复杂，RISC 指令集更简单。

选项 C：错误。虽然 CISC 的设计确实倾向于提高处理器的性能，但这不是通过指令集的复杂度来衡量的。因此不能简单地说 CISC 处理器更快。

选项 D：错误。RISC 的主要优势在于其简单的指令集使得处理器更加简洁和高效，这有助于减少执行时间。然而，处理器的性能还受到其他因素的影响，如处理器的时钟速度、缓存大小等。因此不能简单地说 RISC 处理器更快。

【答案】B

20.【单选题】在 openEuler 操作系统中安装 Anaconda 图形界面时，Anaconda 的日志存放在引导镜像的哪个目录下？

A. /etc　　B. /var　　C. /tmp　　D. /usr

【解析】

选项 A：/etc 目录通常用于存放系统配置文件，而不是日志文件。

选项 B：在 Linux 系统中，/var 目录主要用于存放动态变化的文件，如日志文件、邮件队列、缓存文件等。但是，Anaconda 的日志并不直接存放在/var 目录下，而是存放在/var/log 的某个子目录中。具体来说，Anaconda 的日志可能会存放在名为/var/log/anaconda.log 的文件中。这个文件会在安装 Anaconda 时存储所有的安装信息。

选项 C：/tmp 目录主要用于存放临时文件，通常不会被用于存放 Anaconda 的日志。但是，如果 Anaconda 在安装过程中使用了临时目录来存放日志，那么这些日志可能会出现在/tmp 中。然而，这不是 Anaconda 日志的常规存放位置。

选项 D：/usr 目录通常用于存放用户级别的应用程序和数据，与 Anaconda 的日志存放无关。

【答案】B

21.【多选题】在 HAProxy 中，以下哪些选项可以通过 ACL 对访问前端的 IP 地址进行限制？

A. allow 指令
B. allowlist 指令
C. acl 指令
D. restrict 指令

【解析】

选项 A：正确。在 HAProxy 中并没有直接的 allow 指令用于 ACL（Access Control List，访问控制列表）。在七层代理中，http-request allow 和 http-request deny 可以用于允许或拒绝基于 ACL 的 HTTP 请求。但这两个指令并不直接对应 ACL 的定义，而是基于 ACL 进行操作的。因此，严格来说，allow 指令并不是直接用于在 ACL 定义中限制 IP 地址的，但它在处理 ACL 条件后可用于控制访问。

选项 B：在 HAProxy 的文档中，并没有明确的 allowlist 指令。然而，allowlist 通常用于描述一个允许列表，可能是在某些配置或脚本中自定义的。

选项 C：正确。在 HAProxy 中，ACL 是通过 acl 指令定义的。可以使用 acl 指令来定义一个或多个条件，这些条件可以基于源 IP 地址、目标 IP 地址、端口号、请求头等各种属性。然后，可以在配置的其他部分（如 http-request、tcp-request 等）基于这些条件来控制访问。

选项 D：在 HAProxy 的标准配置和指令集中，并没有 restrict 指令。HAProxy 通常使用 acl、http-request、tcp-request 等指令来控制访问。

【答案】AC

22.【多选题】以下关于软件和服务管理的描述，哪些是正确的？

A. RPM 的数据库文件存在于/var/lib/rpm 目录下，使用 rpm -rebuilddb 可以重建数据库
B. dnf autoremove 能够卸载目前系统不需要的软件包
C. 执行 systemctl enable firewalld 后，会在/etc/systemd/system 下创建一个软链接指向 firewalld.service 文件
D. rpm -qc glibc 可以查看软件包 glibc 所包含的配置文件

【解析】

选项 A：在 Linux 系统中，RPM 的数据库文件默认存储在/var/lib/rpm 目录下。当 RPM 数据库出现问题时，可以使用 rpm --rebuilddb（注意是--而不是-）命令来重建数据库。这个描述是正确的。

选项 B：dnf autoremove 命令用于删除所有原先因为依赖关系安装的不需要的软件包。这是 DNF 软件包管理器的一个功能，可以清理系统，减少不必要的软件包占用空间。这个描述是正确的。

选项 C：执行 systemctl enable firewalld 命令后，会在/etc/systemd/system/multi-user.target.wants/（或其他 target 的 wants 目录）下创建一个指向/usr/lib/systemd/system/firewalld.service 的软链接，而不是直接在/etc/systemd/system 目录下创建文件。这是 systemctl 管理服务的一个常见机制，用于在系统启动时自动启动服务。这个描述是正确的。

选项 D：rpm -qc 命令用于列出指定软件包的所有配置文件，但并不会显示这些文件包含的具体内容。要查看软件包 glibc 所包含的配置文件，需要首先使用 rpm -qc glibc 列出这些文件，然后单独查看这些文件的内容。这个描述是正确的。

【答案】ABCD

23.【多选题】以下关于 Linux 操作系统安全机制的描述，哪些是正确的?

A. Linux 新建文件的默认权限是 644

B. Linux 新建目录的默认权限是 755

C. Linux 默认权限掩码为 022

D. Linux 可以通过 umask 命令来改变文件和目录的默认权限

【解析】

选项 A：正确。需要注意的是，Linux 新建文件的默认权限实际上是由 umask（权限掩码）决定的，在 umask 为 022 的默认设置下，新建文件的默认权限确实为 644（即文件所有者有读写权限，同组用户和其他用户只有读权限）。

选项 B：正确。在 umask 为 022 的默认设置下，新建目录的默认权限为 755（即目录所有者有读、写和执行权限，同组用户和其他用户有读和执行权限）。

选项 C：正确。在 Linux 系统中，umask 的默认设置通常为 022，这意味着在新建文件和目录时，会从默认的 777（文件）和 666（目录）权限中减去 umask 的值来确定最终的权限。

选项 D：正确。umask 命令用于设置或查看权限掩码，从而改变新建文件和目录的默认权限。通过修改 umask 的值，可以灵活配置系统上的文件和目录权限。

【答案】ABCD

24.【多选题】以下哪些命令用于配置 NFS 服务的开机自启动?

A. systemctl start rpcbind.service

B. systemctl start nfs.service

C. systemctl enable rpcbind.service

D. systemctl enable nfs-server.service

【解析】

选项 A：这个命令用于启动 rpcbind 服务。rpcbind 是一个在 RPC 系统上运行的服务器程序，它允许客户端查询指定的 RPC 服务，并获取该服务使用的 TCP 或 UDP 端口号。在 Linux 中，NFS 基于 RPC，所以必须依赖 rpcbind 服务。然而，这个命令的作用只是启动 rpcbind 服务，并没有设置 NFS 服务为开机自启动。

选项 B：这个命令用于启动 NFS 服务。但是，同样地，它只是启动了服务，并没有设置其为开机自启动。另外，请注意，在某些系统中，NFS 服务的名称可能是 nfs-server.service 而不是 nfs.service。

选项 C：这个命令用于设置 rpcbind 服务为开机自启动。这意味着每次系统启动时，rpcbind 服务都会自动启动，从而确保 NFS 服务的正常运行。这个选项是正确的。

选项 D：这个命令用于设置 NFS 服务（在这里，NFS 服务的名称是 nfs-server.service）为开机自启动。这样，每次系统启动时，NFS 服务都会自动启动，无须手动干预。

综上所述，用于配置 NFS 服务的开机自启动的命令是选项 C 和 D 的命令。

【答案】CD

25.【多选题】以下关于系统监控和查看的命令及其描述中，哪些是正确的?

A. 通过 lscpu 命令可以得到系统 CPU 的架构信息

B. 通过 uname -r 命令可以得到操作系统的内核版本

C. 通过 free -m 命令可以得到系统的内存信息，单位为 MB

D. 通过 df -Th 命令可以得到每个磁盘中的磁盘类型和可用磁盘量

【解析】

选项 A：正确。lscpu 命令在 Linux 系统中用于显示和收集有关 CPU 的架构和相关信息，如 x86、x86_64、ARM 等。

选项 B：正确。uname -r 命令用于显示操作系统的发行编号，它通常与内核版本相关。

选项 C：正确。free -m 命令中的“free”表示查询系统空闲内存，而“-m”表示以 MB 为单位显示内存的信息。因此，该命令可以得到系统的内存信息，并且单位为 MB。

选项 D：正确。df -Th 命令中的“df”代表“disk free”，即磁盘空闲。这个命令用于显示文件系统磁盘空间使用情况的摘要信息，其中，“-t”选项表示只显示指定类型的文件系统，而“-h”选项可以将文件大小的单位转换为易读的单位（如 MB、GB）。因此，通过这个命令可以得到每个磁盘中的磁盘类型和可用磁盘量。

【答案】ABCD

26.【多选题】根据 LVS 命令""ipvsadm -a -t 192.168.1.100:80 -r 192.168.1.101:80 -m""判断，该 LVS 采用的模式与其后端真实服务器的 IP 地址分别是什么?

A. NAT 模式

B. DR 模式

C. 192.168.1.100

D. 192.168.1.101

【解析】

从命令本身，无法直接确定 LVS 使用的是哪种模式（NAT、DR、IP TUN 等）。ipvsadm 命令只是用于配置和管理 Linux 内核 IP 虚拟服务器（IP Virtual Server，IPVS）的工具，而具体的模式是由系统配置和网络设置决定的。

然而，从命令参数来看，-m 参数通常与 NAT 模式相关，因为它表示“masquerading”（伪装）或 NAT 模式中的端口转发。但是，这不是一个绝对的结论，因为 LVS 的配置可能更加复杂，并且可能使用不同的转发方式。

综合考虑，虽然不能确定 LVS 一定使用了 NAT 模式，但基于-m 参数，我们可以假设它与 NAT 模式有关。

根据命令中的-r 192.168.1.101:80，可以明确地知道后端真实服务器的 IP 地址是 192.168.1.101，并且它正在监听 80 端口。

选项 A：虽然不能确定这是不是 LVS 的确切模式，但基于-m 参数可以认为它与 NAT 模式相关。

选项 B：从命令本身可以确定不是采用 DR 模式。LVS 的 DR 模式和 NAT 模式的关键区别在于它们处理流量的方式。如果使用 DR 模式，LVS 命令中应使用-g 参数，而不是-m 参数。

选项 C：这是虚拟服务器的 IP 地址，不是后端真实服务器的 IP 地址。

选项 D：这是后端真实服务器的 IP 地址。

【答案】AD

27.【多选题】以下哪些选项是 ext4 文件系统的优点？

A. 具有更高的性能和可靠性

B. 可以更好地保护数据的安全性

C. 兼容所有 Linux 版本

D. 支持碎片整理，提高文件系统的可用性

【解析】

选项 A：正确。ext4 文件系统是 ext3 文件系统的后续版本，它引入了一些新的特性，如扩展的 inode 和更大的文件系统大小限制，这些都旨在提高文件系统的性能和可靠性。

选项 B：正确。ext4 文件系统提供了如日志（Journaling）记录等特性，这有助于在系统崩溃后恢复文件系统的一致性，从而保护数据的安全性。此外，ext4 文件系统还支持在线检查和修复工具，如 fsck，可以在文件系统挂载时检查和修复问题。

选项 C：错误。虽然 ext4 文件系统在较新的 Linux 版本中得到了广泛的支持，但它并不兼容所有 Linux 版本。特别是较旧的 Linux 发行版可能不支持 ext4 文件系统。

选项 D：正确。ext4 文件系统支持碎片（Fragmentation）整理，但这不是它的主要特性。碎片整理有助于减少文件在磁盘上的碎片化，从而提高文件系统的性能和可用性。

【答案】ABD

28.【多选题】在安装 openEuler 操作系统之前，需要进行 BIOS 设置，以下哪些关于 BIOS 的描述是正确的？

A. BIOS 可以识别硬盘、光驱等存储设备，正确读取安装文件

B. BIOS 可以检测和调整硬件设备的参数，以确保硬件设备的正常运行

C. BIOS 可以设置启动顺序，以确保在安装操作系统时能够从正确的设备中启动

D. BIOS 可以修改计算机的启动密码，以保护系统不被未经授权的用户访问

【解析】

选项 A：正确。BIOS 作为计算机的基本输入输出系统，在启动过程中会识别连接到主板的各种硬件设备，包括硬盘、光驱等存储设备。它能够正确读取这些设备上的信息，包括安装操作系统所需的文件。

选项 B：正确。BIOS 的一个主要功能是自检及初始化，这包括对硬件设备的检测和初始化。在 BIOS 设置中，用户可以检测和调整硬件设备的参数，如内存大小、处理器速度等，以确保这些设备在操作系统加载之前能够正常运行。

选项 C：正确。BIOS 允许用户设置启动顺序，即计算机在启动时按照哪个设备的顺序来加载操作系统。这对于从特定的存储设备（如 USB 驱动器、光盘或硬盘）安装操作系统非常重要，因为它确保了计算机在启动时能够从正确的设备中读取安装文件。

选项 D：错误。虽然 BIOS 确实允许用户设置密码，但这不是计算机的启动密码，计算机的启动密码是为了保护系统不被未经授权的用户访问，BIOS 密码主要用于限制对 BIOS 设置的访问，以防止未经授权的修改。而保护系统不被未经授权的用户访问通常是通过操作系统级别的安全措施来实现的，如用户账户和密码管理。

【答案】ABC

29.【多选题】以下关于 Nginx 的描述，哪些是正确的?

A. Nginx 默认采用轮询的方式去进行负载均衡

B. 在后端服务器性能不均的情况下，可通过轮询+权重的方式，实现负载均衡

C. Nginx 可以实现动静分离，静态资源由服务器维护，动态资源由后端 Nginx 处理

D. Nginx 反向代理的作用是将客户端请求转发到后端服务器

【解析】

选项 A：正确。Nginx 确实默认采用轮询（Round Robin）的方式作为负载均衡策略。这意味着 Nginx 会将请求依次分配给每个后端服务器。

选项 B：正确。在 Nginx 中，当后端服务器性能不均时，可以通过权重轮询（Weighted Round Robin）的方式为每个服务器分配不同的权重。权重越高的服务器会接收更多的请求，从而实现负载均衡。

选项 C：错误。实际上，Nginx 实现动静分离的策略是：静态资源由 Nginx 直接处理并缓存，而动态请求则被转发到后端的应用服务器（如 Tomcat、Node.js 等）进行处理。Nginx 本身并不处理动态资源，它只是作为反向代理将请求转发给后端服务器。

选项 D：正确。Nginx 可以作为反向代理服务器，将客户端的请求转发到后端的多个服务器上，并根据配置的负载均衡策略选择其中一个服务器来处理请求。这样，客户端并不知道它实际上访问的是哪个后端服务器，从而实现了隐藏后端服务器、负载均衡、缓存加速等功能。

【答案】ABD

30.【多选题】相较于 Nginx，以下哪些选项是 Apache 的优点?

A. 适合处理动态页面请求

B. Rewrite 更为强大

C. 功能集成性高

D. 抗并发

【解析】

选项 A：正确。Apache 在处理动态页面请求方面表现出色。它支持多种编程语言和环境，如 PHP、Perl 等，使得开发者能够轻松地在 Apache 服务器上运行动态网页应用。而 Nginx 不支持 PHP 等动态语言处理，通常需要通过 FastCGI 或其他方式与后端语言处理器通信。

选项 B：正确。Apache 的 Rewrite 模块功能强大且灵活，可以根据不同的 URL 模式进行重定向或重写。虽然 Nginx 也有 Rewrite 功能，但 Apache 的 Rewrite 规则更加成熟和稳定，且在复杂场景下可提供更高的灵活性和更强的控制力。

选项 C：正确。Apache 作为一个模块化的服务器，集成了众多功能，包括但不限于 SSL 支持、虚拟主机配置、访问控制等。这些功能大多可以通过简单的配置文件调整来实现，无须额外安装或配置其他软件。这种极高的功能集成性使得 Apache 在某些场景下更为便捷。

选项 D：错误。在抗并发方面，Nginx 通常被认为比 Apache 更具优势。Nginx 采用事件驱动的异步非阻塞处理方式，这使得它在处理大量并发连接时能够保持较高的性能和稳定性。而 Apache 在并发连接较多时，可能会受到其基于线程或进程的模型限制，导致性能下降。

【答案】ABC

31.【多选题】以下关于用户操作命令的描述，正确的有哪几项?

A. useradd -b /home/wangwu zhaoliu：新增用户，并为用户指定家目录为/home/wangwu

B. userdel -rf　lisi：删除 lisi 这个用户以及用户主目录

C. groupmod -c　“普通用户”lisi：为用户 lisi 添加用户注释信息

D. cat　/etc/group：查看我们创建了哪些组和相关组 ID

【解析】

选项 A：错误。这个命令实际上是错误的。-b 选项是用来指定新用户的基目录的，并不是用来直接指定用户的家目录。通常，用户的家目录会在基目录下以用户名命名。例如，如果基目录是 /home/wangwu，那么 zhaoliu 的家目录将会是 /home/wangwu/zhaoliu，而不是 /home/wangwu。正确指定用户的家目录的选项是 -d。

选项 B：正确。使用这个命令会删除用户 lisi，并且使用-r 选项会同时删除用户的主目录（通常是 /home/lisi）。使用-f 选项则会强制删除用户，即使该用户当前已登录系统。

选项 C：错误。这个命令的意图是修改组 lisi 的描述信息，但实际上 -c 选项是用来修改组名的，而不是修改组描述信息。要修改组描述信息，应查阅系统手册，因为标准的 groupmod 命令并没有专门用于修改组描述信息的选项。在某些系统上，可能会有自定义的选项（如-d 或-i）来修改组描述信息，但这取决于系统自身的实现，且不属于标准 Linux 工具的行为。此外，-g 选项是用来修改组 ID 的，并不能用于修改组描述信息。

选项 D：正确。使用这个命令会显示 /etc/group 文件的内容，该文件包含系统中所有组的信息，包括组名、组密码（通常是 x，表示密码在另一个文件中）、组 ID 和组成员列表。因此，通过查看这个文件，可以了解创建的组以及相关的组 ID。

【答案】BD

32.【多选题】openEuler 系统使用命令行登录和 SSH 登录时，Shell 需要加载的文件有哪些?

A. /etc/profile　　B. /.bash_profile

C. ~/.profile　　D. ~/.bashrc

【解析】

在 openEuler 系统（以及其他基于 Linux 的系统）中，当使用命令行登录或 SSH 登录时，Shell 会根据不同的条件加载一系列的配置文件。

- 登录 Shell 加载的文件：
    - /etc/profile（系统级）；
    - ~/.bash_profile 或 ~/.profile（用户级）。
- 非登录 Shell 加载的文件：
    - ~/.bashrc（通常通过~/.bash_profile 或~/.profile 间接加载）。

选项 A：正确。这是系统全局的配置文件，用于所有用户登录时的初始化设置。它通常包含一些系统级的环境变量设置、别名定义等。

选项 B：正确。在标准的 Linux 系统中，这通常应该是~/.bash_profile（注意前面的浪纹线代表用户的主目录）。这个文件在用户登录时执行，尤其是当使用 Bash Shell 作为登录 Shell 时，通常用于设置用户级的环境变量或执行其他初始化命令。

选项 C：正确。如果~/.bash_profile 不存在，Bash Shell 会尝试加载~/.profile 作为替代，这个文件也用于设置用户级的环境变量或执行其他初始化命令。

选项 D：正确。~/.bashrc 在用户每次启动新的非交互式登录 Bash Shell 时都会执行（如打开终端仿真器或运行子 shell）。通常，~/.bash_profile 或~/.profile 会包含 source ~/.bashrc 或等效的命令来加载.bashrc 中的设置。

【答案】ABCD

33.【多选题】下列关于 openEuler 中常用的管理进程的操作的描述中，错误的是哪些选项？

A. jobs：查看当前有多少正在前台运行的命令

B. fg：将后台命令唤醒，并在后台运行

C. bg：将后台中的命令调至前台继续运行

D. Ctrl+C：中断当前正在执行的命令

【解析】

选项 A：jobs 命令实际上用于显示当前 Shell 的作业清单，包括正在后台运行的命令，而不是正在前台运行的命令。因此，这个描述是错误的。

选项 B：fg 命令用于将后台作业调回到前台运行，而不是继续在后台运行。因此，这个描述也是错误的。

选项 C：与选项 B 相反，bg 命令实际上用于将后台作业放到后台继续执行，而不是调至前台。因此，这个描述同样是错误的。

选项 D：Ctrl+C 是用于中断当前正在执行的命令的标准快捷键。

【答案】ABC

34.【多选题】下列关于前台进程和后台进程的描述中，正确的是哪些选项？

A. 前台进程相比后台进程，优先级略低

B. 后台进程相比前台进程，优先级略低

C. Linux 的守护进程是一种特殊的后台进程，其独立于终端并周期性地执行任务或等待唤醒

D. 前台进程就是用户使用的有控制终端的进程

【解析】

选项 A：错误。前台进程是与用户直接交互的进程，因此通常认为其优先级比后台进程的高。如果系统资源紧张，可能会先停止或暂停后台进程以确保前台进程的正常运行。

选项 B：正确。如选项 A 的分析，后台进程的优先级通常较低，因为它们是不与用户直接交互的进程，可以在用户不关注时执行或暂停。

选项 C：正确。守护进程（Daemon）是 Linux 系统中在后台运行且不与任何控制终端关联的进程。它们通常在系统引导时启动，并周期性地执行任务或等待特定事件来唤醒。

选项 D：正确。前台进程是与用户直接交互的进程，它们通常与某个控制终端（如命令行界面、SSH 会话等）相关联。

【答案】BCD

35.【多选题】下列关于 Shell 脚本错误排除的描述中，正确的是哪些选项？

A. 错误通常由于输入错误、语法错误或者脚本逻辑不佳导致

B. 在编写脚本时，将文本编辑器和 Bash 语法高亮显示结合使用有助于发现错误

C. 找到并排除脚本中错误最直接的方法是调试

D. 避免在脚本中引入错误的一种方法是在创建脚本期间遵循良好的编程风格

【解析】

选项 A：正确。Shell 脚本中的错误通常源于输入错误（如拼写错误、错误的命令或参数）语法错误（如语法结构错误、括号不匹配等）以及脚本逻辑不佳（如逻辑判断错误、循环条件错误等）。

选项 B：正确。使用支持 Bash 语法高亮显示的文本编辑器（如 VIM、Emacs、Visual Studio Code 等）有助于用户更清晰地看到脚本中的语法结构，从而更容易发现潜在的错误。

选项 C：正确。调试是找到并排除脚本中错误的一种最直接且有效的方法。可以使用 bash -x 命令进行调试，这会输出脚本执行过程中的每一行命令及其参数，从而帮助用户定位问题所在。

选项 D：正确。在创建脚本期间遵循良好的编程风格（如缩进、注释、变量命名规范等）可以使脚本更易于阅读和理解，从而减少错误的发生。此外，使用函数、循环等结构可以使代码更加模块化，进一步降低出错的可能性。

【答案】ABCD

36.【判断题】Shell 脚本使用$#可以获取传递的参数个数。

【解析】

在 Shell 脚本中，$# 是一个特殊变量，用于获取传递给脚本或函数的参数个数。当在命令行中运行一个脚本并传递了一些参数时，可以在脚本内部使用 $# 来获取这些参数的数量，如图 3-1 所示。

如果运行这个脚本并传递了 3 个参数，如./script.sh arg1 arg2 arg3，输出结果如图 3-2 所示。

```bash
#!/bin/bash

echo "The number of arguments is: $#"

for arg in "$@"; do
    echo "$arg"
done
```

图 3-1　openEuler 模块真题解析 34 题解析图 1

```bash
The number of arguments is: 3
arg1
arg2
arg3
```

图 3-2　openEuler 模块真题解析 34 题解析图 2

其中，$# 正确地输出了参数的数量，而 $@ 则表示所有的参数，可以用于遍历它们。

【答案】正确

37.【判断题】使用 VIM 编辑器时，在命令行模式下执行:x 可以保存修改并退出。

【解析】

在使用 VIM 编辑器时，VIM 提供了多种模式，其中最主要的有 3 种。

- 一般模式（Normal Mode）：也被称为命令模式。在此模式下，用户可以执行复制、粘贴、剪切、查

找、替换等大多数命令，但不能直接输入文本。

- 编辑模式（Insert Mode）：在此模式下，用户可以插入文本到文件中。可以通过按 i（在当前字符前插入）、a（在当前字符后插入）、o（在当前行下方新开一行）等键进入插入模式。
- 指令模式（Command Mode）：有时也被称为末行模式（Last Line Mode）或命令模式。在这种模式下，用户可以执行保存文件、退出编辑器、查找替换字符串等命令。

当处于一般模式时，可以通过输入:进入指令模式。在指令模式下，可以执行保存、退出、搜索替换等高级命令。

由上可知，:x 命令就是在指令模式下执行的，它的作用是保存当前文件的修改并退出 VIM。因此，题目中的描述“使用 VIM 编辑器时，在命令行模式下执行:x 可以保存修改并退出”是正确的。

【答案】正确

38.【判断题】通过\\Samba IP\share 访问目录时，无须登录认证，但仅能创建文件夹或文件。

【解析】

Samba 是一个在 Linux 和 UNIX 系统上实现 SMB（Server Message Block，服务信息块）协议的软件，用于在 Linux、UNIX 和 Windows 系统之间共享文件。在配置 Samba 时，可以通过设置不同的共享选项来实现不同的访问控制策略。

- 无须登录认证：这是否成立取决于 Samba 的配置。如果 Samba 被配置为匿名共享（即 guest ok = yes 且 security = share），则用户无须登录即可访问共享目录。但是，如果 Samba 被配置为需要用户认证（即 security = user），则用户需要提供用户名和密码才能访问共享目录。
- 仅能创建文件夹或文件：这也取决于 Samba 的配置。在 Samba 的配置文件（通常是/etc/samba/smb.conf）中可以设置共享目录的权限，包括是否允许用户读取、写入、创建文件夹或文件等。如果设置了 writable = yes，则允许用户在共享目录中写入、创建文件或文件夹。但是，这并不意味着用户只能创建文件夹或文件，他们还可以执行其他操作（如读取、删除等），这具体取决于配置的权限。

综上所述，判断题中的描述“通过\\Samba IP\share 访问目录时，无须登录认证，但仅能创建文件夹或文件”是错误的。

【答案】错误

39.【判断题】SELinux 是一种强制访问控制安全机制，是基于 Linux LSM 框架开发的。

【解析】

SELinux（Security Enhanced Linux）是一种强制访问控制（Mandatory Access Control，MAC）安全机制，它是基于 Linux LSM（Linux Security Module）框架开发的。以下是关于 SELinux 的详细介绍。

- 定义：SELinux 是美国国家安全局（National Security Agency，NSA）联合其他安全机构（如 SCC 公司）共同开发的 Linux 强制访问控制安全机制，旨在增强传统 Linux 操作系统的安全性。
- 基于 LSM 框架：LSM 框架是 Linux 内核的一个安全框架，它允许开发者为 Linux 添加各种安全模块。SELinux 就是基于这个框架开发的，它提供了强制访问控制安全机制。
- 强制访问控制：与传统的自主访问控制（Discretionary Access Control，DAC）不同，强制访问控制机制限制了对系统资源的访问，即使资源的所有者或用户拥有相应的权限。在 SELinux 中，这种访问控制是强制执行的，不受用户或程序的影响。

- 安全策略：SELinux 提供了细粒度的访问控制安全机制，可以根据不同的场景和需求进行定制。这些策略可以限制进程、用户和应用程序对系统资源的访问，防止恶意软件的攻击和数据泄露。
- 实施与集成：SELinux 最初是作为 Linux 内核的一系列补丁开发的，后来于 2003 年集成到上游 Linux 内核中。现在，SELinux 已经成为许多 Linux 发行版（如 Fedora、Red Hat Enterprise Linux 等）的一个重要组成部分。

【答案】正确

40.【判断题】Linux 的 rwx 机制可以对文件的访问权限进行控制。

【解析】

在 Linux 操作系统中，文件权限用于决定哪些用户或用户组可以对某个文件进行读（r）、写（w）和执行（x）操作。文件权限通常使用符号（r、w、x）或数字（4、2、1）来表示。

- 读权限（r）：允许文件的内容被读取。如果对目录具有读权限，用户可以查看该目录中的文件和子目录列表。
- 写权限（w）：允许文件的内容被修改。如果对目录具有写权限，用户可以在该目录中创建新文件或删除现有文件。
- 执行权限（x）：允许文件被执行（对于可执行文件）。如果对目录具有执行权限，用户可以进入该目录（即使用 cd 进入该目录）。

文件权限分为 3 组，每组包含 3 种权限（rwx），分别对应文件的所有者权限、组内成员权限和其他用户权限。例如，-rwxr-xr-表示所有者有读、写和执行权限，组内成员有读和执行权限，而其他用户只有读权限。

【答案】正确

41.【判断题】iptables 是一个位于用户空间的命令行工具，用户通过 iptables 将安全配置设置到 Linux 内核中的数据包处理模块 netfilter。

【解析】

iptables 是用于配置 Linux 内核防火墙的工具，它分为两部分：一部分是位于用户态的 iptables 命令行工具，一部分是位于内核态的 iptables 服务。因此说 iptables 位于用户空间并不完全准确。它允许用户通过命令行接口来配置 Linux 内核中的数据包处理模块 netfilter。同时，iptables 命令本身并不直接处理数据包；它通过与内核中的 netfilter 模块进行交互来实现防火墙的配置和管理。

netfilter 是 Linux 内核中负责数据包过滤和处理的框架，它提供了数据包过滤、NAT（Network Address Translation，网络地址转换）和路由决策等功能。iptables 则是 netfilter 的用户空间接口，它允许用户通过命令行或其他工具来定义规则集，这些规则集会被 netfilter 用来处理进出 Linux 系统的数据包。

因此，iptables 并不是位于用户空间的命令行工具，而是用于配置 Linux 内核中 netfilter 模块的工具。

【答案】错误

42.【判断题】在 openEuler 中，进程的 NICE 值的范围为-20 到+20。

【解析】

在 openEuler（以及大多数 Linux 系统）中，进程的 NICE 值的范围实际上是-20 到+19，而不是-20 到

+20。NICE 值是一个影响进程优先级的参数，其值越小表示进程的优先级越高，越有可能被 CPU 调度执行。

【答案】错误

43.【判断题】在 openEuler 中，动态内存分配函数 malloc 分配的内存在物理上是连续的。

【解析】

在 Linux 系统（包括 openEuler）中，malloc 函数用于在堆上动态分配内存。malloc 分配的内存在虚拟地址空间上是连续的，但是转换到物理内存空间上有可能是不连续的。这是因为 Linux 内核实现的是“虚拟内存系统”，程序运行在虚拟内存上，然后由虚拟内存转换到物理内存。而且，Linux 将所有的内存都以页为单位进行划分，相邻的虚拟内存地址可能映射到不同的物理内存分页上。因此，malloc 分配的内存在物理上并不一定是连续的。

【答案】错误

44.【判断题】Samba 服务器最重要的配置文件为 smb.conf。

【解析】

smb.conf 文件是 Samba 套件的配置文件，包含 Samba 程序的运行时配置信息。该文件也是 Samba 服务器正常运作所必需的，包含 Samba 服务器的各种配置选项，如共享目录的设置、访问控制、用户认证等。因此，可以说 smb.conf 是 Samba 服务器最重要的配置文件。

【答案】正确

45.【判断题】openEuler 系统安装完后默认的根分区是 openEuler-root。

【解析】

在安装 openEuler 系统并进行磁盘分区时，通常会设置一个根分区，这个根分区在逻辑卷管理环境下通常会被命名为 openEuler-root。

【答案】正确

3.2 openGauss 模块真题解析

1.【单选题】openGauss 在 VACUUM 过程中，需要持有哪些锁？

A. EXCLUSIVE　　B. ShareUpdateExclusiveLock

C. SHARE　　D. ROW EXCLUSIVE

【解析】

选项 A：这种锁允许对目标表进行并发查询，但是禁止任何其他操作。由于 VACUUM 操作需要修改表的元数据，持有该锁会阻止所有其他查询操作。

选项 B：根据 openGauss 的锁机制，VACUUM（不带 FULL 选项）命令会自动请求 ShareUpdateExclusiveLock。这种锁用于防止表在被读取时被其他事务修改，从而确保 VACUUM 操作期间数据不会被并发修改，以保证数据的完整性。

选项 C：这种锁允许并发查询，但是禁止对表进行修改。VACUUM 是一个修改操作，所以它不会持有该锁。

选项 D：这种锁允许并发读取表，但是禁止修改表中数据。VACUUM 虽然不直接修改表中的数据，但会修改表的元数据，因此它也不会持有该锁。

【答案】B

2.【单选题】openGauss 提供哪个工具让用户了解 openGauss 的负载情况？

A. gs_checkos　　B. gs_check

C. gs_checkperf　　D. gs_collector

【解析】

openGauss 提供了多个工具来帮助用户管理和维护数据库。

选项 A：gs_checkos 用于检查操作系统、控制参数、磁盘配置等内容，并不直接用于让用户了解 openGauss 的负载情况。

选项 B：gs_check 是一个综合性的检查工具，用于在 openGauss 运行过程中检查多种环境参数和配置，但它不专注于对 openGauss 的负载情况的监控。

选项 C：gs_checkperf 用于对 openGauss 的负载情况进行定期检查。它可以提供关于主机 CPU 占用率、Gauss CPU 占用率、I/O 使用情况等多方面的信息，帮助用户了解 openGauss 的实时负载情况。

选项 D：gs_collector 主要用于在 openGauss 发生故障时收集相关信息，帮助用户定位问题，而非直接用于让用户了解 openGauss 的负载情况。

【答案】C

3.【单选题】哪种表清理相关的操作支持事务回滚？

A. TRUNCATE　　B. DROP

C. DELETE　　D. VACUUM

【解析】

在数据库操作中，不同表清理相关的操作对事务回滚的支持是不同的。

选项 A：在 MySQL 中，TRUNCATE 是 DDL 操作，因此它通常不支持事务回滚。但在 PostgreSQL 中，TRUNCATE 操作是可以在事务中回滚的。这意味着，TRUNCATE 是否支持事务回滚取决于所使用的数据库系统。在 MySQL 中，由于使用 TRUNCATE 会直接删除表中的所有数据，并重置任何相关的自增计数器，因此 TRUNCATE 是一个不能回滚的操作。

选项 B：DROP 语句用于删除表，并且它是一个 DDL 操作。在大多数数据库系统中，DDL 操作通常不支持事务回滚。因此，DROP TABLE 操作通常也是不能回滚的。

选项 C：DELETE 语句用于从表中删除满足特定条件的行。在支持事务的数据库系统中（如使用 InnoDB 存储引擎的 MySQL），DELETE 操作是可以在事务中回滚的。这意味着，如果在执行 DELETE 操作后发生错误或需要撤销该操作，可以使用 ROLLBACK 语句来将表恢复到之前的状态。

选项 D：VACUUM 是一个在 PostgreSQL 等数据库中使用的命令，用于回收和重新组织表中的空间，并不支持事务回滚。

【答案】C

4.【单选题】关于 gs_basebackup，下列说法错误的是？

A. gs_basebackup 工具使用复制协议对二进制的数据库文件进行物理复制

B. gs_basebackup 可以从客户端发起复制链接

C. gs_basebackup 支持增量备份

D. pg_xlog 目录为软链接时，备份完后需要将文件自行移动到目标路径下

【解析】

选项 A：gs_basebackup 工具使用的是基于复制协议的物理备份方法，它会通过复制二进制的数据库文件来完成备份操作。

选项 B：gs_basebackup 工具可以从 PostgreSQL 的客户端发起复制链接，这样就能够进行备份操作。

选项 C：gs_basebackup 工具并不支持增量备份，它只能进行全量备份。

选项 D：如果 pg_xlog 目录是一个软链接，在完成备份后，需要手动将备份文件移动到目标路径下，否则可能会导致备份文件丢失。

【答案】C

5.【单选题】关于约束，以下说法正确的是?

A. 约束可以是列级或表级的，openGauss 仅支持列级约束

B. 约束只能在创建表（CREATE TABLE 语句）时进行指定

C. 主键约束是 NOT NULL 约束和 UNIQUE 约束的结合

D. 以上说法均错误

【解析】

选项 A：错误。约束可以是列级或表级的。列级约束仅适用于列，而表级约束适用于整个表。openGauss 同时支持列级和表级约束。

选项 B：错误。约束可以在创建表（通过 CREATE TABLE 语句实现）时指定，也可以在表创建之后指定（通过 ALTER TABLE 语句实现）。

选项 C：正确。主键约束的性质为确保某列（或两个列多个列的结合）有唯一标识，并且这些值不能为 NULL。主键约束确实是 NOT NULL 约束和 UNIQUE 约束的结合。

选项 D：由于选项 C 是正确的，所以选项 D 是错误的。

【答案】C

6.【单选题】哪些连接类型是 openGauss 连接类算子当前支持的?

A. Hashjoin

B. Mergejoin

C. Nestloop

D. 以上都是

【解析】

选项 A：openGauss 支持 Hashjoin 作为连接算子之一。Hashjoin 通常用于大数据集之间的连接操作，通过将连接键哈希到内存中，并在哈希表中进行查找来减少 I/O 操作，从而提高连接效率。

选项 B：openGauss 同样支持 Mergejoin 作为连接算子。Mergejoin 通常用于两个已经排序的表之间的连接操作。它通过比较两个输入数据流中的键值来决定哪些行需要连接起来，从而避免了对整个表或数据集的完全扫描。

选项 C：Nestloop 是数据库系统中一种基本的连接方法，openGauss 也支持它作为连接算子。Nestloop

通过遍历一个表（外部表）中的每一行，并与另一个表（内部表）中的每一行进行比较来找到满足连接条件的行对。虽然它在处理大数据集时可能效率较低，但在某些特定情况下（如一个表很小）仍然很有效。

选项 D：openGauss 连接类算子当前支持 Hashjoin、Mergejoin 和 Nestloop 这 3 种连接类型。

【答案】D

7.【单选题】openGauss 最多支持多少台备机？

A. 3　　B. 8　　C. 10　　D. 不限制

【解析】

openGauss 支持一主多备的部署方案，并且最多可以支持 8 台备机。此外，openGauss 支持从单机或者一主多备最多扩容至一主八备，这进一步证实了 openGauss 最多支持 8 台备机。

【答案】B

8.【单选题】下列选项中，哪个选项不是连接池的功能？

A. 面向数据库连接　　B. 优化数据库连接

C. 不同属性的连接可以共享　　D. 优化客户端应用程序的性能

【解析】

选项 A：这是连接池的基本功能之一，符合连接池的定义。

选项 B：连接池通过减少连接的建立和销毁次数，提高数据库访问的效率，从而优化数据库连接。

选项 C：连接池通常管理相同属性（如相同的数据库主机、用户名、密码等）的连接，而不是不同属性的连接。每个连接池通常是为特定的数据库配置而创建的。虽然某些连接池实现可能允许某种程度的灵活性，但“不同属性的连接可以共享”并不是连接池的核心或普遍功能。

选项 D：连接池可以通过优化数据库连接的使用来间接优化客户端应用程序的性能。

【答案】C

9.【单选题】openGauss 数据库常用以下哪个工具来收集日志？

A. gs_check　　B. gs_checkos

C. gs_checkperf　　D. gs_collector

【解析】

选项 A：gs_check 主要用于检查 openGauss 的运行环境、操作系统环境、网络环境及数据库执行环境。该工具主要用于预防性的检查，而不是用于收集日志。

选项 B：gs_checkos 主要用于帮助检查操作系统、控制参数、磁盘配置等内容，并对系统控制参数、I/O 配置、网络配置和透明大页服务等信息进行配置，它不是用于收集日志的工具。

选项 C：gs_checkperf 主要用于对 openGauss 级别、节点级别、会话/进程级别以及 SSD 性能进行定期检查，帮助用户了解 openGauss 的负载情况。这个工具关注的是性能监控，而非日志收集。

选项 D：gs_collector 主要用于在 openGauss 发生故障时收集操作系统信息、日志信息以及配置文件等信息，以便定位问题。这个工具具有收集日志的功能，符合题目的要求。

【答案】D

10.【单选题】在 openGauss 数据库中，search_path 默认是哪一个？

A. ""postgres"",public　　B. ""$user"",public

C. ""template0"",public　　　　D. ""schema"",public

【解析】

在 PostgreSQL（openGauss 是基于 PostgreSQL 的一个分支）中，search_path 是一个用于确定在查询中未指定模式的对象（如表、视图、函数等）应该在哪些模式中搜索的顺序的列表。search_path 的默认值通常会包括 public 模式，因为该模式是 PostgreSQL（和 openGauss）中的一个默认模式，所有新创建的对象（如果未指定模式）都会放在这个模式中。

选项 A：postgres 是 PostgreSQL（和 openGauss）中的一个默认的系统数据库，而不是一个模式。因此，这个选项不是 search_path 的默认值。

选项 B：在 PostgreSQL（和 openGauss）中，search path 的默认值通常包括与当前用户同名的模式（如果存在的话），以及 public 模式。这里的 user 实际上是一个占位符，代表当前用户的用户名。因此，这个选项是正确的。

选项 C：template0 是 PostgreSQL（和 openGauss）中的一个默认模板数据库，用于创建新的数据库。它不是一个模式，因此这个选项是错误的。

选项 D：schema 只是一个通用的模式名称的占位符，而不是一个实际的默认值。因此，这个选项也是错误的。

【答案】B

11.【单选题】语句""revoke create on schema public from public;""的执行效果是?

A. 回收所有用户在 public 模式下的 create 权限

B. 回收 public 用户在 public 模式下的 create 权限

C. 该语句执行报错

D. 该语句可以执行成功但没有任何效果

【解析】

这条语句试图从 public 角色（或用户，在 PostgreSQL 中用户和角色是相同的概念）中回收在 public 模式下的 CREATE 权限。

选项 A：错误。因为这条语句只针对 public 角色或用户。

选项 B：正确。在这条语句中，public 被视为一个角色或用户。

选项 C：错误。这需要看具体的数据库系统和上下文，在 PostgreSQL 中，如果 public 是一个有效的角色或用户，并且它确实有在 public 模式下的 CREATE 权限，那么这条语句能够执行成功。

选项 D：错误。如果 public 角色或用户实际上没有 CREATE 权限，那么这条命令执行后可能不会产生任何效果（因为它没有权限可以撤销），但这并不意味着它“没有任何效果”。它仍然会执行，并可能返回一个消息说明没有权限被撤销。

【答案】B

12.【单选题】在 openGauss 中，Plan Hint 是用于什么目的的?

A. 优化查询计划

B. 控制事务隔离级别

C. 控制数据库连接池大小

D. 开启 SQL 语句跟踪和分析

【解析】

Plan Hint 是 openGauss 提供的一种功能，它允许用户直接影响执行计划的生成。用户可以通过指定 join 顺序、join 方法、scan 方法，以及指定结果行数等多种手段来进行执行计划的调优，从而提升查询的性能。

选项 A：根据 Plan Hint 的定义，其通过提供额外的信息或指示来影响执行计划的生成，从而达到优化查询计划的目的。

选项 B：Plan Hint 与事务隔离级别的控制无关。事务隔离级别通常由数据库管理系统提供的事务特性来控制，而不是通过 Plan Hint 来控制。

选项 C：Plan Hint 与数据库连接池大小的控制也没有直接关联。数据库连接池大小通常由数据库的配置参数或外部连接池工具来管理。

选项 D：虽然 openGauss 和其他数据库系统可能提供了 SQL 语句跟踪和分析的工具或功能，但 Plan Hint 本身并不直接用于开启这些功能。这些功能通常是通过数据库的配置、监控工具或专门的诊断工具来实现的。

【答案】A

13.【单选题】下列关于索引设计的说法错误的是?

A. 对于频繁进行 DML 操作的表，索引数量不应超过 5 个

B. 在有大量相同取值的字段上建立索引

C. 为经常用作查询选择的字段建立索引

D. 在经常用作表连接的属性上建立索引

【解析】

选项 A：索引虽然提高了查询的效率，但会降低插入和更新的效率，因为索引表的数据是排序的，在进行插入和更新操作时可能会重建索引，导致性能下降。因此，对于频繁进行 DML 操作的表，索引数量应限制在 5 个以内。

选项 B：索引的数量不是越多越好，而且应尽量使用数据量少的索引。如果索引的值很长或存在大量重复值，那么查询的速度会受到影响。因此，在有大量相同取值的字段上建立索引并不是一个好的选择。

选项 C：如果某个字段经常用作查询选择，那么应该为这个字段建立索引，以提高查询速度。

选项 D：在经常用作表连接的属性上建立索引可以有效地避免排序操作，提高查询效率。

【答案】B

14.【单选题】在执行 delete 命令误删表数据后，又有新数据 insert 进来，使用哪种方式可以恢复表?

A. 闪回 VACUUM

B. 闪回 drop

C. 闪回 truncate

D. 闪回表

【解析】

在执行 delete 命令误删表数据后，并且有新数据 insert 进来的情况下，使用选项中提及的恢复方式时，我们需要考虑每种方式的具体功能和适用场景。

选项 A：这与数据恢复无关。VACUUM 在数据库上下文中通常与清理和回收空间有关，而与恢复误删除的数据无关。

选项 B：闪回 drop 用于恢复意外删除的表及其结构。但它不处理 delete 命令删除的数据，而是处理整个表的删除操作。因此，闪回 drop 不适用于题目中的情况。

选项 C：闪回 truncate 用于恢复被 truncate 命令误操作或意外截断的表及其索引。同样地，它也不处理 delete 命令删除的数据，所以也不适用于题目中的情况。

选项 D：闪回表（Flashback Table）实际上是使用闪回查询技术的高级功能，它允许将整个表恢复到过去某个时间点的状态。如果已经执行了 delete 命令并且有新数据插入，在有足够的撤销空间（UNDO space）并且数据库启用了闪回功能的情况下，可以使用闪回表来将整个表恢复到 delete 命令执行之前的状态。

【答案】D

15.【单选题】openGauss 所提供的全密态等值查询能力是指？

A. 数据在存储时加密，在计算时解密

B. 数据在存储和计算时加密，在向客户端返回时解密

C. 数据在传输、存储和计算等阶段均是密文形式，无法解密

D. 数据在存储时加密，在计算时由应用提供动态密钥解密后进行计算

【解析】

选项 A：错误。这个选项描述的是数据在存储时是加密的，但在计算时需要解密。然而，全密态等值查询强调的是数据在整个生命周期内都保持密文形式，包括计算阶段。

选项 B：错误。虽然这个选项描述了数据在存储和计算时加密，在向客户端返回时解密，但它没有涵盖数据在传输阶段也需要保持密文形式这一点。

选项 C：正确。这个选项准确描述了全密态等值查询的核心概念，数据在整个生命周期（包括传输、存储和计算等阶段）内都保持密文形式。

选项 D：错误。这个选项描述的是数据在存储时是加密的，但在计算时需要应用提供动态密钥来解密。这与全密态等值查询的概念不符，因为全密态等值查询强调的是数据在整个生命周期内都保持密文形式，包括计算阶段，不需要解密。

【答案】C

16.【单选题】下列哪个选项是关于 openGauss 数据库双机企业部署场景及 RPO 和 RTO 的准确描述？

A. openGauss 不支持双机同步，导致 RPO 值较高

B. openGauss 支持双机同步，保证 RPO 为 0，并使用极致 RTO 技术确保 RTO 小于 10 秒

C. openGauss 只能在其双机企业部署场景下支持 RPO 小于 10 秒和 RTO 为 0

D. openGauss 在其双机企业部署场景下支持 RTO 小于 10 秒，但无法保证 RPO 为 0

【解析】

openGauss 支持单机部署和一主多备部署两种形态，同时也提到了主备模式（双机）的存在。

RPO（Recovery Point Objective，恢复点目标）是指数据恢复后对应的时间点，即数据可恢复到哪个时间点上，该时间点之后的数据都会丢失；RTO（Recovery Time Objective，恢复时间目标）是指故障恢复过

程中所需的时间花费，即从 IT 系统停止服务开始到 IT 系统恢复服务为止的时间段。

openGauss 采用基于 WAL（Write Ahead Log，预写日志）的日志同步技术，确保主备数据一致。当主节点发生故障时，能够快速切换至备节点，实现秒级 RPO。openGauss 的极致 RTO 日志处理流程，通过优化回放速度和并发度来提高故障恢复的速度。

选项 A：错误。因为 openGauss 确实支持双机同步，以实现数据的高可用和冗余。

选项 B：正确。openGauss 的双机同步技术可以确保数据不丢失（RPO 为 0），而极致 RTO 技术则用于优化故障恢复时间（小于 10 秒）。因此，考虑到其优化的目标，这个选项的说法是正确的。

选项 C：错误。因为 RPO 和 RTO 的值不仅取决于部署场景，还取决于具体的配置和硬件环境。

选项 D：错误。因为 openGauss 的双机同步技术可以保证 RPO 为 0。

【答案】B

17.【单选题】关于 openGauss 存储过程中的 FOR_LOOP 循环控制语句，描述不正确的是?

A. FOR_LOOP 支持 interger 变量循环

B. FOR_LOOP 支持查询语句

C. FOR_LOOP 中的 target 变量不需要提前进行声明与定义

D. 必须结合 EXIT 使用，否则会有死循环的风险

【解析】

选项 A：正确。在 openGauss 中，FOR_LOOP 确实支持使用 integer 变量进行循环。循环变量会被自动定义为 integer 类型，并且只在此循环体内有效。循环变量的取值范围是被指定的下界和上界之间。

选项 B：正确。在 openGauss 中，FOR_LOOP 也支持基于查询结果的循环。在这种情况下，循环变量会被自动定义，其类型和查询结果的类型一致，并且只在此循环体内有效。循环变量的取值就是查询结果集中的每一行。

选项 C：正确。在基于查询结果的 FOR_LOOP 中，循环变量（可以视作 target 变量的一个实例）确实不需要提前声明和定义。它会自动根据查询结果的类型进行定义，并只在此循环体内有效。

选项 D：错误。并不是所有 FOR_LOOP 都必须结合 EXIT 使用。在 integer 变量循环和基于查询结果的循环中，循环的条件是内置的（如变量的取值范围或查询结果集的行数），因此通常不需要显式地使用 EXIT 来退出循环。当然，如果在循环体内有特定的退出条件，可以使用 EXIT，但这并不是必须的。

【答案】D

18.【单选题】openGauss 重建备机的命令为?

A. gsql　　B. gs_expansion

C. gs_guc　　D. gs_encrypt

【解析】

选项 A：这个命令是 openGauss 提供的数据库连接工具，用于连接服务器并对其进行操作和维护，它不是用于重建备机的命令。

选项 B：这个命令用于扩展集群，包括添加新的备机节点。

选项 C：这个命令用于修改 GUC 参数，与重建备机无直接关联。

选项 D：这个命令用于加密操作的工具，同样与重建备机无关。

【答案】B

19.【单选题】下列关于数据库事务 ACID 特性的说法不正确的是?

A. A 指的是原子性，即事务中所有操作要么全部成功，要么全部失败

B. C 指的是一致性，即系统的状态只能是事务成功前的状态，或者事务成功后的状态，而不会出现任何不一致的中间状态

C. I 指的是可用性，即数据库系统要为数据库执行提供尽可能高的可用性，确保大部分事务可以成功执行

D. D 指的是持久性，即事务成功后即使发生机器断电，事务也可以恢复到事务成功后的状态

【解析】

选项 A：它符合 ACID 中原子性的定义。

选项 B：它符合 ACID 中一致性的定义。

选项 C：I 指的是隔离性（Isolation），而不是可用性（Availability）。隔离性意味着事务的执行不受其他事务的干扰，事务执行的中间结果对其他事务必须是透明的。

选项 D：它符合 ACID 中持久性的定义。

【答案】C

20.【单选题】Data Studio 通过哪种驱动与 openGauss 数据库进行通信?

A. JDBC　　B. ODBC

C. libpq　　D. Psycopg

【解析】

选项 A：JDBC（Java Database Connectivity，Java 数据库互连）是 Java 语言用于连接数据库的标准接口，它允许 Java 程序与数据库进行交互。因此，当使用 Data Studio 与 openGauss 数据库进行通信时，通常会使用 JDBC 驱动来实现这一连接。

选项 B：ODBC（Open Database Connectivity，开放式数据库互连）是另一个用于连接数据库的接口，主要用于 Windows 操作系统。

选项 C：libpq 是 PostgreSQL 数据库的 C 语言接口库，虽然 openGauss 与 PostgreSQL 有相似之处，但 libpq 并不是直接与 openGauss 通信的标准方式。

选项 D：Psycopg 是 Python 的 PostgreSQL 适配器，用于实现 Python 程序与 PostgreSQL 数据库的通信。它并不直接用于 Java 环境或 Data Studio。

【答案】A

21.【多选题】要授予 jack 用户在 myschema 模式上的建表权限，需要执行哪几条语句?

A. GRANT USAGE schema myschema TO jack

B. GRANT ALTER ON schema myschema TO jack

C. GRANT DROP ON schema myschema TO jack

D. GRANT CREATE ON schema myschema TO jack

【解析】

首先需要明确授予用户在一个模式（schema）上的建表权限的要求，通常是让用户具有在该模式上的

USAGE 权限（允许用户访问模式），以及在该模式上创建对象的权限（CREATE 权限）。

选项 A：这条语句授予 jack 用户在 myschema 模式上的 USAGE 权限，这样用户才能看到并访问该模式中的对象。

选项 B：这条语句授予 jack 用户在 myschema 模式上的 ALTER 权限，即修改已存在对象的权限，这不是所需的建表权限，所以这条语句不应该被执行。

选项 C：这条语句授予 jack 用户在 myschema 模式上的 DROP 权限，即删除对象的权限。同样，这不是所需的建表权限，因此不应该被执行。

选项 D：这条语句授予 jack 用户在 myschema 模式上的创建对象的权限，应该被执行。

【答案】AD

22.【多选题】PITR 可以支持恢复到备份归档数据之后的某一状态，其目标可以是哪些?

A. pg_create_restore_point 创建的还原点

B. 还原到一个指定时间戳

C. 还原到一个事务 ID

D. 还原到日志的指定 LSN 点

【解析】

选项 A：正确。在 openGauss 中，可以通过 pg_create_restore_point()函数创建一个还原点，在 PITR 恢复时通过 recovery_target_name 参数指定该还原点进行恢复。

选项 B：正确。PITR 支持将数据库恢复到指定的时间戳，确保数据库状态与过去某一时刻的状态保持一致。

选项 C：正确。这同样是 PITR 支持的一个恢复目标。通过指定事务 ID，可以将数据库恢复到该事务发生之前的状态。

选项 D：正确。LSN（Log Sequence Number）是日志序列号，PITR 支持通过 recovery_target_lsn 参数指定一个 LSN 点来恢复数据库到该日志位置。

【答案】ABCD

23.【多选题】如果你发现一个数据库实例已经停止响应，你应该采取哪些操作?

A. 重启数据库服务器

B. 检查服务器资源，如内存和磁盘空间

C. 恢复数据备份

D. 查看错误日志以查找有用信息

【解析】

选项 A：虽然重启数据库服务器可能暂时解决问题，但在不明确原因的情况下重启，问题可能再次出现。此外，重启可能导致未保存的数据丢失，影响业务连续性。

选项 B：资源不足（如内存不足、磁盘空间不足）是数据库停止响应的常见原因之一。检查服务器资源可确保服务器有足够的内存和磁盘空间。

选项 C：这一操作会丢失从上次备份到现在的所有数据变更，因此只有在确认数据损坏且采用其他方法无法解决问题时才会采取此步骤。

选项 D：错误日志中可能包含导致数据库停止响应的具体错误信息。查看错误日志有助于确定问题的根本原因，从而采取相应的措施进行修复。

【答案】BD

24.【多选题】在 openGauss 数据库内存结构中，下面哪些属于本地内存缓冲区？

A. work_mem

B. OCK-RDMA

C. maintenance_work_mem

D. Storage

【解析】

在 openGauss 数据库内存结构中，本地内存主要用于后台服务进程访问，以便暂存一些不需要全局存储的数据。

选项 A：这通常是用于排序操作和哈希操作的内存。数据库在执行排序操作或哈希操作时，会使用这部分内存来加快处理速度。work_mem 属于本地内存缓冲区的一种形式，因为它用于临时存储数据以加速特定操作。

选项 B：OCK 加速数据传输是 openGauss 的一个特性，它使用 RDMA 进行节点间的数据和消息传输，以提高备机一致性读的性能。这并非本地内存缓冲区的一部分，而是与数据传输和网络通信相关的功能。因此，选项 B 不属于本地内存缓冲区。

选项 C：maintenance_work_mem 是本地内存的一部分，主要用于某些维护操作，如 VACUUM 和 REINDEX 等。

选项 D：这个选项通常指的是存储层或存储设备，而不是本地内存缓冲区。涉及持久化存储，如硬盘或闪存，而不是内存中的临时存储。

【答案】AC

25.【多选题】关于 openGauss 数据库辅助线程，以下哪些描述是正确的？

A. walwriter 负责将已提交的事务记录永久写入预写日志文件中

B. pagewriter 用于将脏页数据复制至双写区域并落盘

C. checkpointer 用于周期性检查点，将脏页数据刷新到磁盘，确保数据库的一致性

D. AutoVacuum 主要用于统计信息，包括对象、SQL、会话、锁等，存储到 pgstat.stat 文件中

【解析】

选项 A：正确。walwriter 线程的主要职责是确保已提交的事务都被永久记录，不会丢失，它通过将内存中的预写日志页数据刷新到预写日志文件中来实现这一功能。

选项 B：正确。pagewriter 线程的主要任务是负责将脏页数据复制至双写（double-writer）区域并落盘，以确保数据的持久性和完整性。

选项 C：正确。checkpointer 线程处理所有检查点，并在适当的时候将数据脏页刷新到磁盘，这有助于减少崩溃恢复时间，并确保数据库的一致性。

选项 D：错误。AutoVacuum 的主要作用是定期清理数据库表中的过时数据，释放存储空间，并更新表的统计信息，以优化数据库性能和稳定性。它并不涉及将统计信息存储到 pgstat.stat 文件中。

【答案】ABC

26.【多选题】openGauss 数据库进程中，不负责将脏页数据从内存刷新到磁盘中的进程有哪些？

A. pagewriter　　B. bgwriter

C. walwriter　　D. checkpointer

【解析】

选项 A：负责将脏页数据从内存写到磁盘中，包括主 pagewriter 线程和子 pagewriter 线程组。主 pagewriter 线程从全局脏页队列中批量获取脏页，将这些脏页批量写入双写文件，推进整个数据库的检查点，并分发脏页给各个 pagewriter 线程。子 pagewriter 线程则负责将主 pagewriter 线程分发给自己的脏页写入文件系统。

选项 B：负责对共享缓冲区的脏页数据进行落盘操作（即写入磁盘），其目的是减少数据库线程在进行用户查询时等待写动作的发生。

选项 C：负责将预写日志页数据刷新到预写日志文件中，确保已提交的事务都被永久记录，它并不直接负责将脏页数据从内存刷新到磁盘。

选项 D：负责在检查点时将脏页数据刷新到磁盘，确保数据库的一致性。

【答案】BCD

27.【多选题】openGauss 自带两个表空间 pg_default 和 pg_global，下列相关描述正确的是哪几个？

A. 表空间 pg_global：用来存储系统目录对象、用户表、用户表 index，以及临时表、临时表 index、内部临时表的默认空间；对应存储目录$GAUSS_DATA_HOME/base/

B. 表空间 pg_global：用来存放系统字典表；对应存储目录$GAUSS_DATA_HOME/global/

C. 表空间 pg_default：用来存储用户表、用户表 index，以及临时表、临时表 index、内部临时表的默认空间；对应存储目录$GAUSS_DATA_HOME/base/

D. 表空间 pg_default：用来存放系统字典表；对应存储目录$GAUSS_DATA_HOME/global/

【解析】

选项 A：错误。pg_global 表空间是用来存放共享系统表的，而不是用来存储系统目录对象、用户表等的，并且其对应存储目录是$GAUSS_DATA_HOME/global/，而不是$GAUSS_DATA_HOME/base/。

选项 B：正确。pg_global 表空间是用来存放共享系统表（通常包括系统字典表）的，并且其对应存储目录是$GAUSS_DATA_HOME/global/。

选项 C：正确。pg_default 表空间确实是用来存储非共享系统表、用户表、用户表 index、临时表、临时表 index、内部临时表的默认空间。其对应存储目录是$GAUSS_DATA_HOME/base/。

选项 D：错误。pg_default 表空间不是用来存放系统字典表的，而是用来存储非共享系统表等的，并且其对应存储目录是$GAUSS_DATA_HOME/base/，而不是$GAUSS_DATA_HOME/global/。

【答案】BC

28.【多选题】openGauss 中支持的复合查询操作包含哪些？

A. UNION　　B. INTERSECT　　C. MINUS　　D. EXCEPT

【解析】

选项 A：UNION 操作用于将两个或多个 SELECT 语句的结果组合成一个结果集，并且会自动删除重复的行。

选项 B：INTERSECT 操作用于返回两个或多个 SELECT 语句结果集的交集，即同时存在于所有查询结果中的行。

选项 C：MINUS 操作用于从一个 SELECT 语句的结果集中排除与另一个 SELECT 语句结果集相匹配的行，返回差集。

选项 D：EXCEPT 操作用于从一个 SELECT 语句的结果集中排除另一个 SELECT 语句结果集的所有行，返回差集。

【答案】ABCD

29.【多选题】在 openGauss 全密态数据库中，哪些方式可以创建一个加密表？

A. 使用 CREATE TABLE 语句，指定加密算法和密钥

B. 使用 ALTER TABLE 语句，指定加密算法和密钥

C. 使用 CREATE TABLESPACE 语句，指定加密算法和密钥

D. 使用 pg_dump 命令备份已有的加密表，并指定加密算法和密钥

【解析】

选项 A：这是直接创建加密表的标准方法。在 CREATE TABLE 语句中可以通过指定加密算法和密钥来创建加密表。

选项 B：这是将已有的表转变为加密表的方法。通过 ALTER TABLE 语句可以为已有的表指定加密算法和密钥，从而将其转变为加密表。

选项 C：CREATE TABLESPACE 语句用于创建表空间，而不直接用于创建加密表。表空间的加密是表空间级别的操作，而不是表级别的操作。

选项 D：pg_dump 命令用于备份数据库表，但它不用于创建加密表或指定加密算法和密钥。备份和加密表的创建是两个不同的过程。

【答案】AB

30.【多选题】在 App 的开发中，如果使用了连接池机制，应该怎么清理连接状态？

A. 重启数据库

B. 重启应用

C. 如果在连接中设置了 GUC 参数，那么在将连接归还连接池之前，必须使用""""SET SESSION AUTHORIZATION DEFAULT;RESET ALL;""""将连接的状态清空

D. 如果使用了临时表，那么在将连接归还连接池之前，必须将临时表删除

【解析】

选项 A：重启数据库是一种极端的做法，通常只在数据库遇到严重问题或进行维护时才使用。它并不是清理连接池中连接状态的常规或推荐方法，因为它会导致所有连接丢失，并且可能对正在运行的应用产生重大影响。

选项 B：与重启数据库类似，重启应用也是一种较为激进的做法，通常只在应用遇到严重问题或进行版本更新时使用。它同样不是清理连接池中连接状态的常规方法，因为它会中断应用的正常运行。

选项 C：这是一个有效的做法。当连接使用完毕后，特别是在进行了某些特定的设置或更改后，将连接状态恢复到初始或默认状态是非常重要的。这样可以确保下一个从连接池中获取该连接的请求不会受到之前操作的影响。

选项 D：如果使用了临时表，那么在将连接归还连接池之前，必须将临时表删除，这是一个正确的做法。临时表是在特定会话或连接中创建的，如果不删除，它们可能会占用系统资源并影响后续的连接使用。因此，在归还连接之前，确保删除所有创建的临时表是一个好的实践。

【答案】CD

31.【多选题】默认情况下系统管理员具备数据库最高权限，但在实际业务管理中，为了避免系统管理员拥有过度集中的权利而带来高风险，可以设置三权分立，即将系统管理员的部分权限分立给哪两个成员？

A. 审计管理员　　B. 系统管理员

C. 安全管理员　　D. 初始用户

【解析】

三权分立是一种数据库的安全管理机制，该机制的主要目的是将数据库的管理权限划分为 3 个独立的职责领域，用以防止管理权限的过度集中，从而降低安全风险，并有效保障数据库的安全。在三权分立的原则下，数据库系统管理员的权限会被适当地分立给其他两个成员，以实现权力的分散和制衡。

根据三权分立的原则，数据库系统管理员的部分权限通常会分立给安全管理员和审计管理员。

选项 A：审计管理员负责对数据库的操作进行审计和监控，确保所有操作都符合规定并能够及时发现潜在的安全风险。

选项 B：系统管理员的权限在三权分立的原则下是被分立和制衡的，而不是继续持有高度集中的权限。

选项 C：安全管理员主要负责数据库的安全配置和权限管理，确保数据库的安全策略得到正确实施。

选项 D：初始用户通常不具备系统管理员级别的权限，不在三权分立的直接考虑范围内。

【答案】AC

32.【多选题】以下哪些情况不支持生成 WDR 报告？

A. 两次 Snapshot 中间有节点重启

B. 两次 Snapshot 中间有 truncate table

C. 两次 Snapshot 中间有主备倒换

D. 两次 Snapshot 中间有 drop database

【解析】

在生成 WDR 报告的过程中，需要满足一些特定的条件以确保报告的准确性和完整性。

选项 A：这是不支持生成 WDR 报告的情况之一。因为节点重启可能会导致数据库状态的不一致或数据的丢失，从而影响 Snapshot 的完整性和准确性。

选项 B：虽然 truncate table 操作会删除表中的所有数据，但它本身并不直接影响两次 Snapshot 之间的数据一致性。因此，这个操作本身通常支持生成 WDR 报告。

选项 C：这也是不支持生成 WDR 报告的情况之一。主备倒换是保障数据库高可用性的一种策略，但在倒换过程中，数据库的状态可能会发生变化，这可能导致 Snapshot 的数据不一致，从而无法生成准确的 WDR 报告。

选项 D：这个操作会删除整个数据库，包括其所有的表、视图、索引等。这同样会导致数据库状态的变化，使得之前的 Snapshot 变得无效，因此不支持在此情况下生成 WDR 报告。

【答案】ACD

33.【多选题】openGauss 表空间的优点有哪些？

A. 可根据数据的特性选择不同磁盘

B. 可设定表空间容量上限（maxsize）

C. 表空间对应于文件系统中的一个目录，且用户需要对这个目录拥有读写权限

D. 表空间允许管理员根据数据库对象的使用模式安排数据位置，从而提高性能

【解析】

选项 A：表空间允许管理员根据数据的特性和使用频率，将数据存放在不同类型的磁盘上。例如，频繁使用的索引可以存放在性能稳定且运算速度较快的磁盘（如固态盘）上，以提高数据访问速度。而存储归档数据或对性能要求不高的表则可以存放在运算速度较慢的磁盘上，从而实现存储资源的优化配置。

选项 B：openGauss 允许管理员为表空间设定容量上限，这有助于防止某个表空间占用过多的磁盘空间，从而影响系统的正常运行。通过设定表空间容量上限，管理员可以更好地控制和管理磁盘空间的使用。

选项 C：在 openGauss 中，每个表空间都对应于文件系统中的一个目录。这种设计使得数据的存储和管理更加直观和方便。同时，为了确保数据的正常读写，用户需要对这个目录拥有读写权限。

选项 D：通过合理地安排数据在表空间中的位置，管理员可以优化数据的访问性能。例如，将经常一起访问的数据放在同一个表空间中，可以减少磁盘 I/O 操作，提高数据检索速度。这种灵活性使得 openGauss 能够适应不同的应用场景并满足不同的需求。

【答案】ABCD

34.【多选题】以下属于数据库高危操作的是？

A. 只读实例重建

B. 删除实例备份

C. 数据库执行日志解析

D. 修改数据库端口

【解析】

选项 A：虽然此操作本身可能不直接涉及数据修改，但重建只读实例可能涉及复杂的配置和数据同步过程，若操作不当可能导致数据不一致或丢失。

选项 B：这是一个明显的高危操作。备份是数据恢复的关键，删除备份可能导致在发生数据丢失时无法恢复数据，从而造成严重后果。

选项 C：日志解析通常用于诊断问题或审计，单纯的日志解析并不属于高危操作。

选项 D：这也是一个可能的高危操作。数据库端口是外部访问数据库的入口，如果修改不当可能导致无法访问数据库或将数据库暴露给未经授权的访问。此外，如果新的端口号被恶意用户探测到，可能增加数据库被攻击的风险。

【答案】ABD

35.【多选题】以下哪些属于安装 openGauss 过程中需要执行的步骤？

A. 关闭透明大页　　B. 关闭防火墙

C. 关闭交换内存　　D. 修改时区和时间

【解析】

选项 A：透明大页（Transparent Huge Pages，THP）可能会影响数据库的性能，因此在安装 openGauss 前需要关闭它。

选项 B：防火墙可能会阻止数据库的网络连接。关闭防火墙可以避免安装和配置过程中遇到网络通信问题。

选项 C：为了确保数据库的性能和稳定性，通常会关闭交换内存，或者至少确保它在正常操作中不会频繁使用。

选项 D：确保系统时区和时间设置正确，对于数据库系统尤为重要，因为时间戳在数据库中扮演着关键角色。

【答案】ABCD

36.【判断题】系统表是 openGauss 存放元数据的地方，是数据库的核心部分，不建议用户手工编辑系统表数据。

【解析】

系统表是 openGauss 存放结构元数据的地方，它是 openGauss 数据库系统运行控制信息的来源，是数据库系统的核心组成部分。系统表也叫数据字典或元数据，它用于存储管理数据库对象的定义信息。openGauss 使用的是在一个实例中管理多个数据库，所以系统表分为实例级系统表和数据库级系统表。

正常情况下不应该由用户手工修改系统表或系统视图。系统表信息是由 SQL 语句关联的系统表操作自动维护的，以确保数据库的稳定性和数据的一致性。有些系统表用户确实能修改，但一般不建议修改。

【答案】正确

37.【判断题】gs_dump 是用于导出数据库相关信息的工具，在导出过程中会暂停对数据库的正常访问，以便导出完整一致的数据。

【解析】

这个说法是错误的。gs_dump 是用于导出 openGauss 数据库相关信息的工具，但在导出过程中并不会暂停对数据库的正常访问。相反，它通常在数据库运行时执行，以确保在备份过程中数据库仍然可以被访问和使用。以下是一些能够说明这一点的关键点。

gs_dump 使用一致性快照技术来确保导出的数据是一致的。在导出开始时，它会创建一个快照，所有导出的数据都基于这个快照，从而确保数据的一致性；在导出过程中，数据库仍然可以进行读写操作。由于使用了一致性快照，即使在导出过程中有数据的变化，gs_dump 仍然能够确保导出的数据是一致的。gs_dump 被设计为可以在数据库正常运行时执行，这意味着在导出过程中，其他用户和应用程序仍然可以访问和操作数据库，而不会被导出操作中断。

因此，gs_dump 在导出数据库相关信息时不会暂停对数据库的正常访问，而会通过技术手段确保导出数据的完整性和一致性。

【答案】错误

38.【判断题】由于卸载数据库属于重大操作，因此需要使用 root 用户执行卸载脚本。

【解析】

这个说法是错误的。卸载 openGauss 数据库并不需要使用 root 用户执行卸载脚本。通常，数据库的安装和卸载操作是由数据库管理员或安装数据库时创建的特定用户（如 gauss 用户）来执行的，而不是由 root 用户执行的。使用特定用户来管理和卸载数据库有助于避免不必要的权限风险和安全问题。

安装用户权限：openGauss 数据库的安装和管理通常由一个特定用户（如 gauss 用户）执行，这个用户具有足够的权限来执行数据库的安装、管理和卸载操作。

安全性考虑：使用 root 用户来执行数据库操作会带来安全风险，特别是在卸载数据库时，root 用户具有系统的最高权限，可能会误操作其他系统文件或配置。因此，通常建议使用具有适当权限的数据库管理员来执行这些操作。

卸载脚本权限：数据库卸载脚本应设置适当的权限，以确保只有授权用户可以执行。这通常是在安装数据库时就已经配置好的。

【答案】错误

39.【判断题】在 openGauss 的几何操作符<<运算中，SELECT CIRCLE '((0, 0), 1)' << CIRCLE '((5,0), 1)'; 的返回结果为 TRUE。

【解析】

在 openGauss 中，几何操作符<<用于判断一个几何对象是否完全位于另一个几何对象的内部（即一个几何对象是否被另一个几何对象完全包含）。

根据题目中的表达式 SELECT CIRCLE '((0, 0), 1)' << CIRCLE '((5,0), 1)';，有以下两个圆。

- 圆 A：圆心在(0,0)，半径为 1。
- 圆 B：圆心在(5,0)，半径也为 1。

从几何关系上看，圆 A 和圆 B 的圆心之间的距离是 5 个单位，这远大于两个圆的半径之和（即 2 个单位）。因此，圆 A 并不在圆 B 的内部。所以，表达式 SELECT CIRCLE '((0, 0), 1)' << CIRCLE '((5,0), 1)'的返回结果应该是 FALSE，而不是 TRUE。

【答案】正确

40.【判断题】函数 instr(string1, string2, int1, int2)中，int2 表示字符串结束匹配的位置。

【解析】

这个说法是错误的。instr 函数通常用于在字符串中查找子字符串的位置，具体参数的含义可能会有所不同，取决于数据库的实现。在常见的数据库系统（如 Oracle 或 MySQL）中，instr 函数的参数的含义如下。

string1：要搜索的字符串。

string2：要查找的子字符串。

int1：搜索的起始位置。

int2：搜索的方向或出现次数。

因此，int2 并不表示字符串结束匹配的位置，而是指定要搜索的方向或出现的次数。

【答案】错误

41.【判断题】除了查询性能外，使用索引还可以提高数据库的插入与删除性能。

【解析】

这个说法是错误的。索引主要用于提高数据库的查询性能，但是它们对插入和删除操作的影响通常是负面的。

索引通过提供一种快速查找的机制，显著提高了查询性能，尤其是在进行搜索、排序和过滤操作时。在进行插入操作时，数据库不仅需要将数据插入表，还需要更新相关的索引。这意味着插入操作会变得更慢，因为每次插入都需要维护索引结构。类似地，在进行删除操作时，数据库不仅需要从表中删除数据，还需要更新相关的索引，这会增加删除操作的开销。

因此，索引确实提高了查询性能，但它们通常会降低数据库的插入与删除性能。

【答案】错误

42.【判断题】表空间用于管理数据对象，与磁盘上的一个目录对应。

【解析】

表空间是数据库存储数据的逻辑结构，它用于组织和管理数据库中的物理存储。通过表空间，数据库管理员可以更好地控制数据的物理存储位置和存储策略。每个表空间通常对应于磁盘上的一个目录。这个目录存储了属于该表空间的数据文件，而这些数据文件包含数据库中的表、索引和其他对象的数据。

通过这种方式，表空间提供了一种灵活的机制，允许数据库管理员根据数据对象的特性、访问模式和存储需求，将数据对象分布在不同的物理存储位置，从而优化性能和存储管理。

【答案】正确

43.【判断题】openGauss 目前支持在创建表时候指定 SERIAL 列，同时可以在已有的表中增加 SERIAL 列。

【解析】

这个说法是错误的。在 openGauss 中，类似于其他数据库管理系统（如 PostgreSQL），SERIAL 类型是一种特殊的列类型，用于自动创建一个唯一标识符（通常是整数），并且可以自动递增。

在 PostgreSQL 中，可以使用 SERIAL、BIGSERIAL 或 SMALLSERIAL 来定义自增列。这样会在 example_table 表中创建一个 id 列，这个列会自动增长，并且被设置为主键。

然而，在 openGauss 中，目前没有直接支持 SERIAL 类型的功能。

【答案】错误

44.【判断题】逻辑备份可以备份整个集群的数据，并且将整个集群的数据恢复到同构数据库中。

【解析】

这个说法是错误的。逻辑备份通常是指备份数据库的逻辑结构和数据，而不是备份整个集群的数据。在数据库中，集群通常指的是一组数据库实例或节点的集合，而不是单个数据库。详细介绍如下。

逻辑备份是通过导出数据库中的数据和结构（如表、视图、函数、存储过程等）来进行备份的。这种备份是独立于底层存储引擎的，通常以 SQL 脚本或其他逻辑格式存储数据。

如果要恢复整个集群，通常需要进行物理备份和复制数据文件，以确保恢复的完整性和效率。逻辑备份无法用于直接恢复整个集群，因为它只涉及数据库内部的逻辑结构和数据。

因此，逻辑备份不适用于备份整个集群的数据，并且也不能简单地将整个集群的数据恢复到同构数据库中。

【答案】错误

45.【判断题】用户在使用 CREATE TABLE 语句时增加 PARTITION 参数，即表示针对此表应用数据分区功能。

【解析】

这个说法是正确的。在数据库管理系统中，分区是一种将表的数据划分成更小、可管理部分的技术。利用分区技术可以提高查询性能和管理效率。在 openGauss 中，用户可以在创建表时使用 PARTITION 参数来启用数据分区功能。使用分区的好处包括：查询、插入、删除和更新操作的执行速度可以更快，因为操作只需要针对相关分区而不是整个表；可以对不同的分区执行独立的管理操作，如备份和恢复；旧数据可以移动到更便宜的存储设备，而新的数据仍然保留在高性能的存储设备上。

【答案】正确

第 4 章

2023—2024 全国总决赛真题解析

全国总决赛分本科组和高职组，均包含理论考试和实践考试两个部分。理论考试试题仅 20 题；实践考试试题为综合实操题，本科组和高职组共用。

4.1 理论考试真题解析

4.1.1 本科组真题解析

1.【单选题】现有需求：使用两台 Nginx 服务器搭建 Web 应用的 HA 集群，需通过一定的技术手段监测 Nginx 状态，如果其中某台主机的 Nginx 进程发生故障，业务应能自动切换到另外一台主机上。针对此需求，你认为如下哪个方案是可行的？

A. 在 Nginx 服务器中安装 LVS，分别对本机的 Nginx 进程进行监听

B. 在 Nginx 服务器中启用反向代理功能，分别对另外一台主机中的 Web 应用进行代理

C. 在 Nginx 服务器中安装 Keepalived，并在配置文件中添加对本机中 Nginx 服务健康检查相关的配置

D. 在 Nginx 服务器中安装 Keepalived，并在配置文件中将这两台服务器设置为 RS，通过对 RS 中 Web 服务端口的访问实现健康检查

【解析】

选项 A：错误。LVS 和真正的应用服务器不部署在一起，如果部署在一起会导致地址转发混乱。

选项 B：错误。主要用于将请求转发到后端的服务器，无法实现集群的效果。

选项 C：当检测到 Nginx 服务器故障时，Keepalived 可以执行预设的故障转移脚本，将服务切换到另一台主机上，符合题目要求。

选项 D：错误。和选项 A 的问题一样，主要用于负载均衡。

【答案】C

2.【单选题】某工程师在 openEuler 下写了一个 test.sh 脚本，其内容如图 4-1 所示，当他执行./test.sh 命令时，以下哪个选项是正确的？

A. 该脚本能正常执行，且执行后 v1 的值为 9

B. 该脚本能正常执行，且执行后 v2 的值为 11

C. 该脚本能正常执行，且执行后 v3 的值为 73

D. 该脚本能正常执行，且执行后 v4 的值为 75

E. 该脚本无法正常执行，执行结果报异常

```bash
#!/bin/bash

testParam() {
    echo "$1 $2 $10 ${10} ${11} ";
    v1=$*
    echo "v1: $v1 "
    v2=$(($1 + $10))
    v3=$#
    v4=$(($2 + $v3))
    echo "v2: $v2, v3: $y3, v4: $v4"
}
testParam 1 2 3 4 5 6 7 8 9 34 73;
```

图 4-1　test.sh 脚本内容

【解析】

选项 A：错误。v1 的值为 1 2 3 4 5 6 7 8 9 34 73！

选项 B：正确。v2 的值为 11，使用$10 不能获取第十个参数，获取第十个参数需要使用${10}（当 n 大于或等于 10 时，需要使用${n}来获取参数）。

选项 C：错误。v3 的值为 11 ，$# 表示函数的输入参数个数。

选项 D：错误。v4 的值为 13，即 2+11=13。

选项 E：错误。该脚本可以正常执行。

【答案】B

3.【单选题】在 K8s 集群中添加新的 Node 节点前，一般会使用命令“kubeadm token create --print-join-command”生成对应的添加命令。以下哪个选项是执行该操作的原因？

A. 对已有 K8s 集群进行 token 初始化，以保证新加入集群的 Node 使用的是最新的 token

B. 为保证系统安全，K8s 集群会定时刷新 token，执行该命令是为了获取当前 token

C. 为保证系统安全，每添加一个新的 Node 节点，都会为其生成对应的 token，通过 Node 和 token 的绑定，可追踪记录 Node 中的所有操作

D. 为保证系统安全，K8s 集群会定时刷新 token，使用该命令可生成新的 token，避免 token 过期无法成功加入集群

【解析】

选项 A：错误。不符合题目要求。

选项 B：错误。执行该命令不是为了获取当前 token，而是重新生成 token。

选项 C：错误。每添加一个新 Node 节点生成的 token 不是唯一对应的，两者绑定也并不直接用于追踪记录 Node 中的所有操作。

【答案】D

4.【单选题】现有如下问题：sysmonitor 已检测到服务器的磁盘分区使用率已大于用户设置的告警阈值，并已发出了磁盘空间告警提示，但经过处理发现，该分区仍有大量的空间未使用。针对该问题，你认为可采取以下哪个措施重设告警阈值？

A. 可在/etc/sysmonitor/file.d/目录新增磁盘空间告警配置文件

B. 可对/etc/sysmonitor/disk 文件进行修改，重设告警阈值

C. 可对/etc/sysmonitor/sys_fd_conf 文件进行修改，重设告警阈值

D. 可对/etc/sysmonitor/pscnt 文件进行修改，重设告警阈值

【解析】

选项 A：错误。这个选项用于新增文件监测项配置。

选项 C：错误。这个选项用于设置监测系统文件句柄数目。

选项 D：错误。这个选项用于设置监测进程/线程数。

【答案】B

5.【单选题】安全加固的本质是对操作系统配置项进行优化从而提前消除部分风险的手段和措施，openEuler 系统的安全加固有多种方式。以下有关安全加固方式及作用的描述正确的是？

A. 可通过 sysctl 命令进行读取或临时修改用户配置项及对文件的操作权限

B. 可通过修改/etc/issue.net 文件的内容来防止因误操作而导致数据丢失

C. 可通过在/etc/profile 文件末尾添加 export TMOUT=300 来设置终端在运行一段时间后可自动退出

D. 可通过修改/etc/ssh/sshd_config 文件内容来限制远程登录的用户数

【解析】

选项 A：错误。可通过 sysctl 命令进行读取或临时修改操作系统的内核参数。

选项 B：错误。可通过修改/etc/issue.net 文件的内容来设置网络远程登录的告警信息。

选项 D：错误。可通过修改/etc/ssh/sshd_config 文件内容来有效防止远程管理过程中的信息泄露。

【答案】C

6.【多选题】 StratoVirt 是面向云数据中心的企业级虚拟化 VMM（Virtual Machine Monitor），实现一套架构对虚拟机、容器、Serverless 三种场景的统一支持，在轻量低噪、软硬协同、Rust 语言级安全等方面具备关键技术竞争优势。以下关于 StratoVirt 的描述，正确的是哪些选项？

A. StratoVirt 是 Linux 中的独立进程

B. StratoVirt 进程中包含主线程、VCPU 线程、I/O 线程三种线程

C. 对于 StratoVirt 的每个 VCPU 线程都有一个线程处理其 trap 事件

D. StratoVirt 主线程不能为 I/O 设备配置 iothread 提升 I/O 性能

【解析】

StratoVirt 是 Linux 中一个独立的进程。StratoVirt 进程有 3 种线程，即主线程、VCPU 线程、I/O 线程：

- 主线程异步收集和处理来自外部模块（如 VCPU 线程）的事件的循环；
- 对于每个 VCPU 都有一个线程处理其 trap 事件；
- 主线程能为 I/O 设备配置 iothread 提升 I/O 性能。

【答案】ABC

7.【多选题】A-Ops 智能运维工具可提供配置溯源、架构感知、故障定位基础能力，支持快速排障和降低运维成本，该系统按照业务层次分为 UI 层、服务层、SDK、数据库层、client 层。关于 A-Ops 所依赖的数据库及其作用描述正确的有哪些选项？

A. Elasticsearch：作为分布式搜索引擎，其能够存储非结构化数据

B. MySQL：作为关系数据库，主要存储主机相关的信息、用户信息、告警信息等

C. Redis：作为支持 key-value 等多种数据结构的存储系统，主要用于 token 存储、应用缓存加速等

D. Prometheus：作为时序数据库，主要存储 client 端采集的 KPI 数据

【解析】

选项 A：正确。Elasticsearch 能够存储非结构化数据，并支持复杂的数据挖掘和预测分析，为 A-Ops 智能运维工具提供强大的数据处理能力和分析能力。

选项 B：正确。MySQL 主要用于存储结构化数据，这对于系统的运维管理至关重要。

选项 C：正确。Redis 可以用作高速缓存，加速数据的读写操作；也可以用作消息队列系统，处理系统内部的消息传递。此外，Redis 还可以用于存储 token 信息，保障系统的安全认证。

选项 D：正确。Prometheus 可以收集 client 端采集的 KPI 数据，并存储在时序数据库中，供系统进行实时监控、分析和报警。

【答案】ABCD

8.【多选题】现有需求：使用 A-Tune 来对 nginx 进行性能调优，并将调优步骤记录下来。针对该需求，你认为如下哪些选项是属于调优过程中的必要步骤？

A. 编写压测脚本（如 nginx_benchmark.sh）设置相关并发量、执行次数等

B. 执行 A-Tune 命令开始调优，如 atune-adm tuning --project nginx --detail nginx_client.yaml

C. 调优前检查是否已安装好 A-Tune、Nginx、HTTPress 等必要软件

D. 新增 Nginx 客户端配置文件（如 nginx_client.yaml），设置 engine 类型、iterations 值等

【解析】

选项 A：正确。压测脚本是评估调优效果的重要手段，通过模拟实际负载来观察 Nginx 的性能表现。

选项 B：正确。这是实际执行调优命令的步骤，通过指定项目和配置文件来进行性能调优。

选项 C：正确。在开始调优前，确保所有必要的软件都已正确安装，是确保调优过程顺利进行的基础。

选项 D：正确。A-Tune 调优通常需要指定调优参数和配置，这些参数和配置通常通过配置文件来设置。

【答案】ABCD

9.【多选题】GlusterFS 分布式文件系统的数据横向扩展能力强，具备较高的可靠性及存储效率。现要求：请结合 GlusterFS 软件架构简述其工作流程。以下哪些描述是正确的？

A. Linux 系统内核通过 VFS API 接收请求并处理

B. GlusterFS client 收到数据后，根据配置文件对数据进行处理

C. VFS 将数据递交给 FUSE 内核文件系统，并向系统注册了一个实际的文件系统 FUSE

D. GlusterFS client 通过网络将数据传递至远端的 GlusterFS Server，并且将数据写入服务器存储设备

E. 客户端或应用程序通过 GlusterFS 的挂载点访问数据

【解析】

GlusterFS 的工作流程如下。

- 客户端或应用程序通过 GlusterFS 的挂载点访问数据。
- Linux 系统内核通过 VFS API 接收请求并处理。
- VFS 将数据递交给 FUSE 内核文件系统，并向系统注册了一个实际的文件系统 FUSE，而 FUSE 文件系统则将数据通过/dev/fuse 设备文件递交给 GlusterFS client 端。因此，可以将 FUSE 文件系统理解为一个代理。

- GlusterFS client 收到数据后，根据配置文件对数据进行处理。
- 经过 GlusterFS client 处理后，通过网络将数据传递至远端的 GlusterFS Server， 并且将数据写入服务器存储设备。

【答案】ABCDE

10.【多选题】现有要求：请结合操作系统的进程管理模块简述 openEuler 进程树的建立过程。针对此要求，你认为以下哪些选项的描述是正确且符合该要求的？

A. openEuler 启动后会创建一个 init_task 进程，其 PID 为 0，运行于内核态

B. openEuler 完成初始化（包括初始化页表、中断处理表、系统时间等）后，会调用函数 kernel_thread 创建 1 号进程和 2 号进程，这两个进程运行于内核态

C. openEuler 依靠 1 号进程来执行/sbin/init 程序，启动运行 init 进程，运行于用户态

D. openEuler 依靠 2 号进程来执行/sbin/init 程序，启动运行 init 进程，运行于用户态

【解析】

选项 A：正确。在 Linux 系统（包括基于 Linux 的 openEuler）中，系统启动时首先创建的是 init_task 进程，它是所有其他进程的父进程，PID 为 0，运行于内核态。

选项 B：正确。在 Linux 系统中，会在初始化阶段通过 kernel_thread 或其他类似的机制创建新的内核线程。

选项 C：正确。在 Linux 系统中，1 号进程是通过复制（fork）init_task 得到的，然后通过 execve 系统调用加载并执行/sbin/init 程序，此时，1 号进程转变为 init 进程，运行于用户态。

选项 D：错误。如前所述，是 1 号进程负责执行/sbin/init 程序。2 号进程通常是 kthreadd，它是一个内核线程，用于管理和调度其他内核线程，并不负责执行用户空间的程序。

【答案】ABC

11.【单选题】在 openGauss 中有表空间、数据库、模式、表、视图、序列等相关概念，以下关于表空间、数据库、模式、表的描述错误的是？

A. 表空间是一个目录，在物理数据和逻辑数据间提供了抽象的一层，为所有的数据库对象分配存储空间，里面存储的是该对象所包含的数据库的各种物理文件

B. 数据库是存储在一起的相关数据的集合，这些数据可以被访问、管理以及更新。数据库管理的对象可分布在多个表空间上，它对应物理空间上的一个目录

C. 模式是数据库对象集，包括逻辑结构，例如表、视图、序、存储过程、同义词、索引及数据库链接，它对应物理空间上的一个目录

D. 表是由行与列组合成的，只能属于一个数据库，也只能对应一个表空间，它对应物理空间上的一个或多个文件

【解析】

选项 A：表空间对应物理空间上的一个目录。

选项 B：数据库对应物理空间上的一个目录。

选项 C：模式是逻辑上的概念，物理上不是目录，也不是文件。

选项 D：表对应物理空间上的一个目录。

【答案】C

12.【单选题】根据建表语句的不同，openGauss 可创建不同类型的表，如行存表、列存表等。以下选项中，哪一个选项不是 openGauss 目前所支持的建表方式？

A. 如果在创建列存表时需指定其压缩级别，可在建表语句后添加 compression 来指定

B. 当创建分区表时，可在建表语句后添加 partition by 指定分区方式

C. 当需明确指定所创建表是行存表或列存表时，可在建表语句后添加 orientation 来指定

D. 当需指定某个字段作为分布式键时，可在创建分布式表语句后添加 distribute by 来指定

【解析】

openGauss 虽然支持分布式数据库功能，但其分布式表的创建和分布式键的指定通常是通过其他机制或配置来实现的，而不是通过简单的 distribute by 子句来实现的。因此，该选项描述的建表方式不是 openGauss 目前所支持的。

【答案】D

13.【单选题】现有 litemall_orders 行存表和 litemall_orders_col 列存表，两张表的字段和数据量是一样的。现在要求分别统计 2020 年上半年 litemall_orders 行存表和 litemall_orders_col 列存表中的 order_price 的总和及查询 order_id 为 6 的 order_price 的值，以下说法正确的是？

A. 对行存表 litemall_orders 可执行 SQL 语句“select sum (order_price) from litemall_orders where add_date between '20200101' and '20200701';”，从 SQL 的执行时间可看出，行存表在聚合类查询中比列存表效率更高

B. 对列存表 litemall_orders_col 可执行 SQL 语句“select sum (order_price) from litemall_orders_col where add_date between '20200101' and '20200701';”，从 SQL 的执行时间可看出，列存表在聚合类查询中比行存表效率更高

C. 对行存表 litemall_orders 可执行 SQL 语句“select order_price from litemall_orders where order_id=6;”，从 SQL 的执行时间可看出，行存表在点查询中比列存表效率更低

D. 对列存表 litemall_orders_col 可执行 SQL 语句“select order_price from litemall_orders_col where order_id=6;”，从 SQL 的执行时间可看出，列存表在点查询中比行存表效率更高

【解析】

选项 A：错误。在表结构和数据量相同的情况下，在聚合类查询中通常列存表要比行存表执行效率更高。

选项 C：错误。在表结构和数据量相同的情况下，在点查询或精确查询中行存表要比列存表执行效率更高。

选项 D：错误。在表结构和数据量相同的情况下，在点查询或精确查询中行存表要比列存表执行效率更高。

【答案】B

14.【单选题】某公司员工小明登录到 openGauss（单机）默认的 postgres 数据库后，在 gsql 命令行中随手执行“create table t_test(id int,name varchar(50))”这条 SQL 语句创建了一张测试表，请问该 t_test 表的数据文件默认会保存在物理服务器上哪个目录下？

A. 通过执行“gs_om -t status –detail”查看数据库 instance 所在路径下的 base 目录下 postgres 所对应的目录

B. 通过执行“gs_om -t status –detail”查看数据库 instance 所在路径下的 global 目录下 postgres 所对应的目录

C. 通过执行“gs_om -t status –detail”查看数据库 instance 所在路径下的 pg_tblspc 目录下 postgres 所对应的目录

D. 通过执行“gs_om -t status –detail”查看数据库 instance 所在路径下的 pg_location 目录下 postgres 所对应的目录

【解析】

选项 A：正确。base 是默认表空间所对应的物理磁盘上的目录，在默认没有指定任何表空间和模式的情况下，会在 base 目录下对应的 postgres 数据库对应目录下创建表的数据文件。

选项 B：错误。global 用于存储数据库全局相关的数据库对象文件，该目录下没有 postgres 数据库对应目录。

选项 C：错误。pg_tblspc 目录下没有 postgres 数据库对应目录。

选项 D：错误。pg_location 目录下没有 postgres 数据库对应目录。

【答案】A

15.【单选题】为了保证事务的 ACID 特性和高效性， openGauss 支持并发控制。关于 openGauss 采取的并发控制方式，以下描述正确的是?

A. openGauss 采取了两阶段提交方式，保证事务的 ACID 特性和高效性

B. openGauss 通过 MVCC 和快照的方式确保其高效性，采用事务级别的锁机制保证事务的 ACID 特性

C. openGauss 采用排他锁、共享锁以及自旋锁的方式确保其事务 ACID 特性和高效性

D. openGauss 通过 RBAC 和三权分立的方式确保用户级别的事务一致性

【解析】

选项 A：错误。两阶段提交方式是保证分布式事务的方式。

选项 C：错误。采用排他锁、共享锁以及自旋锁的方式可保证事务的 ACID 特性，但不能保证其高效性。

选项 D：错误。说法是错误的，这个选项是无关项。

【答案】B

16.【多选题】某公司数据库工程师想利用 openGauss 的 AI 特性来实现索引推荐和慢 SQL 的发现，以下有关 AI4DB 中索引推荐功能的描述正确的有哪些?

A. openGauss 利用推荐模型实现单条 query 语句的推荐

B. openGauss 利用推荐模型实现 workload query 语句的推荐

C. openGauss 利用创建虚拟索引的方式实现快速评估所创建索引优劣

D. openGauss 利用慢 SQL 发现功能可对表创建多种索引，改善表结构，创建索引越多表性能表现越好

【解析】

选项 D：错误。表索引并不是创建得越多越好，而应根据实际业务进行合理创建，该说法较绝对。

【答案】ABC

17.【多选题】openGauss SQL 调优通过一定的规则调整 SQL 语句，在保证结果正确的基础上，能够提高 SQL 语句执行效率。以下关于 openGauss SQL 语句改写规则命令的描述，正确的是哪些选项?

A. 可以在 SQL 语句中使用 union all 代替 union

B. 可以在 SQL 语句中给 join 列增加非空过滤条件

C. 可以在 SQL 语句中将 not in 转换为 not exists

D. 可以在 SQL 语句中对 index 使用函数或表达式运算表示

【解析】

选项 A：正确。union 在合并两个集合时会执行去重操作，而 union all 则直接将两个集合合并、不执行去重。执行去重会消耗大量的时间，因此，在一些实际应用场景中，如果通过业务逻辑已确认两个集合不存在重叠，则可用 union all 代替 union 以提升性能。

选项 B：正确。若 join 列上的 null 值较多，则可以加上 is not null（非空）过滤条件，以实现数据的提前过滤，提高 join 效率。

选项 C：正确。not in 语句需要使用 nestloop anti join 来实现，而 not exists 则可以通过 hash anti join 来实现。在 join 列不存在 null 值的情况下，not exists 和 not in 等价。因此在已确认没有 null 值时，可以通过将 not in 转换为 not exists，通过生成 hash join 来提升查询效率。

选项 D：错误。对 index 使用函数或表达式运算会停止使用 index 转而执行全表扫描。

【答案】ABC

18.【多选题】某公司系统安全工程师小红想要使用 openGauss 中行级别访问控制功能和对数据进行脱敏的功能，以下描述正确的是哪些选项？

A. 可以在新增用户时指定该用户的属性为 INDEPENDENT 来实现行级别访问控制

B. 可以在 SQL 语句的层面实现（如执行“CREATE ROW LEVEL SECURITY POLICY row_ac ON t_data USING(role = CURRENT_USER);”）行级别访问控制

C. 可以在 SQL 语句的层面实现（如执行“CREATE REDACTION POLICY mask_emp ON emp WHEN (current_user IN (‘matu’, ‘july’)) ADD COLUMN card_no WITH mask_full(card_no);”）指定数据的脱敏

D. 可以通过设置数据库参数（如 password_policy=1）来实现数据的脱敏

【解析】

选项 A：错误。在新增用户时指定该用户的属性为 INDEPENDENT，表示该用户为私有用户，可实现表对象的控制权和访问权分离，提高普通用户数据安全性，限制管理员对象访问权限。

选项 B：正确。通过 SQL 语句创建行访问策略。

选项 C：正确。通过 SQL 语句创建数据脱敏策略。

选项 D：错误。在 openGauss 中，数据脱敏功能并不是通过设置数据库参数（如 password_policy=1）来实现的。实际上，数据脱敏功能是通过配置脱敏策略（Masking Policy）来实现的。

【答案】BC

19.【多选题】某客户业务系统采用了 openGauss，该公司预计未来三年的业务数据呈几何级增长。现要求新入职的数据库工程师小王重新设计数据库表，小王经过评估，将大多数原业务系统数据库表设计成分区表。以下关于分区表及设计原则的描述，正确的是哪些选项？

A. 针对分区键，建议使用具有明显区间性的字段进行分区，比如在日期、区域等字段上建立分区

B. 针对范围分区表，建议将分区上边界的分区值定义为 MAXVALUE，以防止可能出现的数据溢出

C. 分区表面对大数据量时可改善数据库性能，但是面对常规数据量时不具有均衡 I/O 的能力

D. 目前 openGauss 数据库支持的分区表为范围分区表、列表分区表、哈希分区表

【解析】

选项 C：分区表具有均衡 I/O 的能力。

【答案】ABD

20.【多选题】某公司新业务对性能的要求非常高，尤其是数据库的性能。故要求架构师出具 openGauss 和 MySQL 竞品分析报告，重点分析两者性能。以下关于 openGauss 高性能的描述正确的是？

A. openGauss 可根据表的特征值及一定的代价计算模型，计算出每一个执行步骤的不同执行方式的输出元组数和执行代价（cost），进而选出整体执行代价最小/首元组返回代价最小的执行方式进行执行

B. openGauss 提供行列混存的存储引擎及其对应的执行引擎，可根据不同的业务要求选择合适的存储引擎

C. openGauss 可以开启极致 RTO 开关，提高并发度，提升日志回放速度

D. 利用 LSN（Log Sequence Number）及 LRC（Log Record Count）记录每个 backend 线程的复制进度，取消 WALInsertLock 机制

【解析】

选项 A：正确。openGauss 优化器采用的策略是 CBO，选项 A 是对 CBO 的描述。

选项 B：错误。openGauss 支持行列存储，能根据业务灵活选择不同的存储引擎，有效提高性能。

选项 C：正确。开启极致 RTO 开关属于 openGauss 高可靠特性。

选项 D：正确。选项 D 是 xLog 无锁刷新与并行 Page 回放的详细描述，该特性是 openGauss 高性能的一种实现方式。

【答案】ACD

4.1.2　高职组真题解析

1.【单选题】现有脚本 test.sh，内容如图 4-2 所示。

```
#! /bin/bash
echo "$0, $1, $2, $3";
```

图 4-2　脚本 test.sh 内容

赋予 test.sh 可执行权限，现直接运行脚本./test.sh 1 2 3，以下哪个选项是正确的？

A. 该脚本能正常执行，执行结果为“./test.sh, 1, 2 ,3”

B. 该脚本不能正常执行，执行时会报异常

C. 脚本中的$0 表示第一个参数，也就是 test.sh 接收的第一个参数 1

D. 脚本中的$3 表示最后一个参数，该 test.sh 执行时没有传递，默认是空

【解析】

选项 B：错误。脚本能正常执行。

选项 C：错误。脚本中的$0 通常是指脚本文件本身，$1 是指第一个参数。

选项 D：错误。脚本中的$3 是指最后一个参数，它的值是 3。

【答案】A

2.【单选题】现有需求如下：要求在 openEuler 中新增普通用户账户 user01，且该账户所属用户组须为 dbgrp，当新账户 user01 新建成功后，需从 root 用户切换到新账户 user01 的家目录下。如由你来实现该需求，你认为以下描述及其对应的命令，正确的是哪个选项？

A. 新增账户及属组：useradd user01 -g dbgrp。切换：su - user01

B. 新增账户及属组：useradd user01 -g dbgrp。切换：su user01

C. 新增账户及属组：useradd user01 -G dbgrp。切换：su user01

D. 新增账户及属组：useradd user01 -U dbgrp。切换：su - user01

【解析】

选项 B 和 C：错误。没有切换到新账户的家目录下，如果命令中没有指定新账户的家目录，则家目录默认是/home/新账户名称。

选项 D：错误。-U 并不用于指定属组，参数使用错误。

【答案】A

3.【单选题】出于系统安全考虑，通常需要给 openEuler 系统普通用户账户口令设置有效期，且口令到期前须通知用户更改口令。以下有关账户口令有效期的相关描述，你认为错误的是哪个选项？

A. 口令有效期的设置可通过修改/etc/login.defs 文件实现

B. 针对/etc/login.defs 文件的修改，对 root 用户无效

C. 如果在/etc/login.defs 文件和/etc/shadow 文件中有相同选项，则以/etc/shadow 为准

D. 针对对/etc/login.defs 文件的修改，对所有用户都有效

【解析】

选项 D：错误。针对/etc/login.defs 文件的修改，对 root 用户无效。

【答案】D

4.【单选题】以下哪个选项无法防止 Keepalived 出现脑裂？

A. 可采用第三方仲裁机制，如使用仲裁机制、使用仲裁软件等

B. 可采用多链路心跳检测机制，如将单线心跳链路升级为多线心跳链路

C. 可编写自定义检测脚本，如编写检测 Backup 设置组心跳状态等

D. 可使用 nginx 作为第三方仲裁机制

【解析】

选项 D：不能使用 nginx 作为第三方仲裁机制，因为 nginx 本身不具备仲裁的功能。

【答案】D

5.【单选题】A-Ops 是用于提升主机整体安全性的服务，通过资产管理、CVE 管理、异常检测、配置溯源等功能，识别并管理主机中的信息资产，监测主机中的软件漏洞、排查主机中遇到的系统故障，使得目标主机能够更加稳定和安全的运行。以下哪个模块可分析目标主机中数据，鉴别主机遇到的故障，提供故障修复功能？

A. aops-ceres　B. aops-zeus　C. aops-diana　D. aops-apollo

【解析】

选项 A：错误。此模块是 A-Ops 服务的客户端，提供采集主机数据与管理其他数据采集器（如 galagopher）的功能。

选项 B：错误。此模块是 A-Ops 管理中心，主要负责与其他模块的交互，提供基本主机管理功能，主机与主机组的添加、删除等功能也依赖此模块实现。

选项 C：正确。此模块允许用户依据现有的各种指标处理模型，定制适合自己的异常检测模型。

选项 D：错误。A-Ops 的漏洞管理模块相关功能依赖此模块实现，周期性获取 openEuler 社区发布的安全公告，并更新到漏洞库中。

【答案】C

6.【多选题】sysmonitor 可自定义监测项，以下关于配置 sysmonitor 自定义监测项步骤的描述，你认为正确的有哪些选项？

A. 添加自定义监测服务，周期性记录系统 top 信息到/var/log/top.log

B. 执行 systemctl reload sysmonitor 命令，重载服务，使能新配置

C. 执行 systemctl start sysmonitor.d 命令，验证是否能周期性输出 top 信息

D. 在/etc/sysmonitor.d/下创建 top_monitor 配置文件，添加相应的配置项

【解析】

选项 C：错误。sysmonitor 服务启动命令为 systemctl start sysmonitor，不存在 sysmonitor.d 服务。

【答案】ABD

7.【多选题】Kubernetes 网络有三种典型方案，各有优劣。你认为以下描述中哪些是正确的？

A. L2 桥接具备高性能转发能力，组网规模较小，其典型的组网方案有 macvlan、Contiv

B. L3 路由组网规模大，典型组网方案有 Calico、Contiv

C. Host Overlay vSwitch 做 VTEP 转发，对服务器配置要求较低，典型组网方案有 vSwitch、Contiv

D. L2 桥接方案简单、L3 路由适合大规模集群部署、Host Overlay 适用于独立部署场景

【解析】

选项 C：错误。用 Host Overlay vSwitch 做 VTEP 转发，需要消耗服务器硬件资源，对服务器配置要求较高。

【答案】ABD

8.【多选题】iSulad 是一个由 C/C++编写实现的轻量级容器引擎，具有轻、灵、巧、快的特点。某公司运维工程师打算使用 iSulad 创建和管理容器，以下关于 iSulad 支持多种容器类型及其特点的描述，正确的是哪些选项？

A. iSulad 支持多种容器 runtime，包括 lxc、runc 和 kata

B. lxc 是 iSulad 默认的 runtime，用 C 语言编写的开源容器操作 runtime，资源占用少，适用于对底噪资源限制高的场景

C. runc 是用 Go 语言编写的符合 OCI 标准的 runtime，使用 runc 时要求其使用的 OCI runtime-spec version 不低于 iSulad 支持的 oci spec version 1.0.0

D. kata-runtime 是一个 kata-containers 的 runtime，是用 Java 语言编写的，资源占用少

【解析】

选项 D：错误。选项中的 kata-runtime 不是用 Java 语言编写的，而是 Go 语言编写的。

【答案】ABC

9.【多选题】x2openEuler 工具是一款将源操作系统升级为目标操作系统的搬迁工具套件，该工具支持原地升级功能。某公司运维工程师在使用 yum 安装完成后，需要进行必要的配置。以下关于 x2openEuler 配置的描述，正确的是哪些选项？

A. 需要配置数据库用户 x2openEuler 密码

B. 需要配置是否启用 SSH 身份验证

C. 需要配置 Web Server 的 IP 地址

D. 需要配置 HTTPS 端口，默认端口为 18082

E. 需要配置 Gunicorn 端口，默认端口为 28080

【解析】

选项 E：错误。默认端口是 18080。

【答案】ABCD

10.【多选题】OpenStack 由很多组件构成，有些服务运行在控制节点上，有些服务运行在计算节点上。以下哪些组件运行于控制节点上且对它的描述是正确的？

A. Keystone 运行于控制节点，作用是为所有云用户和 OpenStack 云服务提供身份认证服务

B. Glance 运行于控制节点，用于提供镜像服务，使用其管理平台来上传和下载云镜像

C. Cinder 的所有组件都运行于控制节点，用于提供块存储功能

D. Nova API 运行于控制节点，用于在计算级别管理虚拟机，并在计算或管理程序级别执行其他计算任务

【解析】

选项 C：错误。通常来说 OpenStack 的 Cinder 中集成了 Chef 和 ScaleIO 来共同为计算和控制节点提供块存储服务。且 Cinder 的所有组件通常不运行在控制节点上。

【答案】ABD

11.【单选题】在 openGauss 中表的创建方式有多种，可以通过 with 参数指定表的存储方式、压缩级别，也可以添加其他的参数，以下哪个参数不是 openGauss 现在所支持的参数？

A. 当需要创建分区表时，可以在建表语句后面添加 partition by

B. 当需要选择某个字段作为分布式键来创建分布式表时，可以在建表语句后添加 distribute by

C. 当需要明确指定所创建表是行存表或列存表时，可以在建表语句后添加 orientation 来指定

D. 当需要在建表时明确表的压缩级别时，可以在建表语句后添加 compression 来指定

【解析】

选项 B：openGauss 虽然支持分布式数据库功能，但其分布式表的创建和分布式键的指定通常是通过其他机制或配置来实现的，而不是通过简单的 distribute by 子句来实现的。因此，该选项描述的建表方式不是 openGauss 目前所支持的。

【答案】B

12.【单选题】某公司新入职的数据库工程师小池第一次使用 openGauss 并在 openGauss 执行了“create user testuser password xxxx”命令新增了用户，并在 gsql 中登录数据库，此时他想成功创建 retail 数据库，以下哪个选项需要提前完成？

A. 使用 omm 用户登录后，执行 alter user testuser createdb

B. 直接在当前用户所在的 gsql 命令行界面中，执行 alter user testuser createdb

C. 使用 omm 用户登录后，执行 alter user testuser created identified by ‘xxxx’

D. 直接在当前用户所在的 gsql 命令行界面中，执行 grant all privileges 授权操作

【解析】

选项 B：错误。不能在当前用户所在的 gsql 命令行界面中执行指定角色的命令，因当前用户不具有赋予角色的权限。

选项 C：错误。alter 语法错误。

选项 D：错误。grant 用于给数据库对象（如表）赋予权限，不能用于给用户添加角色。

【答案】A

13.【单选题】openGauss 数据库支持行列存储，某公司员工小王以 gsql 的方式登录到默认的数据库 postgres 中，然后在命令行中执行了“create table t1(id int,name varchar(50)) with(orientation=column);”SQL 语句创建了一张列存表，以下关于 t1 表描述错误的是？

A. t1 表在物理上会对应两个名称以_C1.0 和_C2.0 结尾的文件

B. t1 表的 schema 是 public

C. t1 表的表空间是 pg_default

D. t1 表的 compression=middle

【解析】

选项 A：列存表每个的字段会对应一个数据文件，该数据文件会以诸如_C1.0 的格式进行命名。

选项 B：没有指定任何 schema，故默认使用 public。

选项 C：没有指定任何表空间，故使用默认的 pg_default 表空间。

选项 D：openGauss 列存表默认的压缩级别是 low。

【答案】D

14.【单选题】某公司新入职员工小莉第一次使用 openGauss，她想把 db01 数据库中的数据导出并以.sql 作为文件扩展名，以下哪个选项可以帮助她完成这个任务？

A. 可以选择 copy 元命令实现表的数据导出，该命令须与 from 关键字配合使用

B. 可以选择 copy 元命令实现表的数据导出，该命令须与 to 关键字配合使用

C. 可以选择 gs_dump 命令，把 db01 的数据导出到一个 SQL 文件中

D. 可以选择 gs_dumpall 命令，把 openGauss 集群中的数据导出到一个 SQL 文件中

【解析】

选项 A：错误。copy from 用于往数据库的某张表中导入数据。

选项 B：错误。copy to 用于把数据库的某张表中的数据导出到本地某个文件中。

选项 D：错误。gs_dumpall 用于把整个 openGauss 集群中的数据导出到一个 SQL 文件中，这个选项是

干扰项。

【答案】C

15.【单选题】某公司新员工小何想通过 openGauss 支持的物化视图来高效地完成一些复杂的查询任务，以下关于物化视图的说法中，哪个选项能满足小何的需求？

A. 可通过执行类似“CREATE MATERIALIZED VIEW vi_xxx AS SELECT * FROM t_xxx;”的 SQL 语句创建视图

B. 可通过执行类似“CREATE INCREMENTAL MATERIALIZED VIEW vi_xxx AS SELECT * FROM t_xxx;”的 SQL 语句创建视图

C. 可通过执行类似“CREATE TEMPORARY VIEW vi_xxx AS SELECT * FROM t_xxx;”的 SQL 语句创建视图

D. 可通过执行类似“CREATE VIEW vi_xxx AS SELECT * FROM t_xxx;”的 SQL 语句创建视图

【解析】

选项 A：正确。

选项 B：错误。物化视图实际上用于存储 SQL 所执行语句的结果，并起到缓存的效果。增量物化视图只支持简单的查询任务。

选项 C：错误。临时普通视图，普通视图是虚拟表，应用的局限性较大，任何对视图的查询实际上都会转换为对 SQL 语句的查询，实际上性能并没有提高。

选项 D：错误。一般普通视图，不会存储查询结果的副本，而是每次查询时都重新计算。普通视图在某些情况下可以提高查询的可读性，但无法满足对高效满足复杂查询任务的需求。

【答案】A

16.【多选题】SQL 引擎的主要职责是将应用程序输入的 SQL 语句在当前负载场景下生成高效的执行计划，是 openGauss 数据库的一个很重要的组成部分，其主要功能包括如下哪些选项？

A. 从查询与集中识别出系统支持的关键字、标识符、运算符、终结符等，确定每个词固有的词性

B. 根据 SQL 的标准定义语法规则，使用词法分析中产生的词匹配语法规则，如果一个 SQL 语句能够匹配一个语法规则，则生成对应的抽象语法树

C. 对语法树进行有效性检查，检查语法树中对应的表、列、函数、表达式是否有对应的元数据，将抽象语法树转换为逻辑执行计划

D. 识别并从给定的函数库中选择匹配的函数，并执行对应的函数，生成函数执行逻辑轨迹图

【解析】

选项 A：正确。从查询与集中识别出系统支持的关键字、标识符、运算符、终结符等，确定每个词固有的词性。

选项 B：正确。根据 SQL 的标准定义语法规则，使用词法分析中产生的词匹配语法规则，如果一个 SQL 语句能够匹配一个语法规则，则生成对应的抽象语法树。

选项 C：正确。对语法树进行有效性检查，检查语法树中对应的表、列、函数、表达式是否有对应的元数据，将抽象语法树转换为逻辑执行计划。

选项 D：错误。这个选项是自定义干扰项。

【答案】ABC

17.【多选题】任何一个数据库系统都有日志功能模块，日志可帮助系统记录系统运行状态、用户操作行为等。在数据库发生故障时，可以参考这些日志进行问题定位和数据库恢复操作。openGauss 根据不同的功能模块提供了相应的日志类型。以下关于 openGauss 日志的描述正确的有哪些？

A. 预写日志（WAL）是实现事务日志的标准方法，对数据文件进行持久化修改之前必须持久化相应的日志。该日志又称为 UNDO 日志

B. 数据库系统进程运行时产生的日志用于记录系统进程的异常信息，其路径在安装 openGauss 时已由 XML 文件中的 gaussdbLogPath 参数指定，该日志为系统日志

C. 开启数据库审计功能后，将数据库用户的某些操作记录在日志中，该日志的默认路径为 /var/log/gaussdb/用户名/pg_audit，该日志称为审计日志

D. 数据库系统在运行时检测物理资源的运行状态的日志，在对外部资源进行访问时的性能日志，例如磁盘、OBS 等，该日志称为性能日志

【解析】

选项 A：错误。预写日志又称为 REDO 日志，而非 UNDO 日志。

选项 B：正确。

选项 C：正确。

选项 D：正确。

【答案】BCD

18.【多选题】为了能实现数据的导入和导出，openGauss 提供了多种导入和导出工具，以下关于 openGauss 导入和导出工具及其使用业务场景的描述，正确的是哪些选项？

A. openGauss 提供了 Insert 语句，可实现单条和多条数据的插入

B. openGauss 提供了 gs_dumpall 工具，该工具仅能导出数据，且不包含所有对象定义和公共的全局对象信息

C. openGauss 提供了 gsql 工具中的\cpoy 元命令，其与直接使用 SQL 语句 COPY 不同，该命令读取/写入的文件只能是 gsql 客户端所在机器上的本地文件

D. openGauss 提供了 gs_restore 工具，其是 openGauss 数据库提供的与 gs_dump 配套的导入工具。通过该工具，可将 gs_dump 导出的文件导入数据库

【解析】

选项 A：正确。Insert 语句可实现单条或多条数据的插入，适合小批量的数据导入。

选项 B：错误。openGauss 支持使用 gs_dumpall 工具导出所有数据库的全量信息，包含 openGauss 中每个数据库的信息和公共的全局对象信息。

选项 C：正确。gsql 中的\copy 元命令可读取/写入的文件只能是 gsql 客户端所在机器上的本地文件。

选项 D：正确。gs_restore 是 openGauss 提供的针对 gs_dump 导出数据的导入工具。通过此工具可将由 gs_dump 生成的导出文件导入数据库。

【答案】ACD

19.【多选题】Plan Hint 为用户提供了直接影响执行计划生成的手段，用户可以通过指定具体算子、指定结果行数等多个手段来进行执行计划的调优。目前 openGauss 版本中不支持哪些算子的 Hint?

A. indexscan　　B. Agg　　C. Sort　　D. Subplan

【解析】

目前 openGauss 版本支持 indexscan。

【答案】BCD

20.【多选题】某业务场景中，有一张表 t1，要求不同用户只能查看自身相关的数据信息，不能查看其他用户的数据信息，而且只有管理员可查看所有字段信息，其他非管理员只能查看部分字段信息。针对此要求，你认为如下哪些方法比较合适?

A. 可采用数据脱敏策略

B. 可采用 RBAC 和三权分立的功能进行权限控制

C. 可采用限制客户端接入认证机制，如黑白名单

D. 可采用行级别访问控制机制

【解析】

选项 A：正确。可采用数据脱敏策略对敏感数据（比如某些列数据）进行脱敏处理，使得除管理员外其他用户无法查看敏感数据。

选项 B：错误。RBAC 和三权分立属于宏观上的权限控制机制，而题目要求不同用户看到不同的数据，且只能看到部分列，粒度更细。选项 B 的描述过于宽泛。

选项 C：错误。在客户端接入认证配置策略时，只能对接入的用户进行限制，用户接入之后，依然可以访问所有的数据信息。

选项 D：正确。对表 t1 采用行级别访问控制机制后，可以实现不同用户只能查看自身相关数据，且无法查看其他用户的数据的目的。

【答案】AD

4.2 实践考试真题解析

4.2.1 考题设计背景

随着数字化转型的加速，企业和组织需要构建更高效、更安全、更智能的信息系统，以应对日益复杂和多变的业务需求。为此，华为推出了基于自主研发的鲲鹏处理器的计算平台，该计算平台拥有高性能、高可靠、高安全的硬件基础，以及丰富的软件生态，支持多种应用场景，如云计算、边缘计算等。

openEuler 操作系统不仅是鲲鹏计算平台的基础软件，更是推动鲲鹏生态繁荣发展的核心要素之一，深入了解和熟练掌握与 openEuler 进行交互的各项技能显得尤为重要。因此，使用命令行与脚本，部署服务和集群架构，以及使用 iSula 容器等技能的掌握，对于每一位致力于鲲鹏生态建设的伙伴来说，都是不可或缺的宝贵财富。

openGauss 数据库是鲲鹏计算平台的重要组成部分之一。数据库广泛渗透于各行各业，成为各企业运营不可或缺的核心基础软件。鉴于此，计算领域的工程师们均需具备扎实的数据库技能，这涵盖了对 SQL 基本操作及查询复杂语句的熟练掌握、基本的数据库运维能力，以及数据库开发能力。

Kunpeng Application Development 是指基于鲲鹏计算平台进行应用开发的过程，涉及应用迁移、应用性能测试与调优、应用部署与发布等方面。它要求开发者熟悉鲲鹏计算平台的特点和优势，能够利用鲲鹏平台提供的工具和服务，实现应用的快速迁移、高效运行和便捷发布。掌握 Kunpeng Application Development 的知识，是在鲲鹏计算平台上进行应用开发和运维的关键。

综上所述，设计本套考题是为了考查考生在鲲鹏计算平台上进行应用开发和运维的能力，包括 openEuler 操作系统，openGauss 数据库和 Kunpeng Application Development 这 3 个方面。这 3 个方面主要涵盖鲲鹏计算平台的操作系统运维、基础软件部署、数据处理、数据管理、数据库开发和鲲鹏代码迁移等重要内容。

4.2.2 考试说明

（1）考试分数说明

考试分为 openEuler、openGauss 和 Kunpeng Application Development 三大技术方向，其占比与分数如表 4-1 所示。

表 4-1 计算赛道三大技术方向的占比与分数

方向	占比	分数
openEuler	50%	500
openGauss	30%	300
Kunpeng Application Development	20%	200

（2）考试要求

① 做题之前需要仔细、完整阅读“考试指导”及考试题目。

② 如果题目有多种解法，需要选择一个最符合题目要求的解法。

③ 计算赛道试题相关软件说明如表 4-2 所示。

表 4-2 计算赛道试题相关软件说明

软件	说明
MobaXterm	远程登录工具
VirtualBox	虚拟机软件
openEuler ISO	openEuler 系统镜像

（3）考试平台

参考“考试指导”，在个人计算机上安装 MobaXterm 和 VirtualBox，并导入 openEuler 系统镜像。

（4）保存结果

本次计算赛道考试结果以截图的形式保存，详细保存要求参考《考试指导》。

4.2.3　考题正文

1. openEuler 方向真题解析

（1）场景

openEuler 操作系统是鲲鹏计算平台的基础软件之一，了解和掌握如何使用命令行、脚本来与 openEuler 交互，以及如何在 openEuler 服务器上部署服务和集群架构和使用 openEuler 特有的 iSula 来进行容器配置，对想要共建鲲鹏生态的伙伴们来说非常重要。

（2）网络拓扑

openEuler 网络拓扑图如图 4-3 所示。

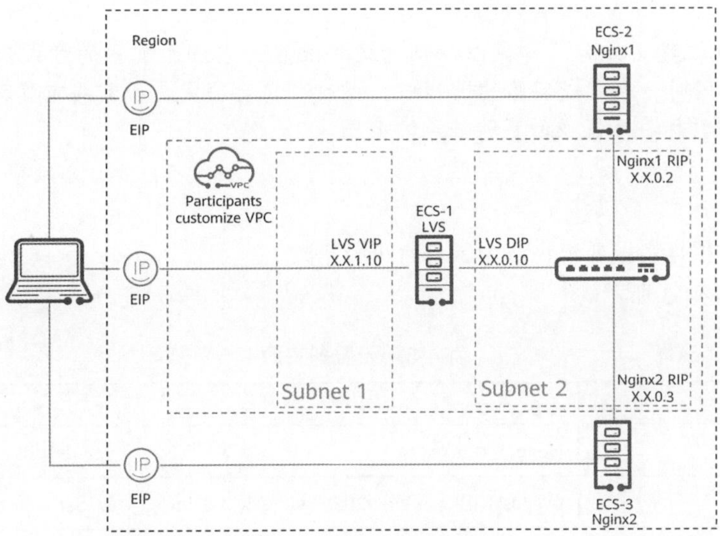

图 4-3　openEuler 网络拓扑图

网络拓扑说明如下。

考生需要在华为云上购买 3 台 ECS（Elastic Cloud Server，弹性云服务器），并分别命名为 ECS-1、ECS-2、ECS-3。在 LVS 配置实践任务中，ECS-1 作为 LVS，ECS-2 作为 Nginx1 服务器，ECS-3 作为 Nginx2 服务器。LVS 购买时需配置两张网卡，其中，LVS 的主网卡对应 VIP 接口，扩展网卡对应 DIP 接口。然后，配置 EIP 地址并绑定至 VIP 网卡上。分别为 ECS-2 和 ECS-3 绑定 EIP 地址以供后续登录服务器完成题目。服务器购买规格请参考云服务资源列表中的规格和说明。

考生需按如下规则配置各服务器网络地址：

- Subnet 1 和 Subnet 2 在华为云上处于同一 VPC 下；

- LVS 的 VIP 地址为 X.X.1.10（例如 192.168.1.10/24）;
- DIP 地址为 X.X.0.10（例如 10.0.0.10/24）;
- Nginx1 的 RIP 地址为 X.X.0.2（例如 10.0.0.2/24）;
- Nginx2 的 RIP 地址为 X.X.0.3（例如 10.0.0.3/24）。

为避免网络地址冲突，请考生新建自己的 VPC 网络，按照上述规则配置 LVS 和 Nginx 服务器的私网 IP 地址。

对于仅涉及单台服务器的实验任务，ECS 使用建议如下。

openEuler 方向试题：

- 建议登录并使用 ECS-1 来完成任务 1、任务 2、任务 3、任务 6；
- 建议登录并使用 ECS-2 来完成任务 4。

openGauss 和 Kunpeng Application Development 方向试题：

这两个方向的试题使用的 ECS 可与 openEuler 中使用的 ECS 独立，可重新购买一台独立的 ECS 来进行实验。

特别提示：

在考题中要求修改配置文件时，建议以注释源文件配置并添加新配置的方式来操作，如果需要复用 ECS，方便还原环境。同时，在完成实验的过程中，考生可自行决定是否需要重置环境，如需删除已有的 ECS 并重新购买，请注意保存已完成的实验任务的截图。

（3）考试资源

① 实验环境。

实验环境需要考生根据考题要求在华为云自行进行搭建。

② 云服务资源如表 4-3 所示。

表 4-3　云服务资源

资源名称	规格	说明
Virtual Private Cloud(VPC)	None	vpc-default
Elastic Cloud Server(ECS)	4vcpus|8GB|openEuler20.03 with ARM 64bit	ECS-1
Elastic Cloud Server(ECS)	4vcpus|8GB|openEuler20.03 with ARM 64bit	ECS-2
Elastic Cloud Server(ECS)	4vcpus|8GB|openEuler20.03 with ARM 64bit	ECS-3
Elastic IP Address(EIP) and Bandwidth	根据任务说明	Several EIPs
Elastic IP Address(EIP) and Bandwidth	根据任务说明	Several EIPs
Elastic IP Address(EIP) and Bandwidth	根据任务说明	Several EIPs

ECS 参数如下。

- 计费模式：按需计费。
- CPU 架构：鲲鹏计算。

- 规格：鲲鹏通用计算增强型 kc1.xlarge.2 4vCPUs 8GiB。
- 镜像，公共镜像，即 openEuler 20.03 64bit with ARM (40GiB)。
- 系统盘：40GB。
- 网络：VPC 根据试题要求配置，手动分配 IP 地址（要求：根据试题要求配置）。
- 扩展网卡：根据试题要求配置。
- 安全组：自行配置。
- 公网带宽：按流量计费。
- 带宽大小：50Mbit/s。
- 云服务器名称：根据试题要求配置。
- 密码：自行设置。

③ 考试工具。

本实验中用到的考试工具如表 4-4 所示。

表 4-4 openEuler 实验中用到的考试工具

工具	说明
MobaXterm	远程登录工具

（4）考试要求

① 请列出所有关键步骤截图，截图格式为".png"，截图命名见具体题目要求。

② 您必须严格遵守考试中描述的配置和命名要求。

③ 建议使用 MobaXterm 登录 openEuler 操作系统。

（5）考试题目

实验任务

实验中所有步骤单独计分，请合理安排考试时间。

任务 1：文本处理命令的使用（40 分）

考点 1：find 和 wc 命令的使用（20 分）

要求：

a. 统计/etc 路径下的所有目录的个数并输出。

【解析】

a. 使用 root 用户登录 openEuler 系统，在命令行中执行 find /etc -type d | wc -l 命令。然后保存终端命令行以及输出的截图，并把该截图命名为 1-1-1etc，如图 4-4 所示。

答案： `find /etc -type d | wc -l`

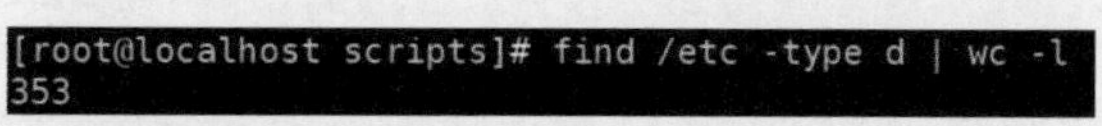

图 4-4 统计/etc 路径下的所有目录的个数

考点 2：cut、tr、sort、head 命令的使用（20 分）

要求：

a.请按照降序，列出磁盘利用率最高的前 3 个文件系统对应的磁盘利用率百分比数值，同时去除其他信息，仅保留百分比数值。

【解析】

a. 在命令行中执行 df | tr -s " " |cut -d" " -f5|sort -nr|head -n3 命令。然后保存终端命令行以及输出的截图，并把该截图命名为 1-2-1rate，如图 4-5 所示。

答案：`df | tr -s " " |cut -d" " -f5|sort -nr|head -n3`

图 4-5　降序列出磁盘利用率百分比数值

任务 2：sed、awk、grep 命令的使用（30 分）

考点 1：sed 的使用（10 分）

要求：

a. 使用 sed 取出/etc/passwd 文件中以 root 开头的行。

【解析】

a. 在命令行中执行 sed -n '/^root/p' /etc/passwd 命令。然后保存终端命令行以及输出的截图，并把该截图命名为 2-1-1sed，如图 4-6 所示。

答案：`sed -n '/^root/p' /etc/passwd`

图 4-6　sed 的使用

考点 2：awk 的使用（10 分）

要求：

a. 以冒号（:）为分割符取出/etc/passwd 文件的第一列。

【解析】

a. 在命令行中执行 awk -F ':' '{print $1}' /etc/passwd 命令。然后保存终端命令行以及输出的截图，并把该截图命名为 2-2-1awk，如图 4-7 所示。

答案：`awk -F ':' '{print $1}' /etc/passwd`

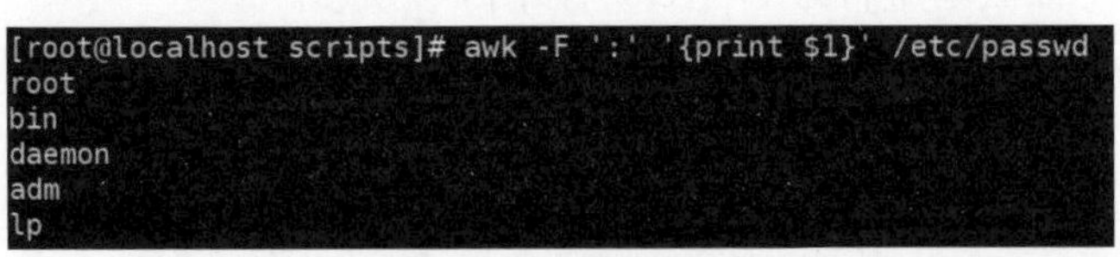

图 4-7　awk 的使用

考点 3：grep 的使用（10 分）

要求：

a. 找出/proc/meminfo 文件中以 s 或 S 开头的行。

【解析】

a. 在命令行中执行 grep -iE '^s' /proc/meminfo 命令。然后保存终端命令行以及输出的截图，并把该截图命名为 2-3-1grep，如图 4-8 所示。

答案： `grep -iE '^s' /proc/meminfo`

图 4-8 grep 的使用

任务 3：Shell 脚本（85 分）

考点 1：for 循环与逻辑判断（55 分）

要求：

a. 编写一个 Shell 脚本，将该脚本命名为 odd-number.sh，要求实现以下功能：从命令行参数中读取一个整数 n 作为此脚本的输入，判断 n 是否为奇数，如果是，输出"n is an odd number"，否则输出"n is an even number"。

b. 编写一个 Shell 脚本，将该脚本命名为 for-prime.sh，要求实现以下功能：从命令行参数中读取一个整数 n，使用 for 循环，输出从 1 到 n 的所有质数（质数只能被 1 和自己整除），每行一个。

【解析】

a. 按照要求编写脚本 odd-number.sh，其内容如下：

```
#!/bin/bash
n=$1 # 从命令行参数中读取 n
r=$(expr $n % 2)  # 计算 n 对 2 的余数
if [ $r -eq 1 ]  # 如果余数为 1，说明 n 是奇数
then
  echo "$n is an odd number"  # 输出结果
else
  echo "$n is an even number"
fi
```

在命令行中运行 3 次脚本文件，并将参数 n 分别设置为 31、42 和 53。然后截取这 3 次执行的结果，并把该截图命名为 3-1-2oddtest，如图 4-9 所示。

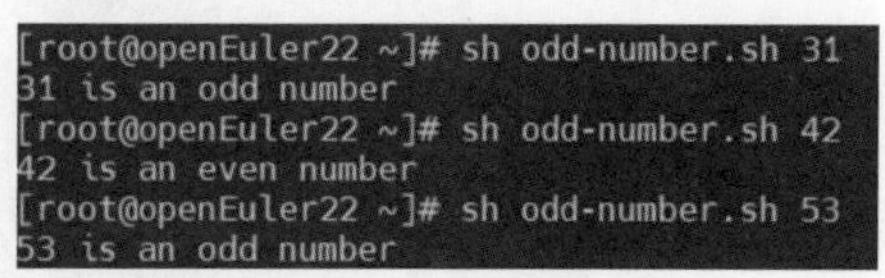

图 4-9 判断奇偶数

b. 按照要求编写脚本 for-prime.sh，其内容如下：

```
#!/bin/bash
# 定义一个函数，判断一个数是否为质数
is_prime(){
num=$1  # 从参数中获取数值
flag=1  # 设置一个标志变量，表示 num 是否为质数
for ((j=2; j<num; j++))  # 从 2 开始循环，直到 num-1
do
```

```
s=$(expr $num % $j)  # 计算 num 对 j 的余数
if [ $s -eq 0]  # 如果余数为 0，说明 num 能被 j 整除
then
flag=0  # 设置标志变量为 0，表示 num 不是质数
break  # 跳出循环
fi
done
echo $flag  # 返回标志变量的值
}
n=$1   # 从命令行参数中读取 n
for ((k=1; k<=n; k++))  # 从 1 开始循环，直到 n
do
result=$(is_prime $k)  # 调用函数，判断 k 是否为质数
if [ $result -eq 1]  # 如果返回值为 1，说明 k 是质数
then
echo $k   # 输出 k
fi
done
```

在命令行中运行 2 次脚本文件，并将参数 n 分别设置为 50 和 100。然后适当调整命令行窗口，将这两条命令及其对应的执行结果截取到同一张图中，并把该截图命名为 3-1-4primetest，如图 4-10 所示。

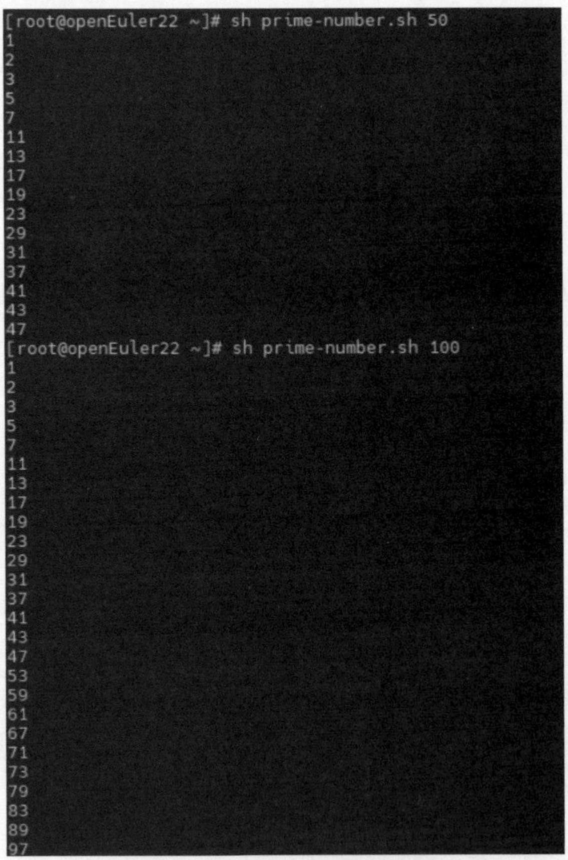

图 4-10　输出从 1 到 n 的所有质数

考点 2：周期任务管理（30 分）

要求：

a. 编写一个 Shell 脚本，将该脚本命名为 pingtest.sh，要求该脚本实现以下功能：使用 ping 命令向 www.huawei.com 立刻发送报文，每次报文发送间隔 1 秒，收到 5 次回复后停止发送。

b. 创建 crontab 任务，使得每周一、每周二的 10:00 运行一次 pingtest.sh 脚本，然后使用命令列出用户的 crontab 任务。

【解析】

a. 在 VIM 视图下，按照要求编写脚本 pingtest.sh，其内容如下：

```
#!/bin/bash

# 使用 ping 命令向 www.huawei.com 立刻发送报文
ping -c 5 -i 1 www.huawei.com
```

运行 pingtest.sh 脚本，对命令和结果进行截图并命名为 3-2-2testresult，如图 4-11 所示。

```
[root@openEuler22 ~]# sh pingtest.sh
PING www.huawei.com.web3.hwgslb.com (10.3.42.32) 56(84) bytes of data.
64 bytes from 10.3.42.32 (10.3.42.32): icmp_seq=1 ttl=249 time=31.4 ms
64 bytes from 10.3.42.32 (10.3.42.32): icmp_seq=2 ttl=249 time=31.0 ms
64 bytes from 10.3.42.32 (10.3.42.32): icmp_seq=3 ttl=249 time=31.5 ms
64 bytes from 10.3.42.32 (10.3.42.32): icmp_seq=4 ttl=249 time=31.3 ms
64 bytes from 10.3.42.32 (10.3.42.32): icmp_seq=5 ttl=249 time=31.8 ms
```

图 4-11　使用 ping 命令立刻发送报文

b. 编写 crontab 任务，然后使用命令列出用户的 crontab 任务，对 crontab 任务进行截图，并把该截图命名为 3-2-3crontab，如图 4-12 所示。

```
[root@openEuler22 ~]# crontab -l
0 10 * * 1,2 /root/pingtest.sh
```

图 4-12　列出 crontab 任务

任务 4：Nginx 安装、测试与基础配置（100 分）

考点 1：Nginx 安装及测试（40 分）

要求：

a. 使用 dnf 命令安装 nginx（需添加参数自动应答确认提示）。

备注：如果出现 gpg check failed 的报错，可尝试在安装命令中添加--nogpgcheck 选项。

b. 执行第一个命令查看 Nginx 的版本；执行第二个命令启动 nginx；执行第三个命令，使用 ps 和 grep 命令来查看当前 nginx 的进程。

c. 在浏览器中使用 nginx 服务器的 IP 地址进行测试。

【解析】

a. 在命令行中执行 yum install -y nginx。将命令行以及相应的执行结果进行截图，并把该截图命名为 4-1-1dnf，如图 4-13 所示。

答案：`yum install -y nginx`

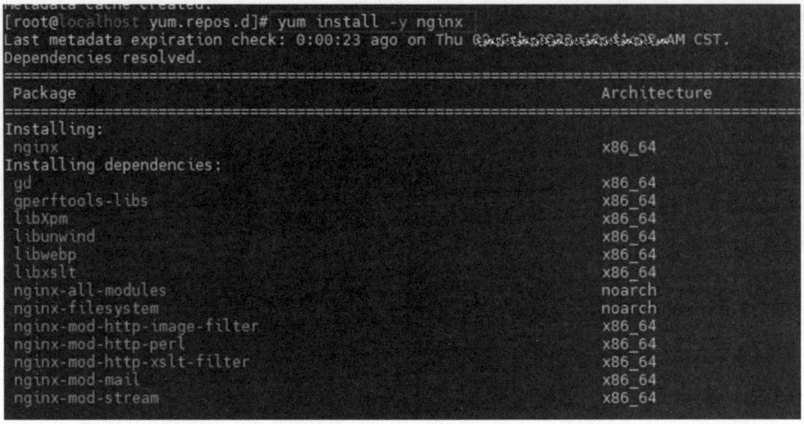

图 4-13　安装 nginx

b. 依次执行要求中的 3 个命令，截取所有命令行和它们的回显到一张图中，并把该截图命名为 4-1-2nginx，如图 4-14 所示。

答案：

```
nginx -v
systemctl start nginx
ps –f | grep nginx
```

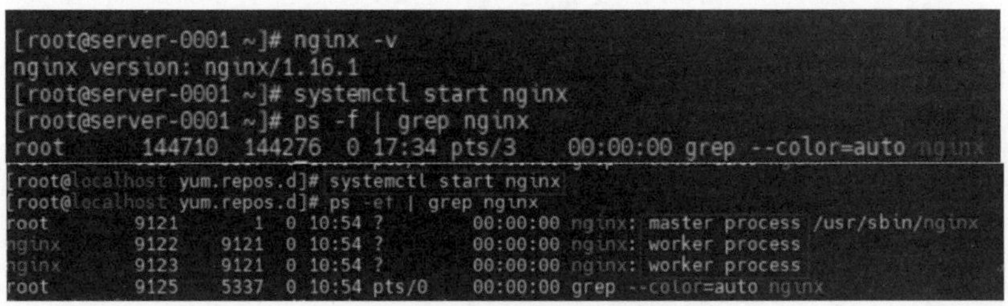

图 4-14　查看 Nginx 的进程

c. 截取使用浏览器访问 nginx 服务器的测试页面，截图中需包含当前 URL 栏，并把该截图命名为 4-1-3url，如图 4-15 所示。

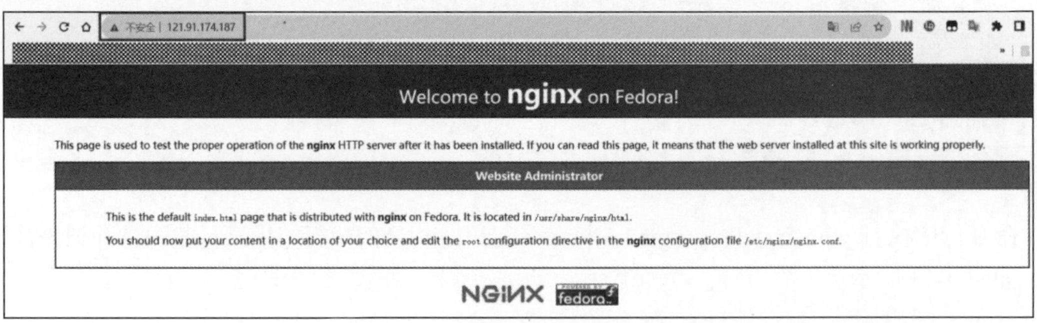

图 4-15　使用浏览器访问 nginx 服务器

考点 2：Nginx 静态资源访问配置（60 分）

要求：

a. 找到 nginx 的主配置文件，将 worker 进程的用户修改为 nobody，并将进程数量修改为 4，修改完成之后使用命令查看 nginx 进程数。

b. 创建静态资源存放的目录，路径为/data/Nginx，然后在 Nginx 文件夹下创建以下文件：

a）创建主页文件 index.html，并输入内容“hello, openEuler”；

b）创建 test.txt 文件，并输入内容“hello, Nginx”；

c）将/usr/share/nginx/html 中的 nginx-logo.png 复制到 Nginx 目录中。

c. 在/etc/nginx/conf.d 目录中创建关于新静态网站的配置文件 static.conf，配置 nginx 服务器监听端口为 80，响应域名为 www.test.com，根目录为/data/Nginx，默认首页为 index.html。

d. 配置生效后，在浏览器所在主机配置静态域名解析文件（host 文件），添加 nginx 服务地址和 www.test.com 的映射。然后在服务器中为这些文件配置合适的权限，使用合适的访问用户之后，分别在浏览器中访问以下网址：

- www.test.com:80；
- www.test.com/nginx-logo.png；
- www.test.com:80/test.txt。

网页上分别显示步骤 b 中设置的内容。

【解析】

a. 对查看 nginx 进程的命令行及其回显进行截图，并把该截图命名为 4-2-1num，如图 4-16 所示。

答案： `ps -ef | grep nginx`

```
[root@localhost nginx]# ps -ef | grep nginx
root      9121     1  0 Feb09 ?        00:00:00 nginx: master process /usr/sbin/nginx
nobody   13459  9121  0 14:28 ?        00:00:00 nginx: worker process
nobody   13460  9121  0 14:28 ?        00:00:00 nginx: worker process
nobody   13461  9121  0 14:28 ?        00:00:00 nginx: worker process
nobody   13462  9121  0 14:28 ?        00:00:00 nginx: worker process
root     13464  5337  0 14:29 pts/0    00:00:00 grep --color=auto nginx
```

图 4-16 查看 nginx 进程的命令行及其回显

b. 在/data/Nginx 目录下使用 ls 命令列出该目录下的文件，然后使用 cat 命令分别查看 index.html 和 test.txt 文件的内容，把这些命令行及其回显截取到同一张图中，并把该截图命名为 4-2-2cat，如图 4-17 所示。

答案：

```
ls
cat test.txt
cat index.html
```

```
[root@server-0001 Nginx]# ls
index.html  nginx-logo.png  test.txt
[root@server-0001 Nginx]# cat test.txt
hello,Nginx
[root@server-0001 Nginx]# cat index.html
hello, openEuler
```

图 4-17 列出目录下的文件并查看文件的内容

c. 截取使用 cat 命令展示 static.conf 配置文件的内容，并把该截图命名为 4-2-3conf，如图 4-18 所示。

答案： `cat /etc/nginx/conf.d/static.conf`

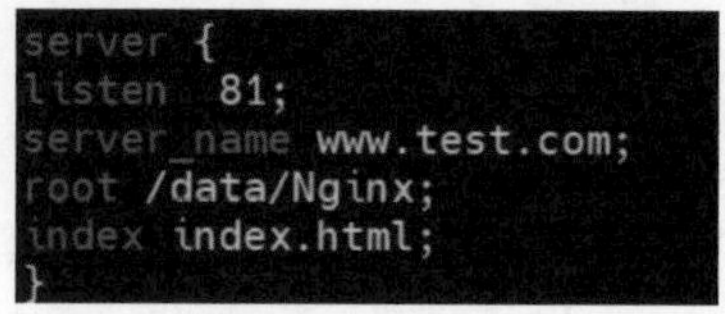

图 4-18 使用 cat 命令展示 static.conf 配置文件的内容

d. 访问以下各个地址并进行截图：

a）www.test.com:80，并把该截图命名为 4-2-4test1；

b）www.test.com/nginx-logo.png，并把该截图命名为 4-2-5test2；

c）www.test.com:80/test.txt，并把该截图命名为 4-2-6test3。

合并以上 3 个截图，结果如图 4-19 所示。

答案：

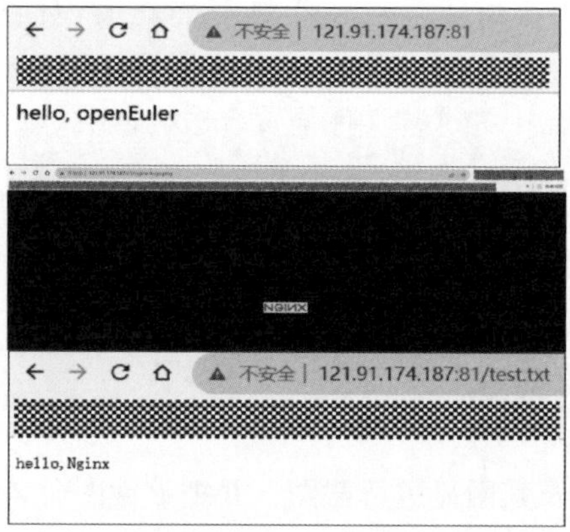

图 4-19 访问 3 个地址

任务 5：LVS 配置实践（125 分）

考点 1：LVS 安装与配置实践（125 分）

LVS 配置实践网络拓扑图如图 4-20 所示，详细网络地址说明请查看网络拓扑小节。

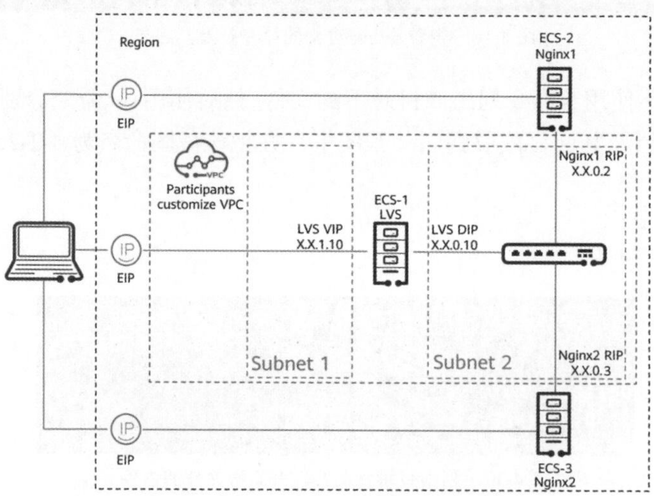

图 4-20 LVS 配置实践网络拓扑图

要求：

a. 在华为云上购买 3 台 ECS，并分别命名为 ECS-1、ECS-2、ECS-3。它们分别对应 LVS、Nginx1 服务器、Nginx2 服务器。其中，LVS 的主网卡对应 VIP 接口，扩展网卡对应 DIP 接口，配置 EIP 地址绑定至 VIP 网卡上。

b. 与任务 4 类似，配置好 Nginx1 和 Nginx2 后，分别登录到这两台服务器上，并使用 curl 访问自身的 RIP 地址，要求得到“hello，Nginx01”“hello，Nginx02”的回显。

c. 登录华为云控制台，关闭 LVS 两张网卡的网络配置的源/目的检查。然后使用 sed 命令，通过修改系统中的 sysctl.conf 文件，在 LVS 上开启路由转发功能；使用 sysctl 命令配合 grep 命令来检查路由转发是否正常开启。接下来登录到 LVS 上使用 curl 命令，测试能否正常访问 Nginx1 和 Nginx2 的 RIP 地址，并得到文本回显。

d. 在 LVS 上安装 ipvsadm，创建启动配置文件，启动该服务，使用 systemctl 命令确认服务状态。

e. 使用 ipvsadm 命令，创建集群轮询的算法。使用 ipvsadm 命令设置前端虚拟服务器的 IP 地址为 VIP，端口号为 80，再将 Nginx1 和 Nginx2 添加为后端 RS，并使用 masquerading 模式。然后使用 ipvsadm -Ln 命令来查看配置是否生效。

f. 按照网络规划，将 Nginx1 和 Nginx2 的网关设置为 LVS 的 DIP 地址，重启网络连接使配置生效（修改完成后 Nginx1 和 Nginx2 需要使用云控制台登录）。

g. 登录 LVS，重复使用 curl 命令多次访问 VIP，看到“hello, Nginx1”“hello, Nginx2”循环出现。在终端的浏览器输入 VIP 绑定的 EIP 地址，同样看到两种文本循环出现（可使用不同的浏览器访问，或清空浏览器缓存后再打开该浏览器）。

【解析】

a. 在华为云上完成服务器购买和配置后，返回“云服务器控制台”的“弹性云服务器”页面，对正在运行的 3 台服务器的名称、IP 地址等配置进行截图，并把该截图命名为 5-1-1EIP，如图 4-21 所示。

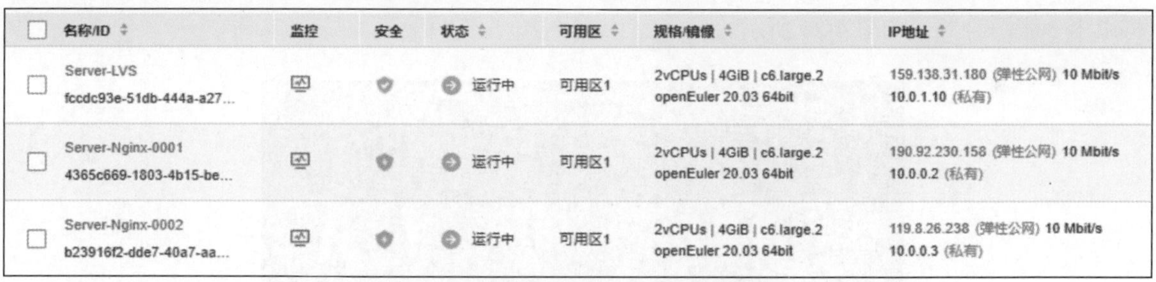

名称/ID	监控	安全	状态	可用区	规格/镜像	IP地址
Server-LVS fccdc93e-51db-444a-a27...			运行中	可用区1	2vCPUs | 4GiB | c6.large.2 openEuler 20.03 64bit	159.138.31.180 (弹性公网) 10 Mbit/s 10.0.1.10 (私有)
Server-Nginx-0001 4365c669-1803-4b15-be...			运行中	可用区1	2vCPUs | 4GiB | c6.large.2 openEuler 20.03 64bit	190.92.230.158 (弹性公网) 10 Mbit/s 10.0.0.2 (私有)
Server-Nginx-0002 b23916f2-dde7-40a7-aa...			运行中	可用区1	2vCPUs | 4GiB | c6.large.2 openEuler 20.03 64bit	119.8.26.238 (弹性公网) 10 Mbit/s 10.0.0.3 (私有)

图 4-21　正在运行的 3 台服务器的配置

b. 将登录到 Nginx1 上成功使用 curl 命令访问 RIP 地址的截图命名为 5-1-2RIP1；将登录到 Nginx2 上成功使用 curl 命令访问 RIP 地址的截图命名为 5-1-3RIP2，如图 4-22 所示。

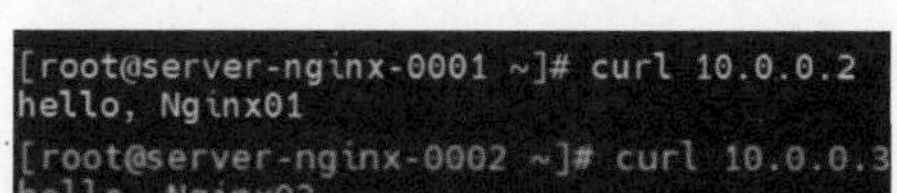

图 4-22　登录到 Nginx1 和 Nginx2 上成功使用 curl 命令访问 RIP

c. 把开启路由转发功能的 sed 命令，以及使用 sysctl 命令配合 grep 命令来进行路由状态检查的命令截取到同一张图中，并把该截图命名为 5-1-4grep。把登录到 LVS 上，成功使用 curl 命令访问 Nginx1 和 Nginx2 的 RIP 地址的命令及其回显进行截图，并命名为 5-1-5LVS，如图 4-23 所示。

答案：

```
sed -i "s/ip_forward=0/ip_forward=1/g" /etc/sysctl.conf
sysctl -p | grep net.ipv4.ip_forward 或 sysctl -a | grep net.ipv4.ip_forward
```

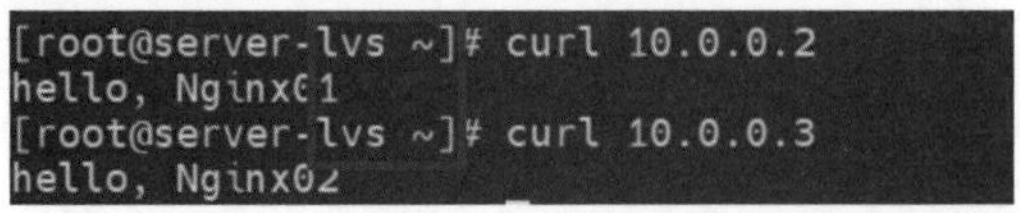

图 4-23　使用 curl 命令访问 Nginx1 和 Nginx2 的 RIP 地址

d. 执行服务状态检查命令，截图并命名为 5-1-6status，如图 4-24 所示。

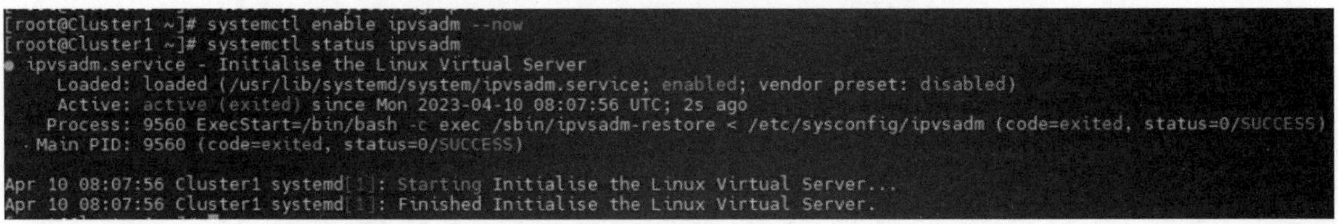

图 4-24　服务状态检查

e. 执行集群创建命令，截图并命名为 5-1-7cluster。

执行添加 Nginx1 和 Nginx2 为后端 RS 的命令，截图并命名为 5-1-8RS。

执行配置检查命令，截图并命名为 5-1-9check。

将以上 3 张图合并，如图 4-25 所示。

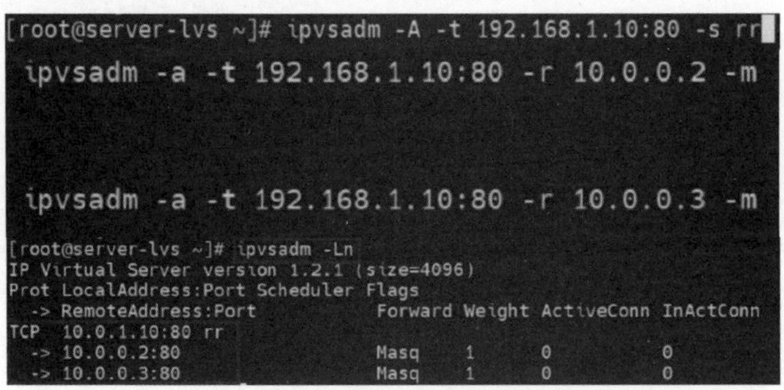

图 4-25　使用 ipvaadm 命令查看 LVS 状态

f. 在 Nginx1 上执行配置网关地址为 LVS 的 DIP，截图并命名为 5-1-10DIP1。

在 Nginx2 上执行配置网关地址为 LVS 的 DIP，截图并命名为 5-1-11DIP2。

执行重启网络连接的命令，截图并命名为 5-1-12net。

这 3 张截图都不要求有回显。将这 3 张图合并，如图 4-26 所示。

```
nmcli con mod "System eth0" ipv4.address 10.0.0.3/24 ipv4.gateway 10.0.0.10
nmcli con mod "System eth0" ipv4.address 10.0.0.2/24 ipv4.gateway 10.0.0.10
nmcli con down "System eth0" & nmcli con up "System eth0"
```

图 4-26　设置网关并激活网卡

g. 登录 LVS，重复使用 curl 命令多次访问 VIP 地址，看到“hello, Nginx1”“hello, Nginx2”循环出现，截图并命名为 5-1-13VIP。

在终端的浏览器输入 VIP 地址绑定的 EIP 地址，截取回显和浏览器中的 URL，当回显为“hello,Nginx1”时，截图并命名为 5-1-14NG1；当回显为“hello,Nginx2”时，截图并命名为 5-1-15NG2。将两张图进行合并，如图 4-27 所示。

```
[root@server-lvs ~]# curl 159.138.31.180
hello, Nginx02
[root@server-lvs ~]# curl 159.138.31.180
hello, Nginx01
[root@server-lvs ~]# curl 159.138.31.180
hello, Nginx02
[root@server-lvs ~]# curl 159.138.31.180
hello, Nginx01
```

图 4-27　使用 curl 命令和浏览器进行循环显示

任务 6：iSula 容器配置和镜像管理（115 分）

考点 1：iSula 容器配置（50 分）

a. 在华为云上购买 1 台 ECS，ECS 镜像选择 openEuler，登录 ECS 后台通过公网安装并部署 iSulad；然后在 iSula 默认安装路径下找到 daemon.json，修改 registry-mirrors 的值为 docker.io；启动 iSula 之后添加 nginx 镜像到本地 iSula 镜像库（也可以其他任意方式添加 nginx 镜像），并使用 isula 命令创建一个 Nginx 应用容器，该容器命名为 Nginx01。

b. 对 Nginx01 容器进行登录、重启、获取容器日志、查看容器的详细信息（包含容器创建日期、运行状态、启动过程、各项配置等信息）操作。

c. 安装并配置 isula-build，通过编辑 Dockerfile 文件，利用 isula-build 构建 Nginx02 镜像，Dockerfile 至少需包含 FROM 和 RUN 指令（其余指令和内容不做具体要求，但容器镜像不能超过 4 层）。利用构建的 Dockerfile 镜像文件创建 Nginx02 容器。

【解析】

a. 通过 isula 命令查看本地 iSula 镜像库中的 nginx 镜像，截图并命名为 6-1-1iSula，如图 4-28 所示。

```
[root@ecs-isula2 etc]# isula images
REPOSITORY                    TAG       IMAGE ID        CREATED               SIZE
nginx                         latest    5628e5ea3c17    2023-11-21 18:16:58   187.118 MB
```

图 4-28　查看本地 iSula 镜像库中的 nginx 镜像

使用另一个命令创建一个容器，该容器的名字为 Nginx01，截图需显示容器创建的完整命令，将截图命名为 6-1-2Nginx01，如图 4-29 所示。

```
[root@ecs-isula2 etc]# isula create --name=Nginx01 nginx
Unable to find image 'nginx' locally
Image "nginx" pulling
Image "5628e5ea3c17fa1cbf49692edf41d5a1cdf198922898e6ffb29c19768dca8fd3" pulled
460ef547e3f3233c2905705c69867218341de68775a8f6a23fea800c9aeb6002
```

图 4-29　创建一个容器

b. 运行登录 Nginx01 的命令，截取命令和成功登录的回显，命名为 6-1-3load。

运行重启 Nginx01 的指令，截取命令和回显，命名为 6-1-4restart。

将以上两图合并，如图 4-30 所示。

```
[root@ecs-isula2 etc]# isula start 460ef547e3f3
[root@ecs-isula2 etc]# isula exec -it 460ef547e3f3 /bin/bash
root@localhost:/#
[root@ecs-isula2 etc]# isula restart 460ef547e3f3
460ef547e3f3
```

图 4-30　登录并重启 Nginx01

运行查看 Nginx01 容器的详细信息的命令，截取命令和回显（前 30 行即可），命名为 6-1-5c，如图 4-31 所示。

```
[root@ecs-isula ~]# isula inspect f1bc61143da1
[
    {
        "Id": "f1bc61143da1d2c0dfde1871c79ed44eb377b5ed1938ebe8ae1d7b3cfb85ad59",
        "Created": "2023-12-13T15:23:57.713287446+08:00",
        "Path": "/docker-entrypoint.sh",
        "Args": [
            "nginx",
            "-g",
            "daemon off;"
        ],
        "State": {
            "Status": "running",
            "Running": true,
            "Paused": false,
            "Restarting": false,
            "Pid": 187366,
            "ExitCode": 0,
            "Error": "",
            "StartedAt": "2023-12-14T00:12:22.115401081+08:00",
            "FinishedAt": "2023-12-14T00:12:22.051988591+08:00",
            "Health": {
                "Status": "",
```

图 4-31　查看 Nginx01 容器的详细信息

c. 截取编辑 Dockerfile 镜像文件的内容，并将截图命名为 6-1-6image，如图 4-32 所示。

```
[root@ecs-isula ~]# cat Dockerfile
FROM nginx
ENTRYPOINT ["nginx", "-c"]
CMD ["/etc/nginx/nginx.conf"]
```

图 4-32　编辑 Dockerfile 镜像文件的内容

d. Dockerfile 文件内容无须与图 4-32 所示内容完全一致，最后能 success 成功，然后 step 在 4 层以内就行（2 个判断标准）。

截取通过 isula-build 和 Dockerfile 成功创建 Nginx02 容器的过程，并将截图命名为 6-1-7build，如图 4-33 所示。

```
[root@ecs-isula ~]# vim Dockerfile
[root@ecs-isula ~]# isula-build ctr-img build --build-arg foo=bar -f Dockerfile
STEP  1: FROM nginx
Getting image source signatures
Copying blob sha256:1d082d8e4ce10fe6ba51e900cab49b516b0a0d51baa345fd48eb1485e1fb68ef
Copying blob sha256:ecba2628ac35e21c69ee48bbb50460f683b341a5f78f51091da57e689ccb539a
Copying blob sha256:0bf6824a0232d7aa50c5587c1bf380ea40cc4b652207456a5deefb30bdef7d4d
Copying blob sha256:f47d5fcfb558a01e9e6b3e482d4823a35352f536906027afda7f34bbdedb5c5c
Copying blob sha256:2c6d21737d8318aa15c4cc838475029a5efc36c0429e3d8da80d97d0b96d9aaf
Copying blob sha256:b2b90333fd43183032cd31e1779808c0fb5c1386f97b8b4d0331715647d88dfc
Copying blob sha256:0ef920b5aa7fc69b173b087c1b358f15733a432c1b94d0d5ae51049012c7a32e
Copying config sha256:5628e5ea3c17fa1cbf49692edf41d5a1cdf198922898e6ffb29c19768dca8fd3
Writing manifest to image destination
Storing signatures
STEP  2: ENTRYPOINT ["nginx", "-c"]
STEP  3: CMD ["/etc/nginx/nginx.conf"]
Getting image source signatures
Copying blob sha256:f4e4d9391e1332a5b50063a92ccc434b92fccd14962fd9c37711d864d587d98a
Copying blob sha256:66544fa913ad2a8e742511a9e3863f4012f1def76ca67ae425e89ce0be6f8be7
Copying blob sha256:21bb29481bb4b6aff6aeb60e07f1375131b5b4c751efe689c5dabad3efdafb14
Copying blob sha256:0367492d0972e64d7cc11d64a8f566326ed41b0d8ae3855a4cdbf0680e1e14ce
Copying blob sha256:94677b587bab8b4a02947934f18be494637adf011dc2bc357db32811c96c65fc
Copying blob sha256:cb1c835f32b9c60e47437640ecc9d64a2268794f62429d5ff6655eec6011c79f
Copying blob sha256:3033c8a8ba590465b80f11f559cb11c9befaac0b1f1c8175e67ff3ec33c94c7d
Copying blob sha256:5f70bf18a086007016e948b04aed3b82103a36bea41755b6cddfaf10ace3c6ef
Copying config sha256:c96a1fe75d9cf671b43d98c027fe3c75f607bf8f288cedf83592acb57196505f
Writing manifest to image destination
Storing signatures
Committed stage 0 with ID: c96a1fe75d9cf671b43d98c027fe3c75f607bf8f288cedf83592acb57196505f
Build success with image id: c96a1fe75d9cf671b43d98c027fe3c75f607bf8f288cedf83592acb57196505f
```

图 4-33　创建 Nginx02 容器

考点 2：SWR 镜像管理（65 分）

考试建议：由于完成考点 2 需要更换 openEuler 的 repo 配置，并重新安装新版本的 isula-build，建议按照以下步骤操作：首先，完成所有其他 openEuler 任务并保存所有必要的截图；然后，参考 repo replacement guide 文件中的步骤，修改 openEuler 的 repo 配置，并确保新的 repo 配置正确无误；接着，根据新的 repo 配置，重新安装最新版本的 isula-buil；最后，在确认 isula-build 已经成功安装并可用后，再开始完成考点 2 的任务。

a. 在 isula-build 默认安装路径下找到 registries.toml，配置 Search Registries 为 dock.io，然后使用 isula-build 将 busybox 镜像从网络中导入本地，最后执行命令查看 isula-build 镜像列表。

b. 在华为云控制台上使用容器镜像服务 SWR，获取登录指令来连接 ECS 和 SWR。执行第一个命令，选择 isula-build 镜像列表中的 busybox 镜像，将其重命名为 swrbusybox 并打上 Tag，Tag 值为 1.0。然后，执行第二条命令，将此镜像上传至 SWR。最后，在 SWR 控制台的我的镜像/自有镜像下找到 swrbusybox 镜像，示例如图 4-34 所示。

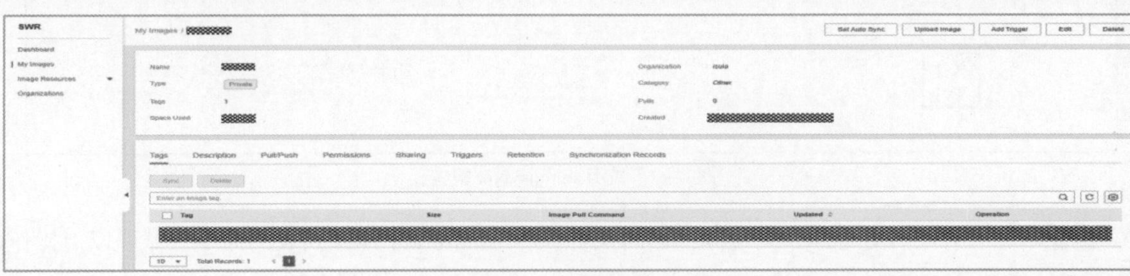

图 4-34　镜像示例

c. 删除本地已有的所有 busybox 镜像，查看 isula-build 镜像列表确认 busybox 镜像已全部删除，然后从 SWR 上重新下载 busybox 镜像。

【解析】

a. 把从网络中导入 busybox 镜像到本地 isula 镜像仓库的命令成功执行后的回显，以及查看 isula-build 镜像列表的命令成功执行后的回显截取到同一张图中，并把该截图命名为 6-2-1import，如图 4-35 所示。

```
[root@ecs-isula isulad]# isula pull busybox
Image "busybox" pulling
Image "a9d583973f65a19b3bbd7a4312b4e2c27712c44c0ed8b94e9a38cc73e7565b75" pulled
[root@ecs-isula isulad]# isula images
REPOSITORY                     TAG        IMAGE ID             CREATED              SIZE
tomcat                         latest     570bdc03850a         2023-12-13 09:52:07  444.315 MB
nginx                          latest     5628e5ea3c17         2023-11-21 18:16:58  187.118 MB
busybox                        latest     a9d583973f65         2021-03-10 05:26:43  1.385 MB
```

图 4-35　查看 isula-build 镜像列表

b. 截取第一条命令成功运行的回显并将截图命名为 6-2-2tag，截取第二条命令成功运行的回显并将截图命名为 6-2-3upload，将两图合并，如图 4-36 所示。

```
[root@ecs-isula ~]# isula-build ctr-img tag docker.io/library/busybox swr.ap-southeast-1.myhuaweicloud.com/isula/busybox:1.00
Tag swr.ap-southeast-1.myhuaweicloud.com/isula/busybox:1.00 to image docker.io/library/busybox succeed
[root@ecs-isula ~]# isula-build ctr-img push swr.ap-southeast-1.myhuaweicloud.com/isula/busybox:1.00
Getting image source signatures
Copying blob sha256:1416f9b7b9299613dda9994e7e6bf1b738d46381917c9f3f7e7f1de6f27ff15d
Copying config sha256:a6969cfac53d7d994eabab99ef8080b8495ae7ddd34731128718316797c2244b
Writing manifest to image destination
Storing signatures
Push success with image: swr.ap-southeast-1.myhuaweicloud.com/isula/busybox:1.00
[root@ecs-isula ~]#
```

图 4-36　两条命令成功运行的回显

截取图 4-34 所示的 swrbusybox 详情页并将截图命名为 6-2-4swrbusybox，如图 4-37 所示。

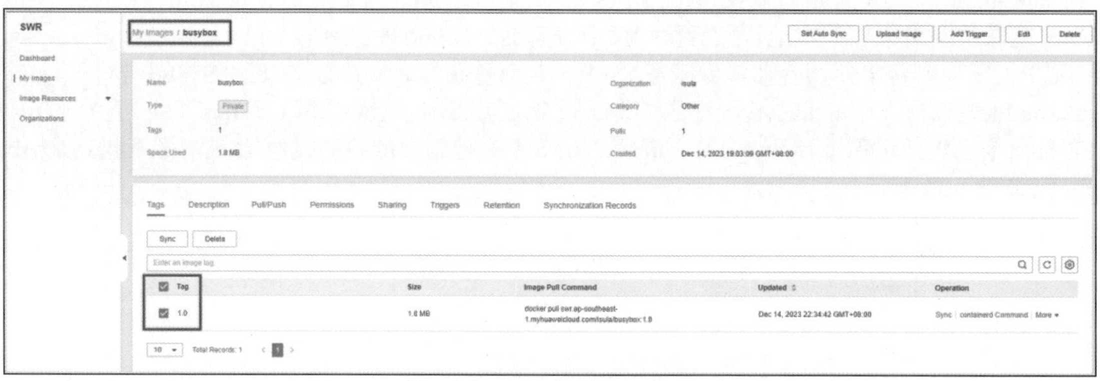

图 4-37　显示 swrbusybox 镜像

c. 删除本地已有的所有 busybox 镜像，然后执行查看 isula-build 镜像列表的命令，截取以上操作所用到的所有命令行及其回显到同一张图中，将截图命名为 6-2-5delete，如图 4-38 所示。

```
[root@ecs-isula ~]# isula-build ctr-img rm docker.io/library/busybox swr.ap-southeast-1.myhuaweicloud.com/isula/busybox
Deleted layer: sha256:1416f9b7b9299613dda99[illegible]4e7e6bf1b738d46381917c9f3f7e7f1de6f27ff15d
Deleted image: docker.io/library/busybox
[root@ecs-isula ~]# isula-build ctr-img images
----------  ----  ---------  --------
REPOSITORY  TAG   IMAGE ID   CREATED
----------  ----  ---------  --------      no busybox images
[root@ecs-isula ~]#
```

图 4-38　查看 isula-build 镜像列表

运行命令从 SWR 上重新下载 busybox 镜像，截图并命名为 6-2-6download，如图 4-39 所示。

```
[root@ecs-isula ~]# docker pull swr.ap-southeast-1.myhuaweicloud.com/isula/busybox:1.0
1.0: Pulling from isula/busybox
1c06b6731239: Pull complete
Digest: sha256:1e190d3f03348e063cf58d643c2b39bed38f19d77a3accf616a0f53460671358
Status: Downloaded newer image for swr.ap-southeast-1.myhuaweicloud.com/isula/busybox:1.0
```

图 4-39　重新下载 busybox 镜像

2. openGauss 方向真题解析

（1）场景

数据库涉及各行各业，是每个企业必不可少的系统软件。企业往往根据数据库系统应用设置了不同的工作岗位，无论何种岗位，都需要掌握 SQL 基本操作和复杂语句查询能力、基本的数据库运维能力以及数据库开发能力。因此，学习和强化这几方面的能力有助于数据库人员更好地使用数据库提升工作质量和效率。

（2）网络拓扑

openGauss 网络拓扑图如图 4-40 所示。

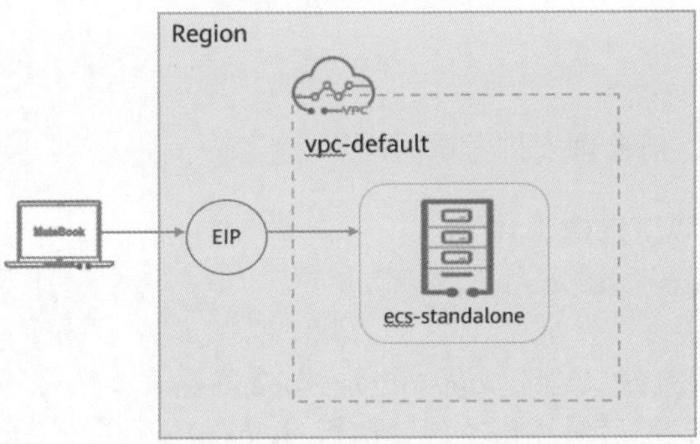

图 4-40　openGauss 网络拓扑图

网络拓扑说明如下。

考生需要在华为云北京四区域创建并购买一台 ECS（取名为 ecs-standalone）用于安装与部署 openGauss 数据库（版本：2.1.0）。ECS 服务器需要绑定弹性公网（需要事先在华为云购买 EIP），然后通过考生所用计算机连接到服务器上。

（3）考试资源

① 实验环境。

实验环境需要考生参考指导手册在华为云上进行部署。

② 云服务资源。

请考生根据表 4-5 进行资源购买、命名，并进行密码设置。

表 4-5　openGauss 云服务资源

资源名称	规格	说明
Virtual Private Cloud (VPC)	None	vpc-default
ECS ecs-standalone	2vcpus|4GB|openEuler20.03 with ARM 64bit	
Elastic IP Address (EIP) and Bandwidth	As required by the tasks	Several EIPs

③ 考试工具。

本实验中用到的考试工具如表 4-6 所示。

表 4-6　openGauss 实验中用到的考试工具

工具	说明
MobaXterm	远程登录工具

（4）考试要求

① 请列出所有关键步骤截图，截图格式为“.png”，截图命名见具体题目要求。

② 您必须严格遵守考试中描述的配置和命名要求。

③ 建议使用 MobaXterm 登录 openEuler 操作系统。

④ 建议使用 gsql 连接 openGauss 完成所有考试试题。

（5）考试题目

实验任务

实验中所有步骤单独计分，请合理安排考试时间。

任务 1：openGauss 实验环境搭建（10 分）

考点 1：快速安装 openGauss（10 分）

要求：

a. 请使用 root 用户登录系统，创建/opt/software/openGauss 目录，并上传 installopenGauss.zip 到/opt/software/openGauss 目录下，然后解压该文件并执行 sh install.sh 命令完成安装。

【解析】

a. 保存安装与部署 openGauss 成功后输出的截图，将截图命名为 1-1-1 install，如图 4-41 所示。

图 4-41　安装与部署 openGauss

任务 2：openGauss SQL 基本操作（50 分）

实验任务场景：

SQL 基本操作是使用 openGauss 数据库的基础，故需要了解 SQL 基本操作，如 DDL、DML 等。现要求将如下数据导入表 4-7 所示的两张表中。

数据 1：

```
7369,SMITH,CLERK,7902,1980/12/17,800,0,20
7499,ALLEN,SALESMAN,7698,1981/2/20,1600,300,30
7521,WARD,SALESMAN,7698,1981/2/22,1250,500,30
7566,JONES,MANAGER,7839,1981/4/2,2975,0,20
7654,MARTIN,SALESMAN,7698,1981/9/28,1250,1400,30
7698,BLAKE,MANAGER,7839,1981/5/1,2850,0,30
7782,CLARK,MANAGER,7839,1981/6/9,2450,0,10
7788,SCOTT,ANALYST,7566,1987/4/19,3000,0,20
7839,KING,PRESIDENT,0,1981/11/17,5000,0,10
7844,TURNER,SALESMAN,7698,1981/9/8,1500,0,30
7876,ADAMS,CLERK,7788,1987/5/23,1100,0,20
7900,JAMES,CLERK,7698,1981/12/3,9500,0,30
7902,FORD,ANALYST,7566,1981/12/3,3000,0,20
7934,MILLER,CLERK,7782,1982/1/23,1300,0,10
```

数据 2：

```
20,RESEARCH,DALLAS
30,SALES,CHICAGO
40,OPERATIONS,BOSTON
10,ACCOUNTING,NEW YORK
```

表 4-7　emp 表和 dept 表的字段

表名	列名
emp	id（员工编号）、ename（员工姓名）、job（岗位）、mgrid（直属领导编号）、hiredate（入职时间）、salary（工资）、bonus（奖金）、deptid（部门号）
dept	id（部门编号）、dname（部门名称）、address（部门所在地）

考点 1：创建数据库 dbtest 且切换到该库（10 分）

要求：

a. 以 omm 用户登录 postgres 数据库，使用 SQL 命令创建 dbtest 数据库。

b. 使用元命令切换到 dbtest 数据库。

【解析】

a. 保存创建 dbtest 数据库语句，将语句以及输出内容截图命名为 2-1-1 SQL，如图 4-42 所示。

答案：create database dbtest;

图 4-42　使用 SQL 命令创建 dbtest 数据库

b. 使用元命令保持会话，切换到 dbtest 数据库，将输出内容截图命名为 2-1-2 db，如图 4-43 所示。

答案： `\c dbtest`

```
openGauss=# \c dbtest
Non-SSL connection (SSL connection is recommended when requiring high-security)
You are now connected to database "dbtest" as user "omm".
dbtest=#
```

图 4-43　使用元命令切换到 dbtest 数据库

考点 2：创建表 emp（10 分）

要求：

a. 在 dbtest 数据库中创建表 emp，表字段如表 4-7 所示。

b. 在 dbtest 数据库中创建表 dept，表字段如表 4-7 所示。

【解析】

a. 保存创建 emp 表语句，将语句以及输出信息截图命名为 2-2-1 emp，如图 4-44 所示。

答案： `create table emp(id int not null,ename varchar(50),job varchar(50),mgrid int,hiredate varchar(50),salary int,bonus int,deptid int);`

```
dbtest=#  create table emp(id int not null,ename varchar(50),job varchar(50),mgrid int,hiredate varchar(50),salary int,bonus int,deptid
 int);
CREATE TABLE
dbtest=#
```

图 4-44　创建表 emp

b. 保存创建 dept 表语句，将语句以及输出信息截图命名为 2-2-2dept，如图 4-45 所示。

答案： create table dept(id int,dname varchar(50),address varchar(50));

```
dbtest=# create table dept(id int,dname varchar(50),address varchar(50));
CREATE TABLE
dbtest=#
```

图 4-45　创建表 dept

考点 3：导入数据（10 分）

要求：

a. 使用 VIM 编辑器新建文件 emp.csv，将表 4-7 所示数据 1 写入 emp.csv 文件中，并利用 copy 元命令将其导入 emp 表。

b. 使用 VIM 编辑器新建文件 dept.csv，将表 4-7 所示数据 2 写入 dept.csv 文件中，并利用 copy 元命令将其导入 dept 表。

【解析】

a. 保存导入数据命令，将命令以及导入数据成功信息截图并命名为 2-3-1emp，如图 4-46 所示。

答案： `\copy emp FROM '/home/omm/emp.csv' WITH( FORMAT 'csv', DELIMITER ',', ignore_extra_data 'true', ENCODING 'utf8');`

```
dbtest=# \copy emp FROM '/home/omm/emp.csv' WITH( FORMAT 'csv', DELIMITER ',', ignore_extra_data 'true', ENCODING 'utf8');
dbtest=#
```

图 4-46　利用 copy 元命令将数据导入 emp 表

b. 保存导入数据命令，将命令以及导入数据成功输出信息截图命名为 2-3-2dept，如图 4-47 所示。

答案： \copy dept FROM '/home/omm/dept.csv' WITH(FORMAT 'csv', DELIMITER ',', ignore_extra_data 'true', ENCODING 'utf8');

```
dbtest=# \copy dept FROM '/home/omm/dept.csv' WITH( FORMAT 'csv', DELIMITER ',', ignore_extra_data 'true', ENCODING 'utf8');
dbtest=#
```

图 4-47　利用 copy 元命令将数据导入 dept 表

考点 4：查询数据（20 分）

要求：

a. 在 emp 表中，按照部门分组统计各个部门的工资总额，显示部门号和工资总额。

b. 结合表 dept 和 emp，使用左连接的方式查询每个员工所属部门名称，查询结果只需显示员工姓名和部门名称。

【解析】

a. 保存查询 SQL 语句，将 SQL 语句及输出结果信息截图命名为 2-4-1 group，如图 4-48 所示。

答案： select deptid,sum(salary) from emp group by deptid;

```
dbtest=# select deptid,sum(salary) from emp group by deptid;
 deptid |  sum
--------+-------
     20 | 10875
     10 |  8750
     30 | 17950
(3 rows)
```

图 4-48　统计各个部门的工资总额

b. 保存查询 SQL 语句，将 SQL 语句及输出结果信息截图命名为 2-4-2left，如图 4-49 所示。

答案： select e.ename,d.dname from emp e left join dept d on e.deptid=d.id;

```
dbtest=# select e.ename,d.dname from emp e left join dept d on e.deptid=d.id;
 ename  |   dname
--------+------------
 FORD   | RESEARCH
 ADAMS  | RESEARCH
 SCOTT  | RESEARCH
 JONES  | RESEARCH
 SMITH  | RESEARCH
 JAMES  | SALES
 TURNER | SALES
 BLAKE  | SALES
 MARTIN | SALES
 WARD   | SALES
 ALLEN  | SALES
 MILLER | ACCOUNTING
 KING   | ACCOUNTING
 CLARK  | ACCOUNTING
(14 rows)
```

图 4-49　查询每个员工所属部门名称

任务 3：openGauss 复杂 SQL 查询（100 分）

实验任务场景：

某银行 dbtest 数据库中有客户、银行卡、理财产品、保险和基金等表，如表 4-8 所示。结合考试场景，编写 SQL 语句。

表 4-8　某银行 dbtest 数据库表

表名	列名
client （客户表）	c_id（客户编号）、c_name（客户姓名）、c_mail（客户邮箱）、c_id_card（客户身份号码）、c_phone（客户手机号）、c_password（客户登录密码）
bank_card （银行卡表）	b_number（银行卡号）、b_type（银行卡类型）、b_c_id（所属客户编号）
finances_product （理财产品表）	p_name（产品名称）、p_id（产品编号）、p_description（产品描述）、p_amount（购买金额）、p_year（理财年限）
insurance （保险表）	i_name（保险名称）、i_id（保险编号）、i_amount（保险金额）、i_person（适用人群）、i_year（保险年限）、i_project（保障项目）
fund （基金表）	f_name（基金名称）、f_id（基金编号）、f_type（基金类型）、f_amount（基金金额）、risk_level（风险等级）、f_manager（基金管理者）
property （资产表）	pro_id（资产编号）、pro_c_id（客户编号）、pro_pif_id（商品编号）、pro_type（商品类型）、pro_status（商品状态）、pro_quantity（商品数量）、pro_income（商品收益）、pro_purchase_time（购买时间）

考点 1：单表查询（70 分，每小题 10 分）

要求：

a. 请使用元命令将 finance_en.sql 导入 dbtest 数据库。

b. 请查询 property 资产表中 pro_status 为 Available 的数据，查询结果显示所有字段。

c. 请统计 client 客户表中有多少条记录。

d. 请按照银行卡类型统计 bank_card 银行卡表中不同类型银行卡的数量，结果显示为类别及其对应的总数。

e. 在 insurance 保险表中，请计算保险金额的平均值。

f. 在 insurance 保险表中，请查询保险编号大于 2 的数据，查询结果按照保险金额字段降序排序，显示字段为保险名称、保险金额和适用人群。

g. 在 finances_product 理财产品表中，请按照 p_year 字段统计理财产品的数量，统计结果只包含 p_year 字段和满足该年限的总数，如理财年限为 2 年的理财产品有 10 种。

【解析】

a. 保存查询 SQL 语句，将 SQL 语句及输出结果信息截图命名为 3-1-1 import，如图 4-50 所示。

答案：`dbtest=# \i /home/omm/finance_en.sql`

```
dbtest=# \i /home/omm/finance_en.sql
SET
SET
SET
SET
SET
SET
CREATE SCHEMA
ALTER SCHEMA
SET
SET
SET
CREATE TABLE
ALTER TABLE
CREATE TABLE
ALTER TABLE
COMMENT
CREATE TABLE
ALTER TABLE
COMMENT
CREATE TABLE
ALTER TABLE
COMMENT
CREATE TABLE
ALTER TABLE
COMMENT
CREATE TABLE
ALTER TABLE
COMMENT
ALTER TABLE
ALTER TABLE
ALTER TABLE
ALTER TABLE
ALTER TABLE
ALTER TABLE
ALTER TABLE
ALTER TABLE
ALTER TABLE
REVOKE
REVOKE
GRANT
GRANT
```

图 4-50　将 finance_en.sql 导入数据库并查询

b. 保存查询 SQL 语句，将 SQL 语句及输出结果信息截图命名为 3-1-2 property，如图 4-51 所示。

答案： `select * from property where pro_status='Available';`

```
dbtest=# select * from property where pro_status='Available';
 pro_id | pro_c_id | pro_pif_id | pro_type |      pro_status      | pro_quantity | pro_income |  pro_purchase_time
--------+----------+------------+----------+----------------------+--------------+------------+---------------------
      1 |        5 |          1 |        1 | Available            |            4 |       8000 | 2018-07-01 00:00:00
      2 |       10 |          2 |        2 | Available            |            4 |       8000 | 2018-07-01 00:00:00
      3 |       15 |          3 |        3 | Available            |            4 |       8000 | 2018-07-01 00:00:00
(3 rows)
```

图 4-51　查询 property 资产表中 pro_status 为 Available 的数据

c. 保存查询 SQL 语句，将 SQL 语句及输出结果信息截图命名为 3-1-3 client，如图 4-52 所示。

答案： `select count(*) from client;`

```
dbtest=# select count(*) from client;
 count
-------
    30
(1 row)
```

图 4-52　统计 client 客户表中的记录

d. 保存查询 SQL 语句，将 SQL 语句及输出结果信息截图命名为 3-1-4 bank_card，如图 4-53 所示。

答案： `SELECT b_type,COUNT(*) FROM bank_card GROUP BY b_type;`

```
dbtest=# SELECT b_type,COUNT(*) FROM bank_card GROUP BY b_type;
       b_type        | count
---------------------+-------
 Savings Card        |    10
 Credit Card         |    10
(2 rows)
```

图 4-53　统计 bank-card 银行卡表中不同类型银行卡的数量

e. 保存查询 SQL 语句，将 SQL 语句及输出结果信息截图命名为 3-1-5 average，如图 4-54 所示。

答案： `SELECT AVG(i_amount) FROM insurance;`

```
dbtest=# SELECT AVG(i_amount) FROM insurance;
          avg
-----------------------
 2700.0000000000000000
(1 row)
```

图 4-54　计算保险金额的平均值

f. 保存查询 SQL 语句，将 SQL 语句及输出结果信息截图命名为 3-1-6 order，如图 4-55 所示。

答案： `SELECT i_name,i_amount,i_person FROM insurance WHERE i_id>2 ORDER BY i_amount DESC;`

```
dbtest=# SELECT i_name,i_amount,i_person FROM insurance WHERE i_id>2 ORDER BY i_amount DESC;
          i_name           | i_amount |       i_person
---------------------------+----------+----------------------
 Accident insurance        |     5000 | Everyone
 Medical insurance         |     2000 | Everyone
 Property damage insurance |     1500 | Middle aged
(3 rows)

dbtest=#
```

图 4-55　查询保险编号大于 2 的数据

g. 保存查询 SQL 语句，将 SQL 语句及输出结果信息截图命名为 3-1-7 finances，如图 4-56 所示。

答案： `SELECT p_year,count(p_id) FROM finances_product GROUP BY p_year;`

```
dbtest=# SELECT p_year,count(p_id) FROM finances_product GROUP BY p_year;
 p_year | count
--------+-------
      6 |     4
(1 row)
```

图 4-56　统计理财产品的数量

考点 2：多表查询（30 分，每小题 10 分）

要求：

a. 请查询银行卡表中出现的用户编号、用户姓名和身份号码。

b. 请查询保险表中保险金额的最大值和最小值所对应的保险名称和保险金额。

c. 请根据子查询原理，查询保险产品中保险金额大于平均值的保险名称和适用人群。

【解析】

a. 保存查询 SQL 语句，将 SQL 语句及输出结果信息截图命名为 3-2-1 num，如图 4-57 所示。

答案：`SELECT c_id,c_name,c_id_card FROM client WHERE EXISTS (SELECT * FROM bank_card WHERE client.c_id = bank_card.b_c_id);`

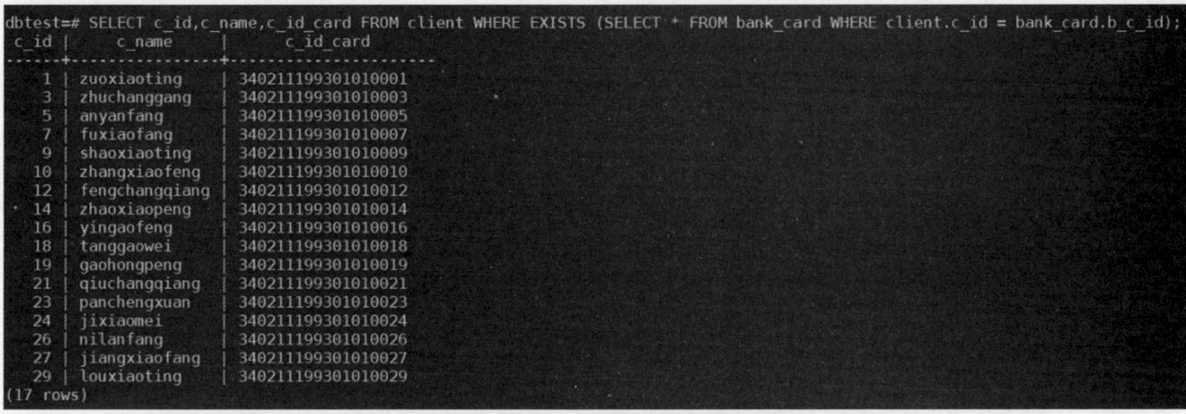

图 4-57　查询用户编号、用户姓名和身份号码

b. 保存查询 SQL 语句，将 SQL 语句及输出结果信息截图命名为 3-2-2 max-min，如图 4-58 所示。

答案：`SELECT i_name,i_amount from insurance where i_amount in (select max(i_amount) from insurance) union SELECT i_name,i_amount from insurance where i_amount in (select min(i_amount) from insurance);`

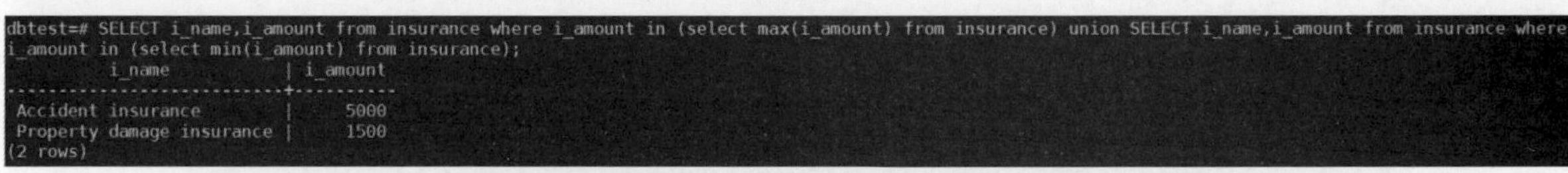

图 4-58　查询保险金额的最大值和最小值所对应的保险名称和保险金额

c. 保存查询 SQL 语句，将 SQL 语句及输出结果信息截图命名为 3-2-3 avg，如图 4-59 所示。

答案：`SELECT i1.i_name,i1.i_amount,i1.i_person FROM insurance i1 WHERE i_amount > (SELECT avg(i_amount) FROM insurance i2);`

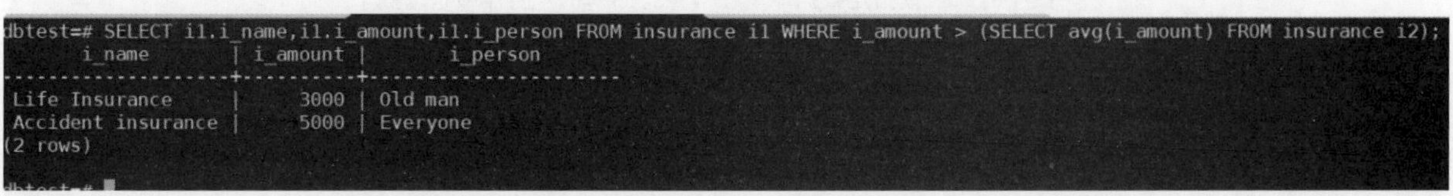

图 4-59　查询保险产品中保险金额大于平均值的保险名称和适用人群

任务 4：openGauss 系统运维管理（90 分）

实验任务场景：

数据库运维人员和 DBA 工程师平时都需要对 openGauss 进行管理，运维人员更是进行 openGauss 系统运维与管理的主要人员，需要对 openGauss 添加用户、系统进行巡检，主要工作包括数据库启动、数据库状态、实例主备切换、例行维护、备份与恢复等。

考点 1：查看数据库运行状态

要求：

a. 请使用 gs_om 检查当前数据库集群的详细状态。

b. 请使用 gs_om 检查指定数据库所在节点（如本机）的详细状态。

【解析】

a. 保存完整的执行命令，将完整的执行命令及其输出结果信息截图命名为 4-1-1 info，如图 4-60 所示。

答案：`gs_om -t status --detail`

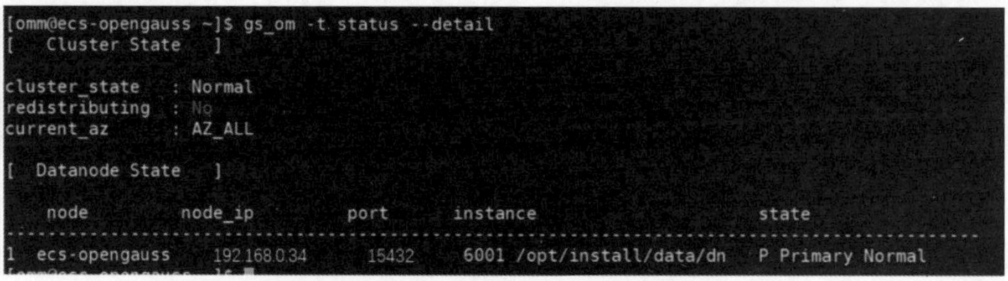

图 4-60　检查当前数据库集群的详细状态

b. 保存完整的执行命令，将完整的执行命令及其输出结果信息截图命名为 4-1-2 status，如图 4-61 所示。

答案：`gs_om -t status -h ecs-gauss --detail`

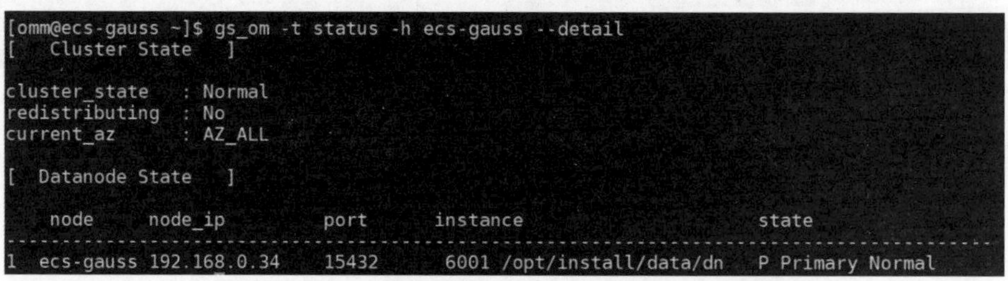

图 4-61　检查指定数据库所在节点（如本机）的详细状态

考点 2：日常维护项检查

要求：

a. 请使用 SQL 语句查询当前数据库的锁数据，结果显示所有字段。

b. 请使用 gs_dump 命令以 SQL 文件模式导出 finance 数据库中的所有表到/home/omm/backup 目录下，文件名为 finance.sql。

c. 请使用 gs_dump 命令以 TAR 文件模式导出 finance 数据库中的所有表到/home/omm/backup 目录下，文件名为 finance.tar。

d. 请使用 gs_check 命令检查 openGauss 集群的健康状态。

e. 请检查 openGauss 数据库中的慢 SQL，起止时间：以当前时间作为结束时间，以当前时间的前 1 小时作为开始时间。

f. 请利用 gs_restore 命令将 finance.tar 导入 copyfinance 数据库（如没有，则需要新建）。

【解析】

a. 保存查询 SQL 语句，将 SQL 语句及输出结果信息截图命名为 4-2-1 lock，如图 4-62 所示。

答案： `SELECT * FROM pg_locks;`

```
openGauss=# SELECT * FROM pg_locks;
  locktype   | database | relation | page | tuple | bucket | virtualxid | transactionid | classid | objid | objsubid | virtua
ltransaction |       pid        |    sessionid     |       mode       | granted | fastpath |      locktag      | global_session
id
------------+----------+----------+------+-------+--------+------------+---------------+---------+-------+----------+-------
------------+-----------------+-----------------+-----------------+---------+----------+------------------+---------------
---
 relation   |    15438 |    11986 |      |       |        |            |               |         |       |          | 8/432
            | 281465241343344 | 281465241343344 | AccessShareLock | t       | t        | 3c4e:2ed2:0:0:0:0 | 0:0#0
 virtualxid |          |          |      |       |        | 8/432      |               |         |       |          | 8/432
            | 281465241343344 | 281465241343344 | ExclusiveLock   | t       | t        | 8:1b0:0:0:0:7     | 0:0#0
(2 rows)
```

图 4-62 使用 SQL 语句查询当前数据库的锁数据

b. 保存完整的执行命令，将完整的执行命令及输出结果信息截图命名为 4-2-2 finance，如图 4-63 所示。

答案： `gs_dump -f /home/omm/backup/finance.sql -p 15432 finance -F p`

```
[omm@ecs-gauss backup]$ gs_dump -f /home/omm/backup/finance.sql -p 15432 finance -F p
gs_dump[port='15432'][finance][2023-11-19 21:55:15]: The total objects number is 419.
gs_dump[port='15432'][finance][2023-11-19 21:55:15]: [100.00%] 419 objects have been dumped.
gs_dump[port='15432'][finance][2023-11-19 21:55:15]: dump database finance successfully
gs_dump[port='15432'][finance][2023-11-19 21:55:15]: total time: 993  ms
[omm@ecs-gauss backup]$ ls -l /home/omm/backup/
total 12
-rw------- 1 omm dbgrp 11757 Nov 19 21:55 finance.sql
[omm@ecs-gauss backup]$
```

图 4-63 使用 gs_dump 命令以 SQL 文件模式导出 finance 数据库中的所有表

c. 保存完整的执行命令，将完整的执行命令及输出结果信息截图命名为 4-2-3tar，如图 4-64 所示。

答案： `gs_dump -U omm -W openGauss@1234 -f /home/omm/backup/finance.tar -p 15432 finance -F t`

```
[omm@ecs-gauss backup]$ gs_dump -U omm -W openGauss@1234 -f /home/omm/backup/finance.tar -p 15432 finance -F t
gs_dump[port='15432'][finance][2023-11-19 22:59:54]: The total objects number is 419.
gs_dump[port='15432'][finance][2023-11-19 22:59:54]: [100.00%] 419 objects have been dumped.
gs_dump[port='15432'][finance][2023-11-19 22:59:54]: dump database finance successfully
gs_dump[port='15432'][finance][2023-11-19 22:59:54]: total time: 1009  ms
[omm@ecs-gauss backup]$ ll
total 32K
-rw------- 1 omm dbgrp 29K Nov 19 22:59 finance.tar
[omm@ecs-gauss backup]$
```

图 4-64 使用 gs_dump 命令以 TAR 文件模式导出 finance 数据库中的所有表

d. 保存完整的执行命令，将完整的执行命令及输出结果信息截图命名为 4-2-4 check，如图 4-65 所示。

答案： gs_check -i CheckClusterState

```
[omm@ecs-gauss ~]$ gs_check -i CheckClusterState
Parsing the check items config file successfully
Distribute the context file to remote hosts successfully
Start to health check for the cluster. Total Items:1 Nodes:1

Checking...               [=========================] 1/1
Start to analysis the check result
CheckClusterState...........................OK
The item run on 1 nodes.  success: 1

Analysis the check result successfully
Success.       All check items run completed. Total:1   Success:1
For more information please refer to /opt/install/om/script/gspylib/inspection/output/CheckReport_202311197980633536.tar.gz
[omm@ecs-gauss ~]$
```

图 4-65　使用 gs_check 命令检查 openGauss 集群的健康状态

e. 保存完整的执行命令，将完整的执行命令及输出结果信息截图命名为 4-2-5cut，如图 4-66 所示。

答案： select * from DBE_PERF.get_global_full_sql_by_timestamp('2023-11-19 09:25:22', '2023-11-19 23:54:41');

注意： 答案中的时间以考试时间为准。

```
openGauss=# select * from DBE_PERF.get_global_full_sql_by_timestamp('2023-11-19 09:25:22', '2023-11-19 23:54:41');
 node_name | db_name | schema_name | origin_node | user_name | application_name | client_addr | client_port | unique_query_id | debug_query_id | query | start_time | finish_time | slow_sql_threshold | transaction_id | thread_id | session_id | n_soft_parse | n_hard_parse | query_plan | n_returned_rows | n_tuples_fetched | n_tuples_returned | n_tuples_inserted | n_tuples_updated | n_tuples_deleted | n_blocks_fetched | n_blocks_hit | db_time | cpu_time | execution_time | parse_time | plan_time | rewrite_time | pl_execution_time | pl_compilation_time | data_io_time | net_send_info | net_recv_info | net_stream_send_info | net_stream_recv_info | lock_count | lock_time | lock_wait_count | lock_wait_time | lock_max_count | lwlock_count | lwlock_wait_count | lwlock_time | lwlock_wait_time | details | is_slow_sql
-----------+---------+-------------+-------------+-----------+------------------+-------------+-------------+-----------------+----------------+-------+------------+-------------+--------------------+----------------+-----------+------------+--------------+--------------+------------+-----------------+------------------+-------------------+-------------------+------------------+------------------+------------------+--------------+---------+----------+----------------+------------+-----------+--------------+-------------------+---------------------+--------------+---------------+---------------+----------------------+----------------------+------------+-----------+-----------------+----------------+----------------+--------------+-------------------+-------------+------------------+---------+-------------
(0 rows)
```

图 4-66　检查 openGauss 数据库中的慢 SQL

f. 保存完整的执行命令，将完整的执行命令及输出结果信息截图命名为 4-2-6 copyfinance，如图 4-67 所示。

答案： gs_restore /home/omm/backup/finance.tar -p 15432 -d copyfinance

```
[omm@ecs-gauss backup]$ gs_restore /home/omm/backup/finance.tar -p 15432 -d copyfinance
start restore operation ...
table bank_card complete data imported !
table client complete data imported !
table finances_product complete data imported !
table fund complete data imported !
table insurance complete data imported !
table property complete data imported !
Finish reading 33 SQL statements!
end restore operation ...
restore operation successful
total time: 95  ms
[omm@ecs-gauss backup]$
```

图 4-67　利用 gs_restore 命令将 finance.tar 导入 copyfinance 数据库

考点 3：用户权限管理

要求：

a. 请在利用 gsql 连接数据库后，创建用户 jack，设置登录密码为 openGauss@2022。

b. 将用户 jack 的登录密码由 openGauss@2022 修改为 openGauss@2024。

c. 授予用户 jack 数据库管理员权限。

d. 锁定用户 jack。

e. 解锁用户 jack。

【解析】

a. 保存查询 SQL 语句，将 SQL 语句及输出结果信息截图命名为 4-3-1 gsql，如图 4-68 所示。

答案： `CREATE USER jack PASSWORD 'openGauss@2022';`

```
openGauss=# CREATE USER jack PASSWORD 'openGauss@2022';
CREATE ROLE
```

图 4-68　创建用户和设置登录密码

b. 保存查询 SQL 语句，将 SQL 语句及输出结果信息截图命名为 4-3-2 passwd，如图 4-69 所示。

答案： `ALTER USER jack IDENTIFIED BY 'openGauss@2024' REPLACE 'openGauss@2022';`

```
openGauss=# ALTER USER jack IDENTIFIED BY 'openGauss@2024' REPLACE 'openGauss@2022';
ALTER ROLE
```

图 4-69　修改用户 jack 的登录密码

c. 保存查询 SQL 语句，将 SQL 语句及输出结果信息截图命名为 4-3-3 permission。

答案： ALTER USER jack Sysadmin password 'openGauss@2024';

d. 保存查询 SQL 语句，将 SQL 语句及输出结果信息截图命名为 4-3-4 lock，如图 4-70 所示。

答案： `ALTER USER jack ACCOUNT LOCK;`

```
openGauss=# ALTER USER jack ACCOUNT LOCK;
ALTER ROLE
```

图 4-70　锁定用户 jack

e. 保存查询 SQL 语句，将 SQL 语句及输出结果信息截图命名为 4-3-5 unlock，如图 4-71 所示。

答案： `ALTER USER jack ACCOUNT UNLOCK;`

```
openGauss=# ALTER USER jack ACCOUNT UNLOCK;
ALTER ROLE
```

图 4-71　解锁用户 jack

任务 5：openGauss 数据库开发（50 分）

实验任务场景：

openGauss 数据库开发包括存储过程开发、自定义函数开发等。

考点 1：存储过程开发（25 分）

要求：

a. 在 dbtest 数据库中，新建学生信息表 student，字段包括学生 ID、学生姓名 sname、学生年龄 age、学生性别 gender、学生所属院系 deptId。

b. 创建存储过程 insert_student 将 5 条数据插入 student 表。

c. 调用 insert_student 存储过程。

【解析】

a. 保存查询 SQL 语句，将 SQL 语句及输出结果信息截图命名为 5-1-1 new，如图 4-72 所示。

答案：`create table student(id int,sname varchar(50),age int,gender char(10),deptId int);`

```
dbtest=# create table student(id int,sname varchar(50),age int,gender char(10),deptId int);
CREATE TABLE
dbtest=#
```

图 4-72　新建学生信息表 student

b. 保存查询 SQL 语句，将 SQL 语句及输出结果信息截图命名为 5-1-2 insert，如图 4-73 所示。

答案：

```
create or replace procedure insert_student
is
begin
insert into student values(1,'Santy',18,'male',10);
insert into student values(2,'Nancy',18,'female',12);
insert into student values(3,'Lily',28,'female',10);
insert into student values(4,'Tom',19,'male',12);
insert into student values(5,'Perry',23,'male',10);
end;
/
```

c. 保存查询 SQL 语句，将 SQL 语句及输出结果信息截图命名为 5-1-3 invoke，如图 4-74 所示。

答案：`call insert_student();`

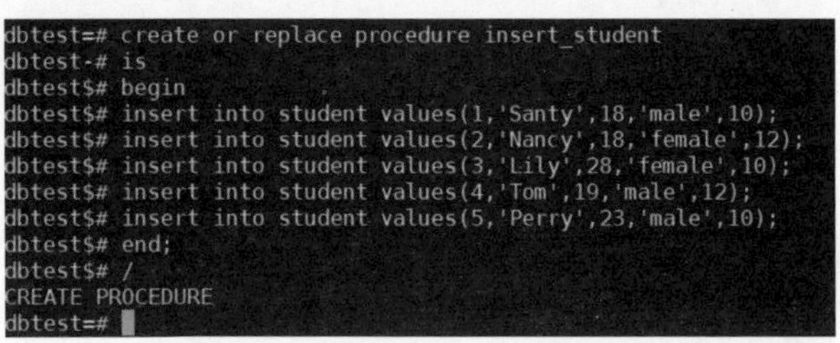

```
dbtest=# create or replace procedure insert_student
dbtest-# is
dbtest$# begin
dbtest$# insert into student values(1,'Santy',18,'male',10);
dbtest$# insert into student values(2,'Nancy',18,'female',12);
dbtest$# insert into student values(3,'Lily',28,'female',10);
dbtest$# insert into student values(4,'Tom',19,'male',12);
dbtest$# insert into student values(5,'Perry',23,'male',10);
dbtest$# end;
dbtest$# /
CREATE PROCEDURE
dbtest=#
```

图 4-73　创建存储过程 insert_student

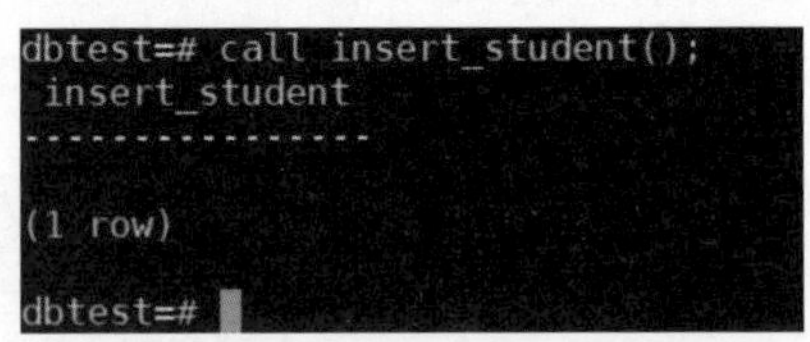

```
dbtest=# call insert_student();
 insert_student
----------------

(1 row)

dbtest=#
```

图 4-74　调用 insert_student 存储过程

考点 2：自定义函数开发（25 分）

要求：

a. 在 dbtest 数据库中，创建商品表 goods，字段包括商品 ID、商品名称、商品价格、商品库存。

b. 创建存储过程 insert_goods 将 10 条记录插入 goods 表。
c. 调用 insert_goods 存储过程。
d. 创建自定义函数，实现将每种商品库存加 100 的功能。
e. 调用自定义函数。

【解析】

a. 保存查询 SQL 语句，将 SQL 语句及输出结果信息截图命名为 5-2-1 goods，如图 4-75 所示。

答案： `create table goods(id int,gname varchar(100),price decimal,inventory int);`

```
dbtest=# create table goods(id int,gname varchar(100),price decimal,inventory int);
CREATE TABLE
dbtest=#
```

图 4-75 创建商品表 goods

b. 保存查询 SQL 语句，将 SQL 语句及输出结果信息截图命名为 5-2-2 goods，如图 4-76 所示。

答案：

```
create or replace procedure insert_goods
is
begin
insert into goods values(1,'Huawei',6889,1000);
insert into goods values(2,'Xiaomi',3889,1200);
insert into goods values(3,'Meizu',2342,2300);
insert into goods values(4,'oppo',4679,3000);
insert into goods values(5,'vivo 60',5889,1000);
insert into goods values(6,'Honor',4889,4000);
insert into goods values(7,'Samsung',2889,1000);
insert into goods values(8,'Apple',5889,2000);
insert into goods values(9,'Zhengwo',3389,2000);
insert into goods values(10,'Redmi',2889,800);
end;
/
```

```
dbtest=# create or replace procedure insert_goods
dbtest-# is
dbtest$# begin
dbtest$# insert into goods values(1,'Huawei',6889,1000);
dbtest$# insert into goods values(2,'Xiaomi',3889,1200);
dbtest$# insert into goods values(3,'Meizu',2342,2300);
dbtest$# insert into goods values(4,'oppo',4679,3000);
dbtest$# insert into goods values(5,'vivo 60',5889,1000);
dbtest$# insert into goods values(6,'Honor',4889,4000);
dbtest$# insert into goods values(7,'Samsung',2889,1000);
dbtest$# insert into goods values(8,'Apple',5889,2000);
dbtest$# insert into goods values(9,'Zhengwo',3389,2000);
dbtest$# insert into goods values(10,'Redmi',2889,800);
dbtest$# end;
dbtest$# /
CREATE PROCEDURE
dbtest=#
```

图 4-76 创建存储过程 insert_goods

c. 保存查询 SQL 语句，将 SQL 语句及输出结果信息截图命名为 5-2-3 storage，如图 4-77 所示。

答案： `call insert_goods();`

d．保存查询 SQL 语句，将 SQL 语句及输出结果信息截图命名为 5-2-4 increase，如图 4-78 所示。

答案：

```
CREATE FUNCTION func_add_sql(integer, integer) RETURNS integer
    AS 'select $1 + $2;'
    LANGUAGE SQL
    IMMUTABLE
RETURNS NULL ON NULL INPUT;
```

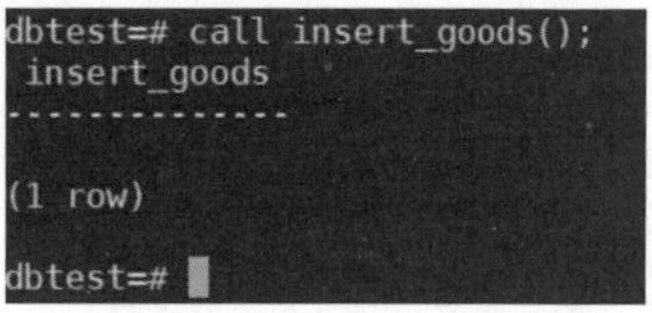

图 4-77　执行存储过程

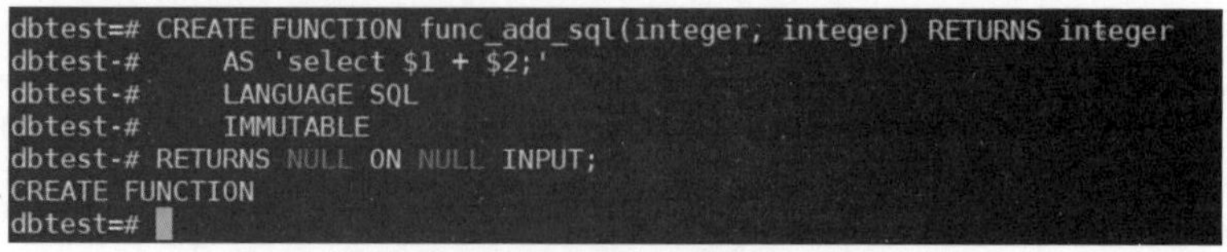

图 4-78　创建自定义函数

e．保存查询 SQL 语句，将 SQL 语句及输出结果信息截图命名为 5-2-5 UDF，如图 4-79 所示。

答案： `select id,gname,func_add_sql(inventory,100) from goods;`

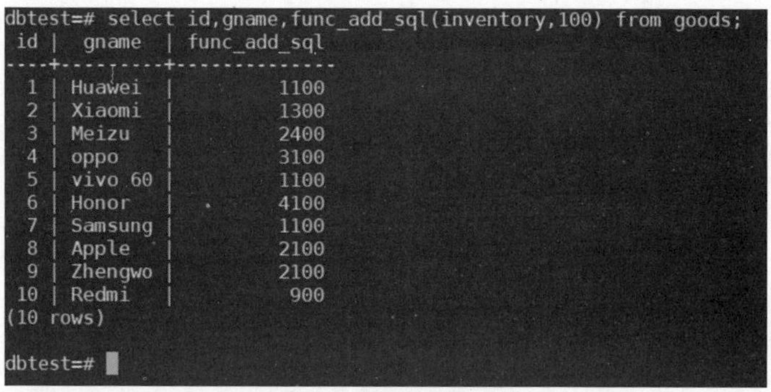

图 4-79　调用自定义函数

3．Kunpeng Application Development 方向真题解析

（1）场景

smartdenovo 是一个同时适用于 PacBio 和 Nanopore 测序数据的 denovo 组装软件，它是一款基于 C 语言开发的开源软件。相较于其他组装软件（如 Canu、Falcon），smartdenovo 组装可从 raw reads 开始，不需要经过 error correction 纠错过程。经初步组装后，smartdenovo 还提供了工具对初始组装的 contig 进行 polish、生成 consensus，也可以使用其他 consensus polish 工具来纠错。

（2）网络拓扑

Kunpeng 网络拓扑图如图 4-80 所示。

网络拓扑说明：本方向试题网络拓扑如下，VPC 可以自定义也可以使用默认 VPC。

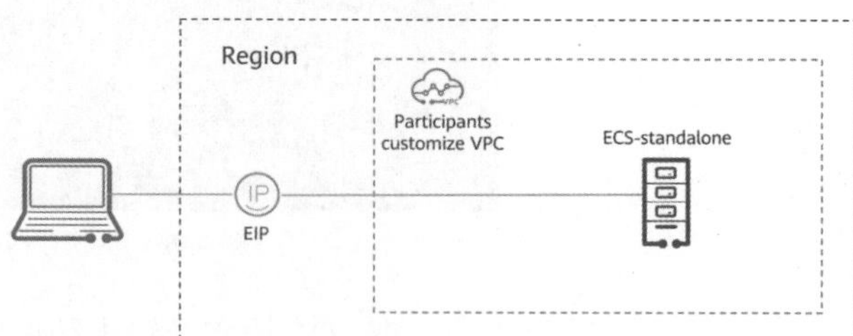

图 4-80　Kunpeng 网络拓扑图

（3）考试资源

① 实验环境。

本次实验需要考生在个人计算机提前安装 Visual Studio Code，其余实验环境在华为云上自行进行搭建。

② 云服务资源。

请考生根据表 4-9 进行资源购买、命名、密码设置（可沿用前置考试中已创建的资源）。

表 4-9 Kunpeng 云服务资源

资源名称	规格	说明
Virtual Private Cloud (VPC)	None	customize vpc or vpc-default
ECS ecs-standalone	4vcpus|8GB|openEuler20.03 with ARM 64bit	鲲鹏架构
Elastic IP Address (EIP) and Bandwidth	As required by the tasks	Several EIPs

③ 考试工具。

本实验中用到的考试工具如表 4-10 所示。

表 4-10 Kunpeng 实验中用到的考试工具

工具	说明
MobaXterm	远程登录工具
Visual Studio Code	工具使用平台

本实验中需要下载的 Kunpeng 软件包如表 4-11 所示。

表 4-11 Kunpeng 软件包

软件包
代码迁移工具 Porting Advisor
smartdenovo
性能分析工具 Hyper Tuner

（4）考试要求

① 请列出所有关键步骤截图，截图格式为“.png”，截图命名见具体题目要求。

② 您必须严格遵守考试中描述的配置和命名要求。

③ 建议使用 MobaXterm 登录 openEuler 操作系统。

④ 建议使用最新版本的 Visual Studio Code，为便于使用建议安装中文插件。

（5）考试题目

实验任务

实验中所有步骤单独计分，请合理安排考试时间。

任务 1：鲲鹏代码迁移（100 分）

考点 1：鲲鹏代码迁移工具 Porting Advisor 插件安装与部署（30 分）

要求：

a. 在鲲鹏云服务器中下载并安装鲲鹏代码迁移工具。

提示：如出现 GPG check FAILED 的错误，建议通过修改/etc/yum.repos.d/openEuler.repo 配置文件的方法解决。

b. 在 Visual Studio Code 中安装插件 Kunpeng Porting Advisor Plugin。

c. 配置远端服务器。

提示：如出现服务器未响应的提示，需要修改 IDE 设置，取消勾选“Proxy Strict SSL”，“Proxy Support”选择“off”。

d. 使用鲲鹏代码迁移工具管理员账号登录。

【解析】

a. 保存鲲鹏代码迁移工具安装后输出的截图，要求包括回显信息“Successfully installed the Kunpeng Porting Advisor in /opt/portadv/.”，并把该截图命名为 1-1-1terminal，如图 4-81 所示。

答案：需要出现“Successfully installed the Kunpeng Porting Advisor in /opt/portadv/.”。

图 4-81　下载并安装鲲鹏代码迁移工具

b. 保存 Visual Studio Code 中“EXTENSIONS”（扩展）的截图，要求已安装项中包含“Kunpeng Porting Advisor Plugin”插件，并把该截图命名为 1-1-2plugin，如图 4-82 所示。

答案：

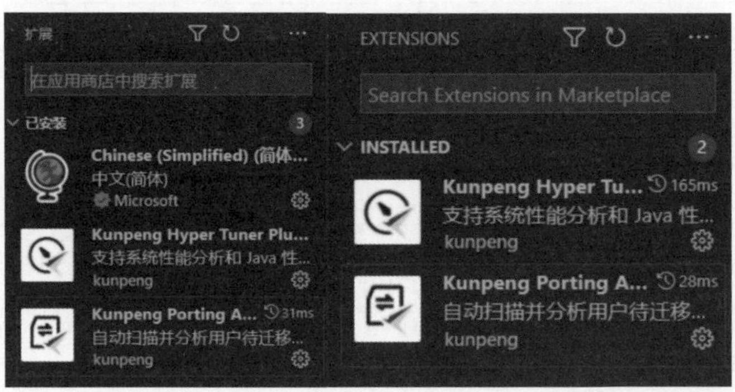

图 4-82　安装插件 Kunpeng Porting Advisor Plugin

c. 保存配置远端服务器界面的截图，要求包含正确的 IP 地址等必填项，并把该截图命名为 1-1-3src-port，如图 4-83 所示。

答案：截图中的 IP 地址（如 94.74.108.11）应为考生的 ECS 公网 IP 地址，如果为私网地址则错误。

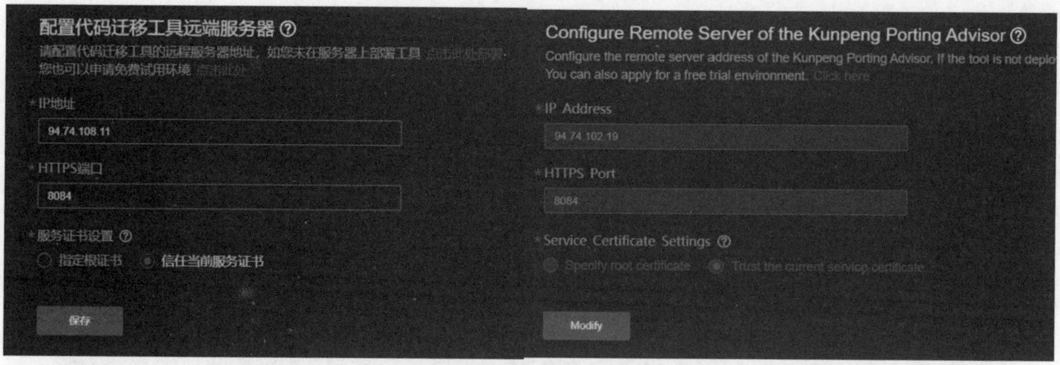

图 4-83 配置远端服务器

d. 保存鲲鹏代码迁移工具管理员账号 portadmin 登录界面的截图，并把该截图命名为 1-1-4portadmin，如图 4-84 所示。

答案：

图 4-84 使用鲲鹏代码迁移工具管理员账号登录

考点 2：鲲鹏代码迁移工具 Porting Advisor 扫描结果分析（20 分）

要求：

a. 下载 smartdenovo 创建源码迁移任务，填写正确的配置项，GCC 版本选择 4.8.5。

b. 分析并获得源码迁移分析报告。

【解析】

a. 保存已填写除 x86 宏外的所有信息的源码迁移配置页面的截图，并把该截图命名为 1-2-1smartdenovo，如图 4-85 所示。

答案：红框内容需保持一致。

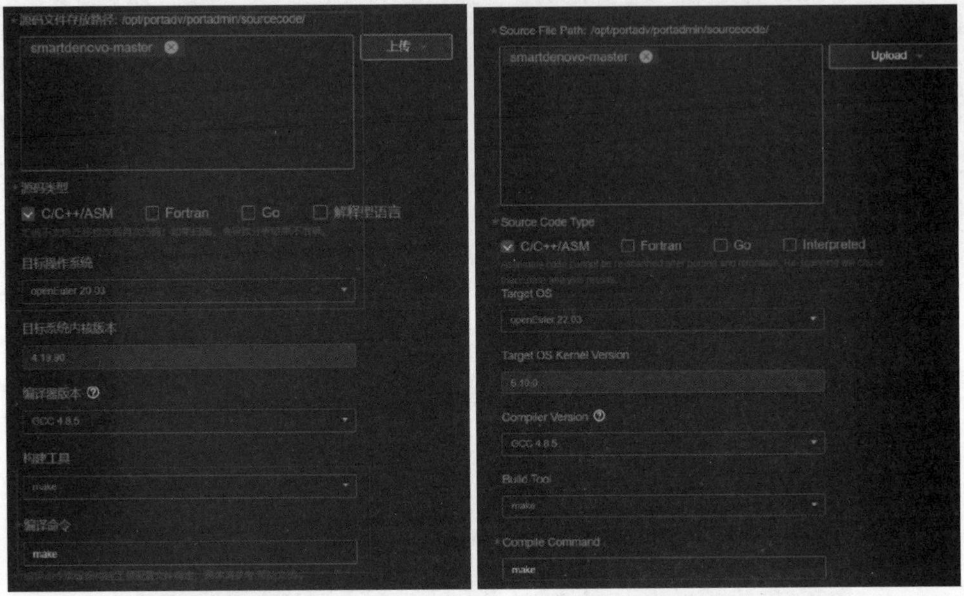

图 4-85　下载 smartdenovo 创建源码迁移任务

b. 保存源码迁移分析报告的截图，截图时需确保报告页面的完整性（即包含所有结果），并把该截图命名为 1-2-2analysis，如图 4-86 所示。

答案：必须包含“与架构相关的依赖文件”和“需要迁移的源码文件”部分的信息。

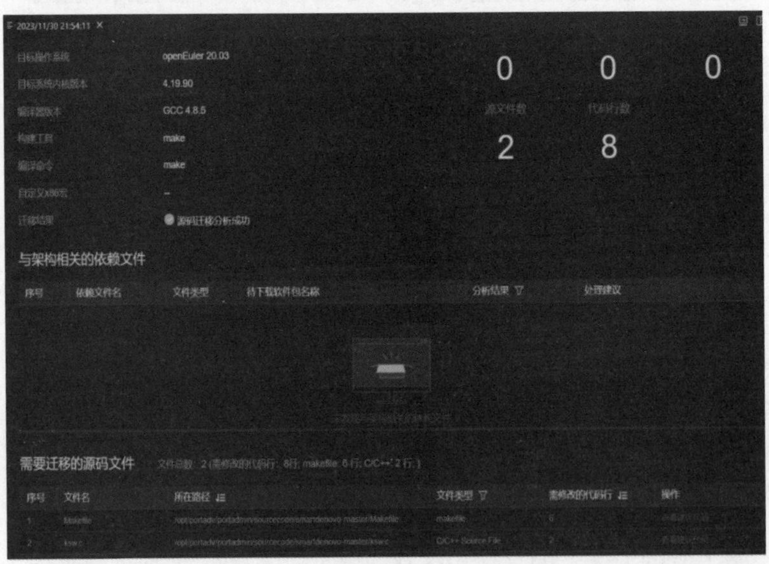

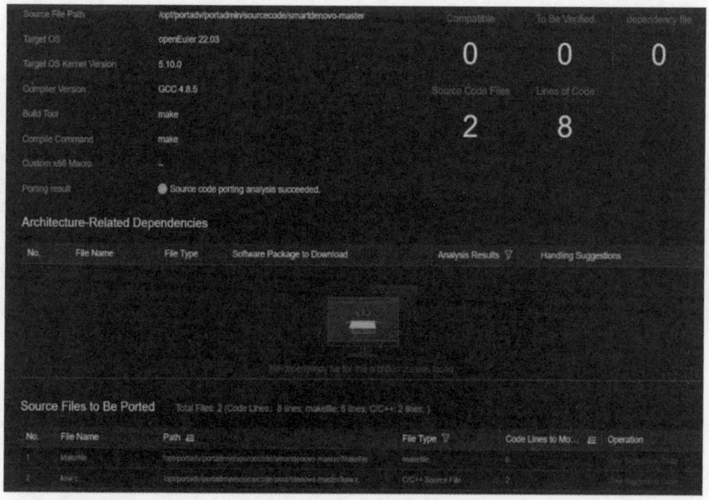

图 4-86　源码迁移分析报告

考点 3：根据迁移建议修改源码（40 分）

要求：

a. 查看 Makefile 文件的迁移建议，找到该文件需要修改代码的位置。

b. 根据迁移建议，对 Makefile 文件进行修改。

c. 查看 ksw.c 文件的迁移建议，找到该文件需要修改代码的位置。

d. 根据迁移建议，对 ksw.c 文件进行修改。

【解析】

a. 保存 Makefile 文件的源码迁移建议截图，要求包含修改项的浪纹线标志，并把该截图命名为 1-3-1amend1，如图 4-87 所示。

答案：

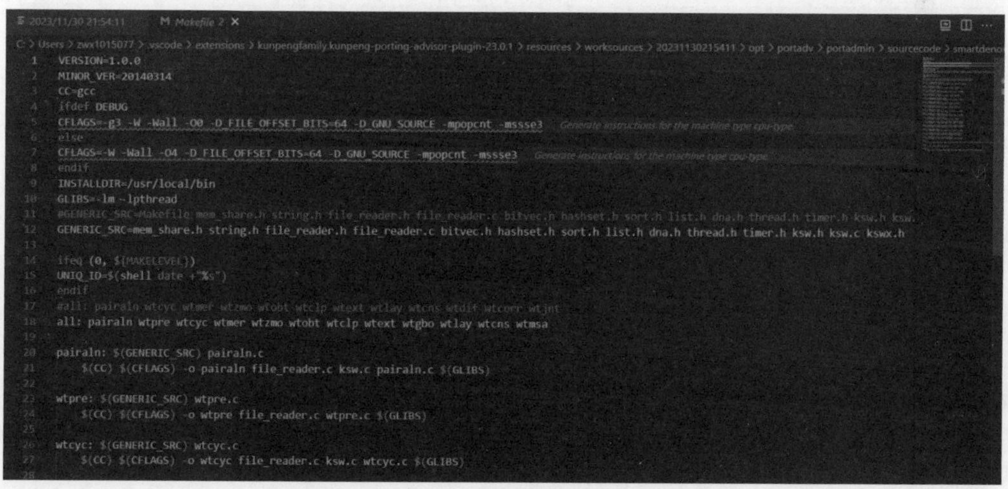

图 4-87　找到 Makefile 文件需要修改代码的位置

b. 保存 Makefile 文件修改后的截图，要求包含所有修改内容，并把该截图命名为 1-3-2content1，如图 4-88 所示。

答案：两处 “-mpopcnt” “-msse3” 修改为 “-march=armv8.2-a” “-fsigned-char”。

```
VERSION=1.0.0
MINOR_VER=20140314
CC=gcc
TARGET_ARCH=$(shell uname -m)
ifeq ($(TARGET_ARCH),aarch64)
    ifdef DEBUG
    CFLAGS=-g3 -W -Wall -O0 -D_FILE_OFFSET_BITS=64 -D_GNU_SOURCE -march=armv8.2-a -fsigned-char
    else
    CFLAGS=-W -Wall -O4 -D_FILE_OFFSET_BITS=64 -D_GNU_SOURCE -march=armv8.2-a -fsigned-char
    endif
```

图 4-88　对 Makefile 文件进行修改

c. 保存 ksw.c 文件的源码迁移建议截图，要求包含修改项的浪纹线标志，并把该截图命名为 1-3-3amend2，如图 4-89 所示。

答案：

图 4-89　找到 ksw.c 文件需要修改代码的位置

d. 保存 ksw.c 文件修改后的截图，要求包含所有修改内容，并把该截图命名为 1-3-4content2，如图 4-90 所示。

答案：添加/修改红框部分代码，//后的注释不要求。

```
#if defined(__aarch64__)
    #include "avx2neon.h"
// Suggestion: Visit `https://gitee.com/openeuler/AvxToNeon` and obtain the `avx2neon.h` source code according t
#endif
/* The MIT License

   Copyright (c) 2011 by Attractive Chaos <attractor@live.co.uk>

   Permission is hereby granted, free of charge, to any person obtaining
   a copy of this software and associated documentation files (the
   "Software"), to deal in the Software without restriction, including
   without limitation the rights to use, copy, modify, merge, publish,
   distribute, sublicense, and/or sell copies of the Software, and to
   permit persons to whom the Software is furnished to do so, subject to
   the following conditions:

   The above copyright notice and this permission notice shall be
   included in all copies or substantial portions of the Software.

   THE SOFTWARE IS PROVIDED "AS IS", WITHOUT WARRANTY OF ANY KIND,
   EXPRESS OR IMPLIED, INCLUDING BUT NOT LIMITED TO THE WARRANTIES OF
   MERCHANTABILITY, FITNESS FOR A PARTICULAR PURPOSE AND
   NONINFRINGEMENT. IN NO EVENT SHALL THE AUTHORS OR COPYRIGHT HOLDERS
   BE LIABLE FOR ANY CLAIM, DAMAGES OR OTHER LIABILITY, WHETHER IN AN
   ACTION OF CONTRACT, TORT OR OTHERWISE, ARISING FROM, OUT OF OR IN
   CONNECTION WITH THE SOFTWARE OR THE USE OR OTHER DEALINGS IN THE
   SOFTWARE.
*/

#include <stdlib.h>
#include <stdint.h>
#if defined(__x86_64__)
    #include <emmintrin.h>
#endif
#include "ksw.h"
```

图 4-90 对 ksw.c 文件进行修改

考点 4：运行验证修改后的源码（10 分）

要求：

a. 根据已修改的源码，在终端执行编译和安装命令，安装 smartdenovo。

【解析】

a. 保存终端相关命令行及 make install 输出的截图，并把该截图命名为 1-4-1install，如图 4-91 所示。

答案：

```
[root@localhost smartdenovo-master]# make install
cp pairaln wtpre wtcyc wtmer wtzmo wtobt wtclp wtext wtgbo wtlay wtcns wtmsa /usr/local/bin
```

图 4-91 运行验证修改后的源码

任务 2：鲲鹏性能分析（100 分）

实验任务场景：

在遇到线程安全问题的时候，我们会使用加锁机制来确保线程安全，但如果过度使用加锁机制，则可能导致锁顺序死锁（Lock-Ordering Deadlock）。在 Java 程序中遇到死锁是一个非常严重的问题，轻则导致程序响应时间变长，系统吞吐量变小；重则导致应用中的某一个功能直接失去响应能力无法提供服务，这些后果都是不堪设想的。因此我们应该及时发现和规避这个问题。

考点 1：鲲鹏性能分析工具 Hyper Tuner 插件安装与部署（30 分）

要求：

a. 在鲲鹏云服务器中下载并安装鲲鹏性能分析工具。

提示： 如出现 GPG check FAILED 的错误，建议通过修改/etc/yum.repos.d/openEuler.repo 配置文件的方法解决。

b. 在 Visual Studio Code 中安装插件 Kunpeng Hyper Tuner Plugin。

c. 配置远端服务器。

提示： 如出现服务器未响应的提示，需要修改 IDE 设置，取消勾选“Proxy Strict SSL”，“Proxy Support”选择“off”。

d. 使用鲲鹏性能分析工具管理员账号登录。

【解析】

a. 保存鲲鹏性能分析工具安装后输出的截图，要求包括回显信息“Start hyper-tuner service success”，并把该截图命名为 2-1-1install，如图 4-92 所示。

答案： 需要出现“Start hyper-tuner service success”。

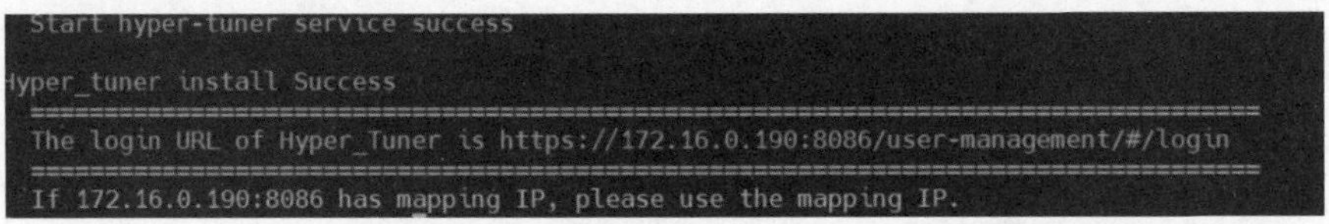

图 4-92　下载并安装鲲鹏性能分析工具

b. 保存 Visual Stiduo Code 中“EXTENSIONS”（扩展）的截图，要求已安装项中包含“Kunpeng Hyper Tuner Plugin”插件，并把该截图命名为 2-1-2extension，如图 4-93 所示。

答案：

图 4-93　安装插件 Kunpeng Hyper Tuner Plugin

c. 保存配置远端服务器界面的截图，要求包含正确的 IP 地址等必填项，并把该截图命名为 2-1-3src-ip，如图 4-94 所示。

答案： 截图中的 IP 地址（如 94.74.108.11）应为考生的 ECS 公网 IP 地址，如果为私网地址则错误。

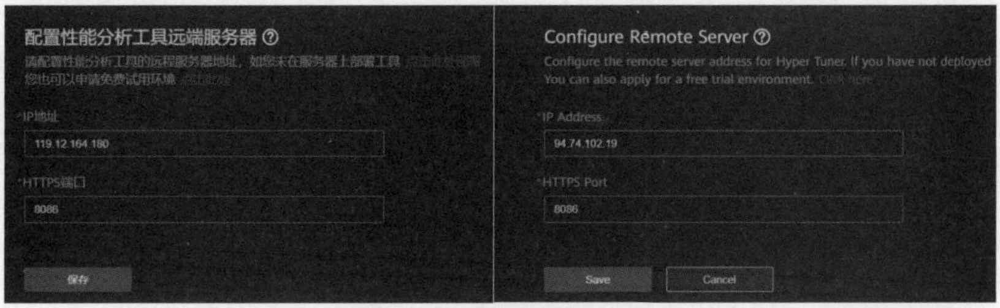

图 4-94　配置远端服务器

d. 保存鲲鹏性能分析工具管理员账号 tunadmin 登录界面的截图，并把该截图命名为 2-1-4tunadmin，如图 4-95 所示。

答案：

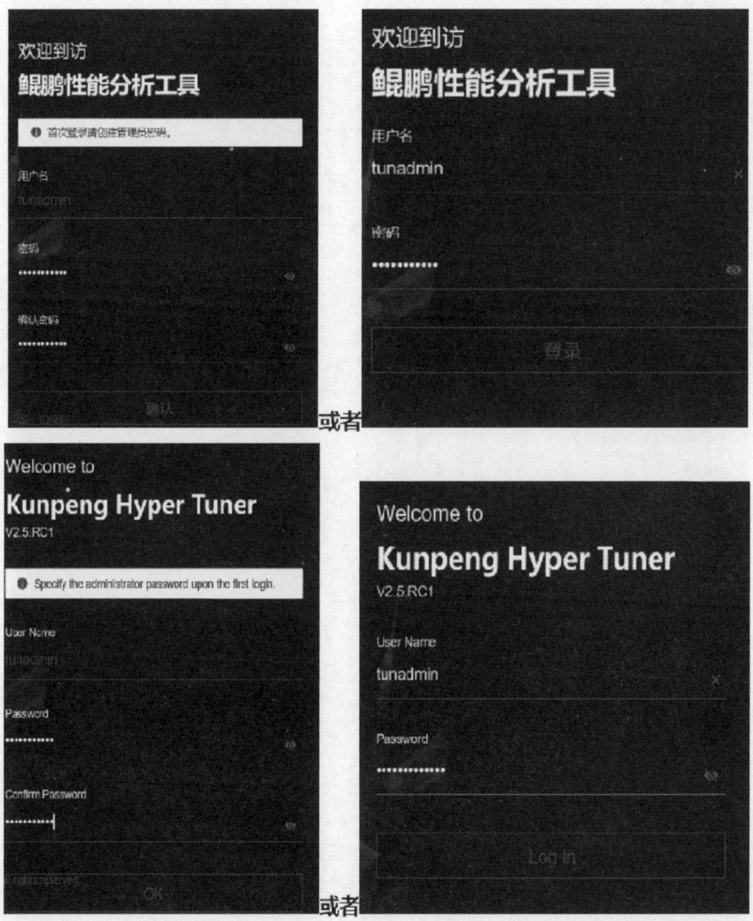

图 4-95　使用鲲鹏性能分析工具管理员账号登录

考点 2：鲲鹏性能分析工具 Hyper Tuner 结果分析（40 分）

要求：

a. 编译和执行 LOD 测试代码，使用鲲鹏性能分析工具 Hyper Tuner 在线分析 LOD 进程并查看结果。

提示：如使用插件经常出现 WebSocket 连接失败，可能是由于网络不稳定，可以选择在 Web 上进行分析。

LOD.java 代码如下：

```
import java.io.Serializable;

public class LOD implements Serializable {

    private static final Integer lockOne = 1;
    private static final Integer lockTwo = 2;

    public static void main(String[] args) {
        startDeadLock();
    }

    public static void startDeadLock() {
        new Thread(() -> {
            try {
                System.out.println("thread1 is running");
                synchronized (lockOne) {
                    System.out.println("thread is block obj1");

                   Thread.sleep(1000);
                    synchronized (lockTwo) {
                        System.out.println("thread is block ojb2");
                    }
                }
            } catch (Exception e) {
                e.printStackTrace();
            }
        }).start();

        new Thread(() -> {
            try {
                System.out.println("thread1 is running");
                synchronized (lockTwo) {
                    System.out.println("thread is block obj1");
                    Thread.sleep(1000);
                    synchronized (lockOne) {
                        System.out.println("thread is block ojb2");
                    }
                }
            } catch (Exception e) {
                e.printStackTrace();
            }
        }).start();
    }
}
```

b. 查看线程列表，定位具体堵塞线程。

c. 通过线程转储，定位发生死锁的程序代码段。

d. 通过转储信息来定位原代码中发生死锁的代码。

【解析】

a. 保存“在线分析”结果中“概览”页签的截图，截图时需确保页面内容的完整性，即包含所有实时概览结果，并把该截图命名为 2-2-1show，如图 4-96 所示。

答案：截图中必须包含线程项中的红色线（图 4-96 中“线程”和“Tread”项最下方的粗线）。

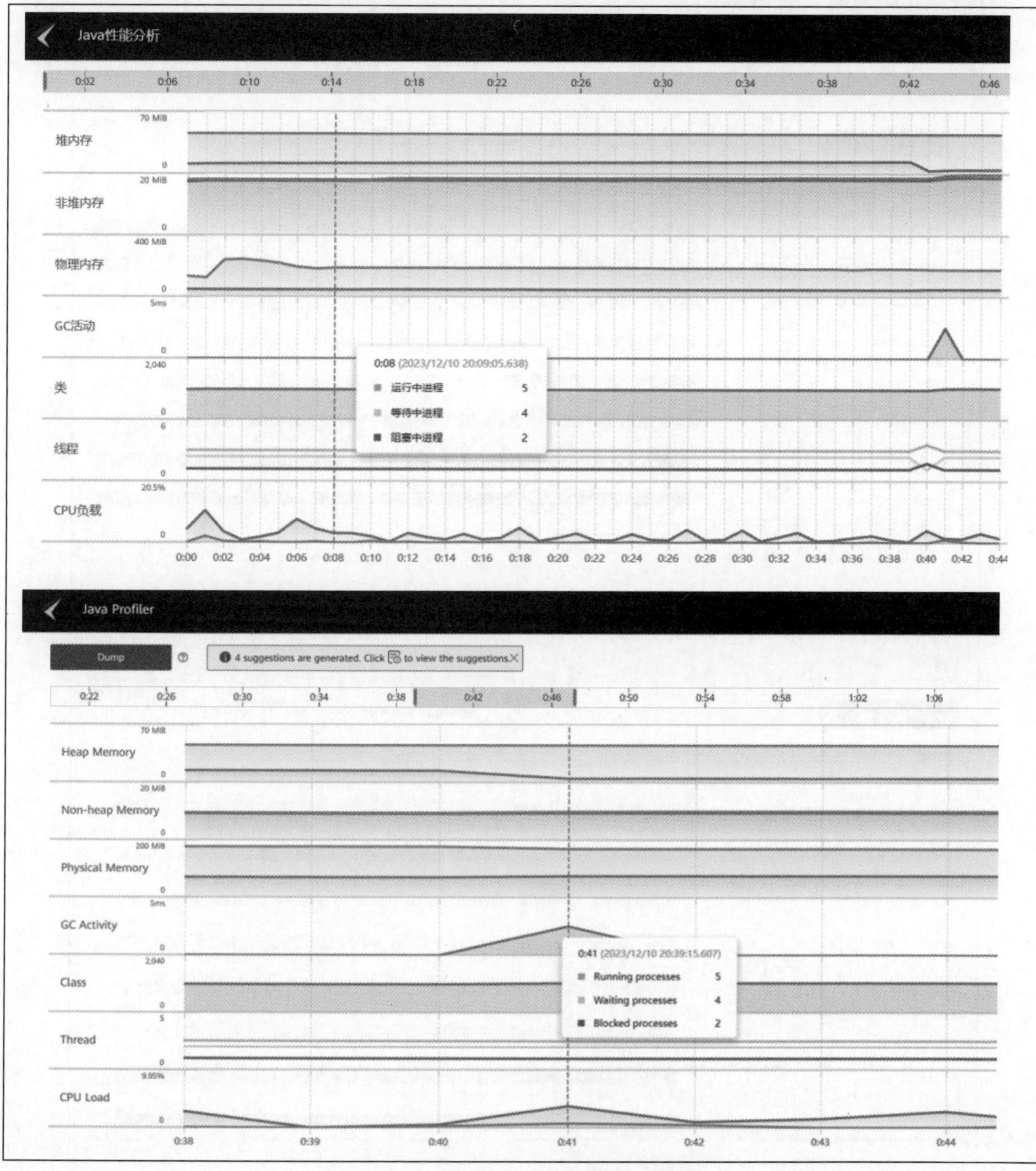

图 4-96　在线分析 LOD 进程并查看结果

b. 保存筛选出阻塞线程的“线程列表”截图，并把该截图命名为 2-2-2ps，如图 4-97 所示。

答案：截图中必须包含“Thread-1”项和“Thread-0”项。

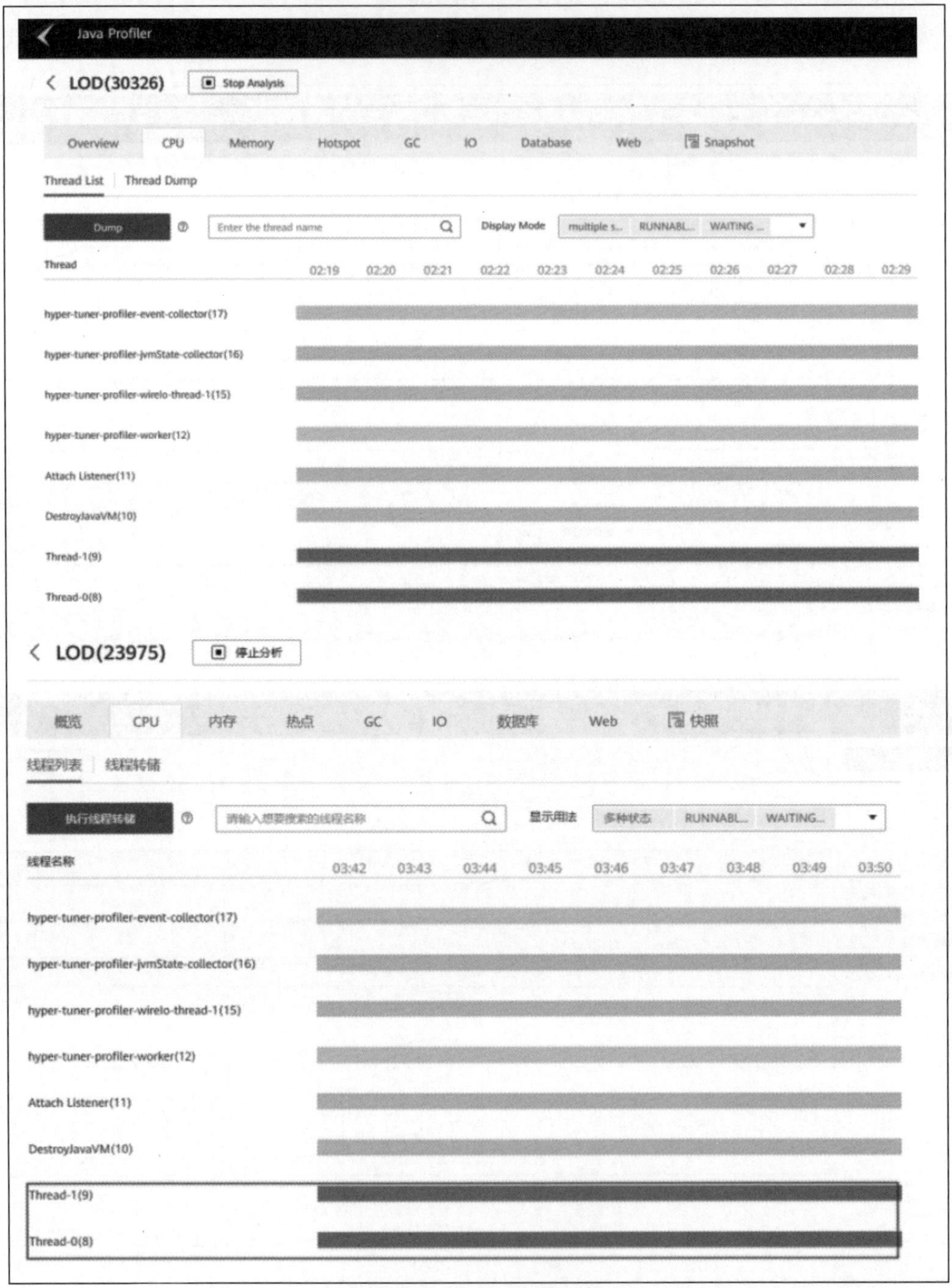

图 4-97　定位具体堵塞线程

c. 保存“锁分析图”页面的截图，截图时需确保页面内容的完整性，并把该截图命名为 2-2-3view，如图 4-98 所示。

答案：截图中必须包含红框中的两项内容。

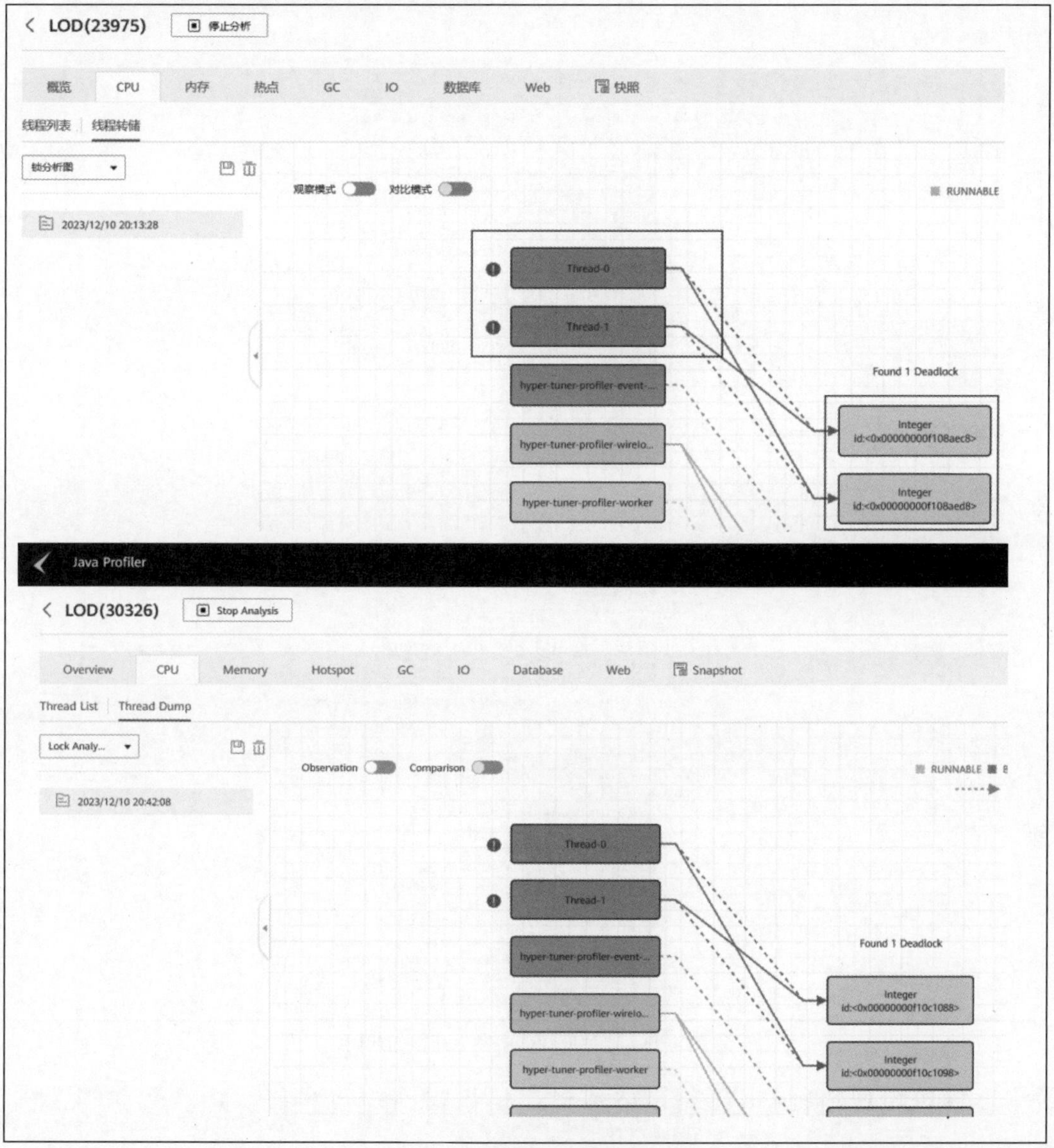

图 4-98 定位发生死锁的程序代码段

d. 保存转储信息中死锁内容的截图，要求在截图中框选或明确体现冲突代码行数，并把该截图命名为 2-2-4code，如图 4-99 所示。

答案：图中必须包含框选的信息，其中 LOD.java 的提示行数为 36 和 21。

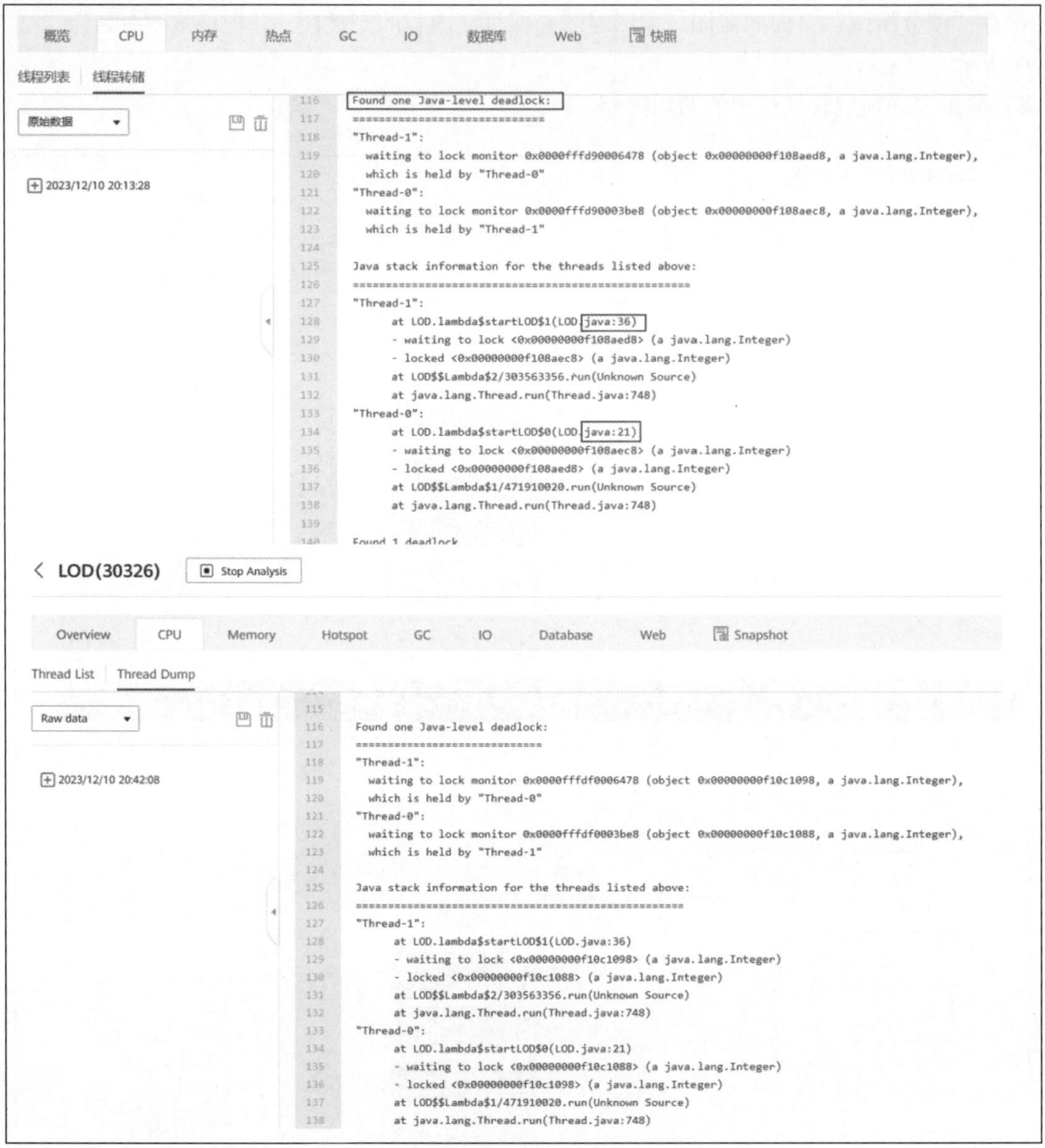

图 4-99　定位原代码中发生死锁的代码

考点 3：根据性能调优意见进行调优（30 分）

要求：

a. 根据线程转储提供的相关信息，对代码进行修改并创建新代码文件 UnLOD.java。

b. 编译并运行调优后的测试程序 UnLOD.java。

c. 使用性能分析工具 Hyper Tuner 在线分析 UnLOD 进程并查看结果。

提示：修改后的代码会很快运行结束，较难从中抓取信息，可以通过延时或循环等多种方法实现检测。

【解析】

a. 保存 UnLOD.java 文件的截图，要求包含所有修改内容，并把该截图命名为 2-3-1thread，如图 4-100 所示。

答案：红框中修改内容正确即可，其余内容有差异可以接受。

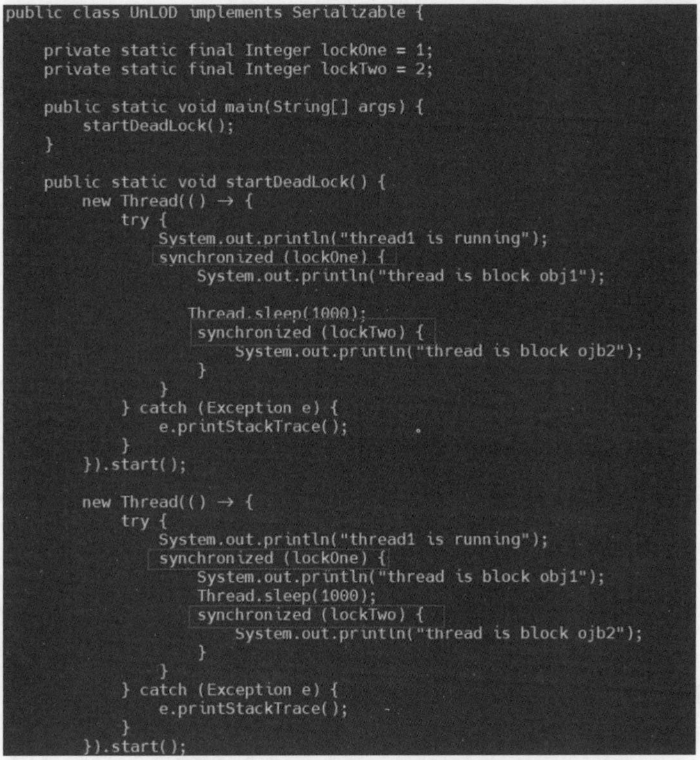

```
public class UnLOD implements Serializable {

    private static final Integer lockOne = 1;
    private static final Integer lockTwo = 2;

    public static void main(String[] args) {
        startDeadLock();
    }

    public static void startDeadLock() {
        new Thread(() -> {
            try {
                System.out.println("thread1 is running");
                synchronized (lockOne) {
                    System.out.println("thread is block obj1");

                   Thread.sleep(1000);
                    synchronized (lockTwo) {
                        System.out.println("thread is block ojb2");
                    }
                }
            } catch (Exception e) {
                e.printStackTrace();
            }
        }).start();

        new Thread(() -> {
            try {
                System.out.println("thread1 is running");
                synchronized (lockOne) {
                    System.out.println("thread is block obj1");
                    Thread.sleep(1000);
                    synchronized (lockTwo) {
                        System.out.println("thread is block ojb2");
                    }
                }
            } catch (Exception e) {
                e.printStackTrace();
            }
        }).start();
```

图 4-100　创建新代码文件 UnLOD.java

b. 保存终端相关命令行及输出的截图，并把该截图命名为 2-3-2output，如图 4-101 所示。

答案：java UnLOD 回显结果正确。

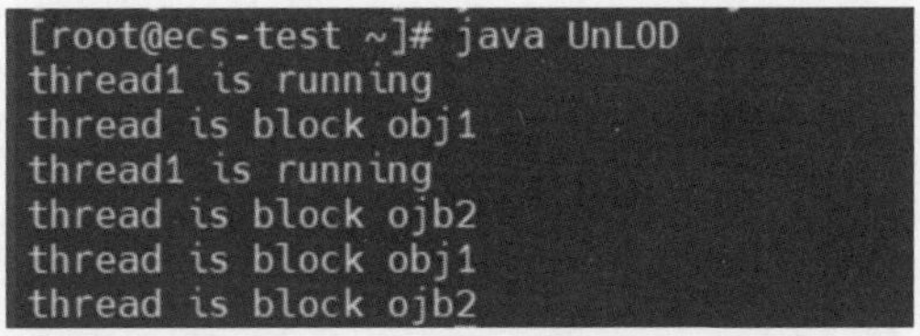

```
[root@ecs-test ~]# java UnLOD
thread1 is running
thread is block obj1
thread1 is running
thread is block ojb2
thread is block obj1
thread is block ojb2
```

图 4-101　编译并运行调优后的测试程序 UnLOD.java

c. 保存"在线分析"结果中"概览"页签的截图，截图时需确保页面内容的完整性，即包含所有实时概览结果，并把该截图命名为 2-3-3view2，如图 4-102 所示。

答案：线程项的红色线必须为 0。

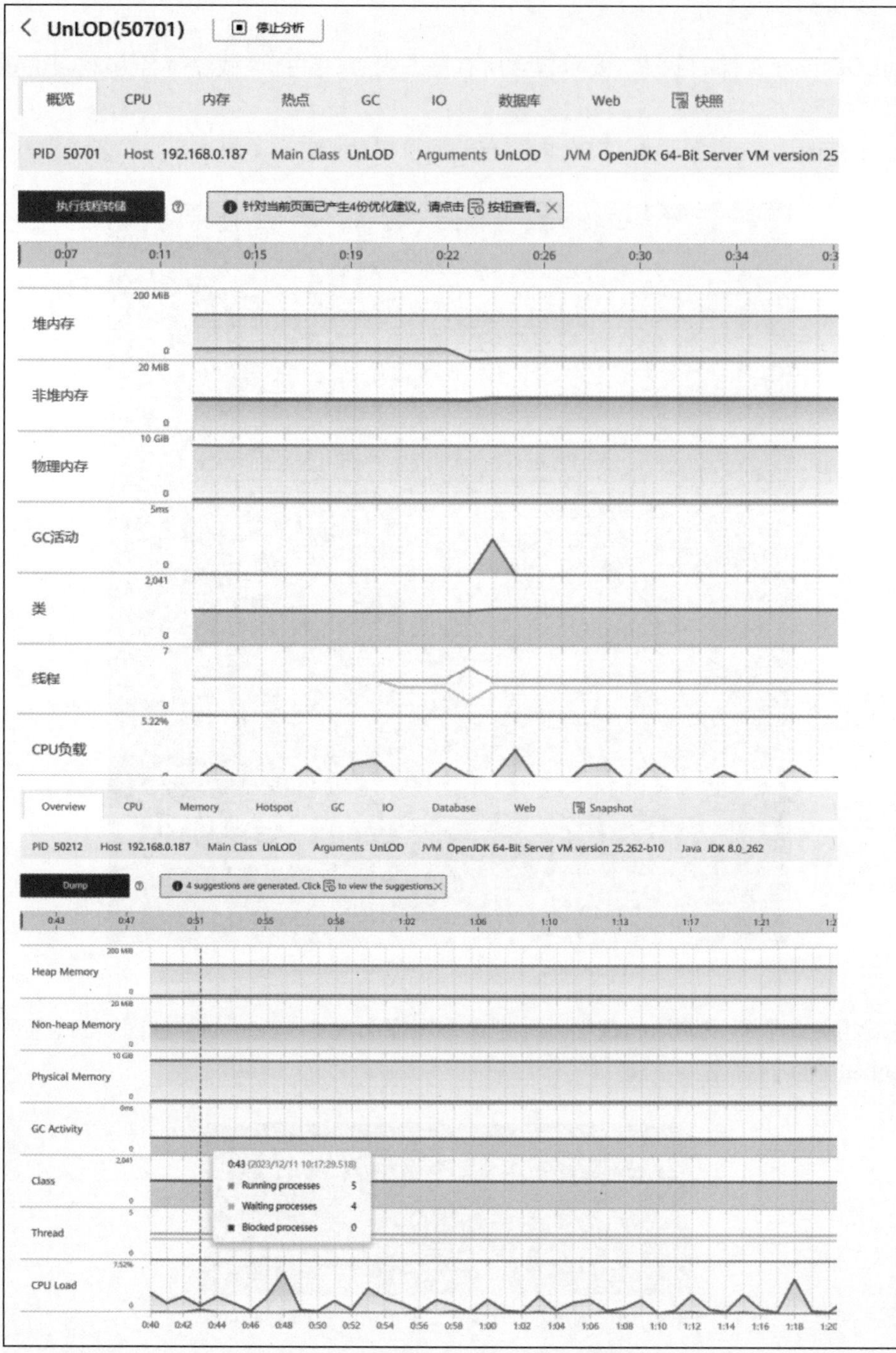

图 4-102　在线分析 UnLOD 进程并查看结果

第 5 章

2023—2024 全球总决赛真题解析

全球总决赛只有实验考试，本科组和高职组共用试题。

5.1 Background of Task Design

As digital transformation accelerates, enterprises and organizations need to build more efficient, secure, and intelligent information systems to cope with increasingly complex and changeable service requirements. To address this issue, Huawei launches a computing platform based on self-developed Kunpeng processors. This platform provides a hardware foundation with high performance, reliability, and security, as well as a rich software ecosystem. It supports multiple application scenarios, such as servers, cloud computing, edge computing, and embedded systems.

openEuler is a fundamental piece of software of the Kunpeng computing platform. It is important for Kunpeng ecosystem users to understand openEuler, including the usage of the command-line interface (CLI), interaction with openEuler using scripts, service and cluster deployment on openEuler servers.

openGauss is a crucial component of the Kunpeng computing platform. Databases serve as essential software for enterprises across various industries. Therefore, computing professionals must acquire certain database skills, such as SQL operations, complex statement queries, basic database operations and maintenance, and database application development (e.g., stored procedures and user-defined functions). Additionally, with the aid of AI technologies, openGauss can leverage AI capabilities to enhance database operations and performance tuning. Therefore, acquiring and enhancing these skills can empower openGauss practitioners to leverage databases better, thereby enhancing work quality and efficiency.

Kunpeng application development is a process that leverages the power of the Kunpeng computing platform. This process involves porting, profiling, tuning, deployment, and release of applications. Code migration is often complex and cumbersome. Developers need to manually analyze, check, and identify software packages, source code, and dependency libraries, and manually solve differences between instruction sets, including syntaxes, instructions, functions, and library support. Faced with migration challenges like laborious manual code review, demanding expertise, repetitive compilation/troubleshooting cycles, and overall inefficiency, the Kunpeng Porting Advisor can provide professional migration guidance based on quick and automatic scan of massive code. Gaining mastery over Kunpeng application development is crucial for effective application development and O&M on the Kunpeng computing platform.

To sum up, this exam is designed to examine candidates' basic knowledge and capabilities in application development and O&M on the Kunpeng computing platform, including the openEuler OS, openGauss database, and Kunpeng application development. The three aspects cover OS O&M, basic software deployment, data processing, data management, database development, and Kunpeng code porting of the Kunpeng computing platform. They are necessary skills for application development and O&M on the Kunpeng computing platform.

5.2 Exam Description

5.2.1 Weighting

The exam consists of three parts: openEuler, openGauss, and Kunpeng Application Development, as shown in Table 5-1. There are 1,000 points possible in this exam.

Table 5-1 表（5-1） Three parts and proportions of the experiment

Domain	Weight	Points
openEuler	50%	500
openGauss	30%	300
Kunpeng Application Development	20%	200

5.2.2 Exam Requirements

1. Read the Exam Guide and exam tasks carefully before taking the exam.
2. If multiple solutions are available for a task, select the best one.
3. You can set passwords for resources needed in the exam, and you should memorize the passwords. Forgetting them could prevent you from logging in to complete the exam.

Note: Follow the instructions as written to avoid being penalized.

5.2.3 Exam Platform

The lab exam environment is Huawei Cloud: *https://www.huaweicloud.com/*.

1. Read the Exam Guide carefully before taking the exam.
2. The coupon covers all cloud resources used in the exam. When purchasing resources, select the pay-per-use billing mode as required by the exam question. If you purchase a yearly/monthly resource and the fee exceeds the coupon quota, you shall pay the excess.
3. You are advised to use the CN North-Beijing4 or CN East-Shanghai1 region.
4. If resources of a required flavor are sold out, purchase resources of a similar flavor.

5.2.4 Saving Tasks

All answers must be recorded as screenshots as instructed. Read the Exam Guide for details about result submission.

5.3 Exam Questions

5.3.1 openEuler

1. Scenarios

Although the development of social network services and video platforms has changed the way people obtain information and communicate with each other, blogs are still a valuable and popular form of content. Ming is a blog writer who has a large number of views and wants to build a blog website using Huawei Cloud. The blog website cluster will be based on the LAMP (Linux-Apache-MySQL-PHP) stack and support domain name resolution (DNS) for users to access the website using a domain name. The frontend of the website will be a Linux Virtual Server (LVS) cluster with Keepalived to implement high availability (HA) load balancing. A network address translation (NAT) gateway will be set up to ensure the blog website security and save cloud resources. Ansible will be used to install and deploy the many hosts in the overall architecture.

2. Network Topology

The network topology is shown in Fig. 5-1.

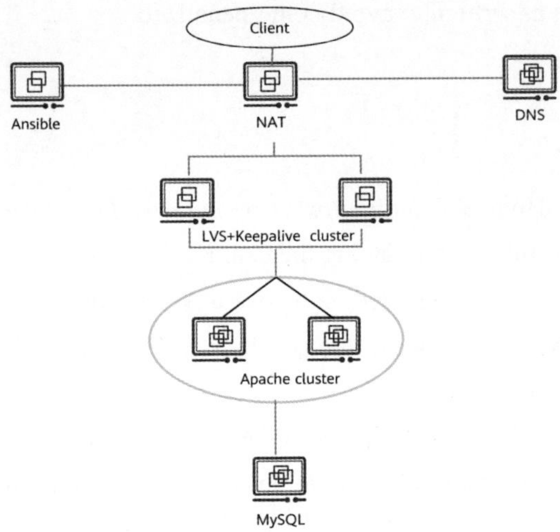

Figure 5-1（图 5-1）　The network topology of openEuler

Introduction:

The host names and IP addresses of the Elastic Cloud Servers (ECSs) involved in this lab are as follows in Table 5-2.

Table 5-2（表 5-2）　The host names and IP addresses of the Elastic Cloud Servers (ECSs)

Service	Host Name	IP Address
LVS+Keepalive cluster Floating IP address: 192.168.1.10	lvs-01	192.168.1.11
		10.0.0.11
	lvs-02	192.168.1.12
		10.0.0.12
MySQL server	mysql	10.0.0.31
Apache cluster	apache-01	10.0.0.41
	apache-02	10.0.0.42
DNS	dns	192.168.1.13
Ansible	Ansible	192.168.1.50
NAT	NAT	192.168.1.99

3. Exam Resources

(1) Lab Environment

You need to set up the environment by yourself using Huawei Cloud resources. The CN North-Beijing4 or

CN East-Shanghai1 region is recommended. (Purchase cloud resources in the same region for tasks of the same domain. Resources in different regions may not be able to access each other.)

Note:

- Use the x86 architecture for all ECSs.
- An ECS used in the exam may have two network interface cards (NICs). Therefore, create subnet subnet-server when creating virtual private cloud (VPC) vpc-openEuler. Then, in the VPC list, edit the CIDR block of vpc-openEuler and add a secondary IPv4 CIDR block. Finally, create subnet subnet-data that uses the secondary IPv4 CIDR block in vpc-openEuler. The following figures show an example, as shown in Fig. 5-2.

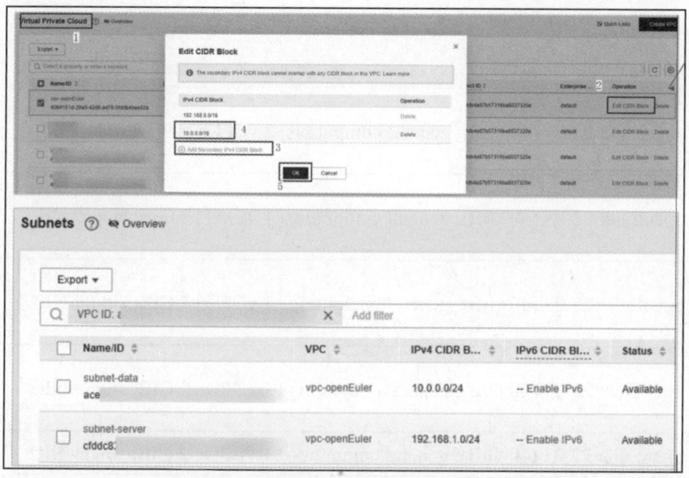

Figure 5-2（图 5-2） Lab environment

- Disable Source/Destination Check for all host NICs, as in Fig. 5-3.

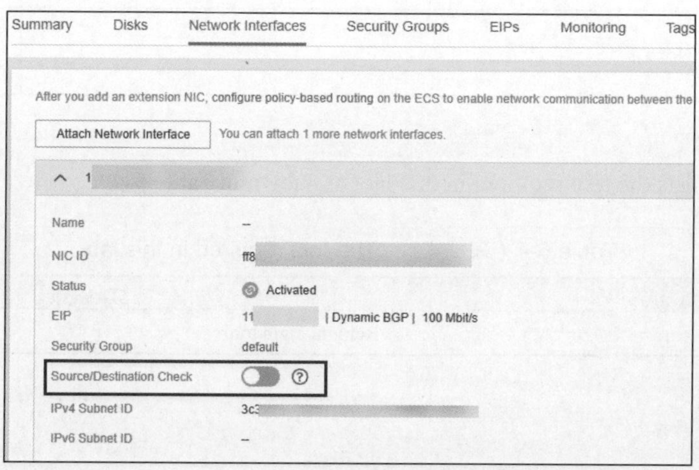

Figure 5-3（图 5-3） Disable Source/Destination Check

- Use the elastic IP address (EIP) bound to the NAT host to log in to it. The NAT host is used as the SSH jump server to log in to other hosts.

(2) Cloud Resources

Purchase and name the resources as specified in the following table, and set the passwords as required, as shown in Table 5-3.

Table 5-3（表 5-3）　Cloud Resources

Resource Name	Specifications	Description
vpc-openEuler	Primary CIDR block: 192.168.0.0/16 subnet-server: 192.168.1.0/24 Secondary CIDR block: 10.0.0.0/16 subnet-data: 10.0.0.0/24	VPC
lvs-01 and lvs-02	openEuler 22.03 (40 GiB); general computing | 2 vCPUs | 4 GiB; dual-NIC	Layer 4 proxy Set a password as required
apache-01 and apache-02	openEuler 22.03 (40 GiB); general computing | 1 vCPU | 2 GiB; single-NIC	Web service Set a password as required
mysql	openEuler 22.03 (40 GiB); general computing | 1 vCPU | 2 GiB; single-NIC	Database for all applications Set a password as required
Ansible	openEuler 22.03 (40 GiB); general computing | 1 vCPU | 2 GiB; single-NIC	Ansible installation Set a password as required
dns	openEuler 22.03 (40 GiB); general computing | 1 vCPU | 2 GiB; single-NIC	Set a password as required
NAT	openEuler 22.03 (40 GiB); general computing | 1 vCPU | 2 GiB; single-NIC EIP billed by traffic	Set a password as required
EIPs	As required by the tasks	Configure EIPs as required
Security group	None	sg-default Open at least ports 22 and 80

4. Tools

The following table lists the tool required in this lab, as shown in Table 5-4.

Table 5-4（表 5-4）　The tool required in this lab

Software	Description
MobaXterm	Remote login tool

5. Exam Tasks

(1) Lab Tasks

Each step in a task is scored separately. Please arrange your exam time appropriately.

Task 1: Basic Environment Configuration (150 Points)
Subtask 1: Log in to the NAT host and configure the NAT gateway

Procedure:

a. Log in to the NAT host and enable IP forwarding.

b. Use firewalld to configure source network address translation (SNAT) so that hosts in the VPC can access the Internet through the NAT host.

c. Add a custom route to the VPC on Huawei Cloud so that hosts in the VPC can access the Internet through the NAT host.

d. Configure destination network address translation (DNAT) so that users on the Internet can use the EIP of the NAT host to access the services provided at the floating IP address 192.168.1.10 in the VPC.

Screenshot requirements:

a. Take a screenshot showing that IP forwarding is enabled, and save it as 1-1-1firewalld-route.

b. Take a screenshot showing that SNAT is enabled in firewalld, and save it as 1-1-2 SNAT.

c. Take a screenshot of the route information in the VPC, and save it as 1-1-3 vpc-route.

d. Take a screenshot showing that DNAT is enabled in firewalld, and save it as 1-1-4 DNAT.

【解析】

a. 登录 NAT 主机，开启路由转发功能，执行以下命令：

```
sysctl -w net.ipv4.ip_forward=1
```

保存查看路由转发功能的截图，并把该截图命名为 1-1-1 firewalld-route，如图 5-4 所示。

b. 使用 firewalld 配置 SNAT，使所有 VPC 内主机可以通过 NAT 主机访问互联网，命令如下。

```
systemctl  enable --now  firewalld
firewall-cmd --add-masquerade --permanent
firewall-cmd --list-all
```

保存查看 firewalld 中 SNAT 配置生效的截图，并把该截图命名为 1-1-2 SNAT，如图 5-5 所示。

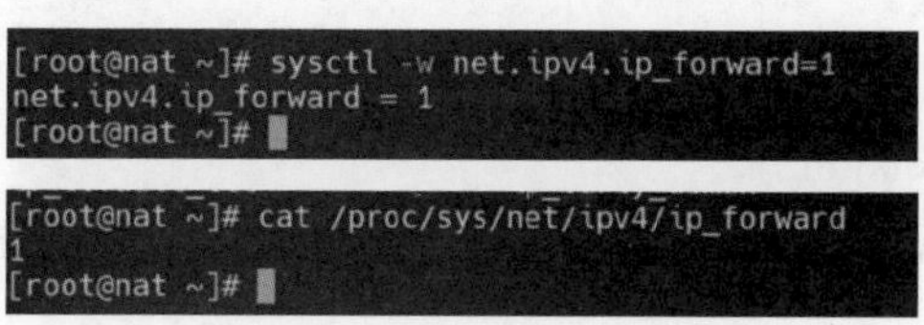

图 5-4　查看路由转发功能

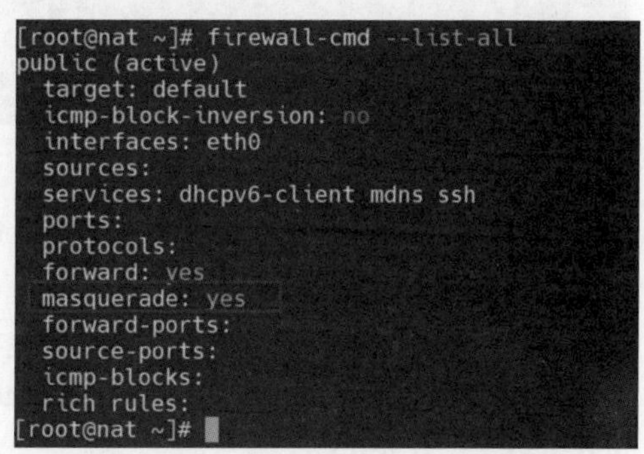

图 5-5　查看 firewalld 中 SNAT 配置生效

c. 在华为云 VPC 中添加自定义路由，实现 VPC 内主机可以通过 NAT 主机访问互联网。保存查看 VPC 中路由信息的截图，并把该截图命名为 1-1-3 vpc-route，如图 5-6 所示。

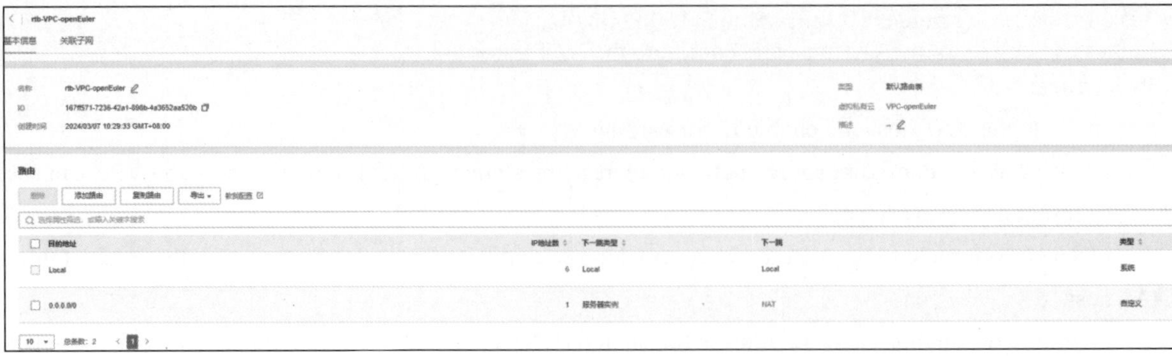

图 5-6　查看 VPC 中路由信息

d. 配置 DNAT，使互联网用户可以通过 NAT 主机的 EIP 地址访问 VPC 内浮动 IP 地址 192.168.1.10 提供的服务，代码如下：

```
    firewall-cmd --zone=public --add-forward-port=port=80:proto=tcp:toport=80:toaddr=192.168.1.10
--permanent
    systemctl  restart firewalld
    firewall-cmd --list-all
```

保存查看 firewalld 中 DNAT 配置生效的截图，并把该截图命名为 1-1-4 DNAT，如图 5-7 所示。

图 5-7　查看 firewalld 中 DNAT 配置生效

Subtask 2: Log in to the Ansible host and install Ansible

Procedure:

a. Run a command to install Ansible, then check the Ansible version.

b. Create static inventory file /etc/ansible/inventory, which will be used by Ansible as the host inventory. Group the hosts as follows.

a) lvs-01 and lvs-02 belong to the lvs host group.

b) apache-01 and apache-02 belong to the apache host group.

c) mysql belongs to the mysql host group.

d) dns belongs to the dns host group.

c. Modify the Ansible configuration to disable key checking for the managed hosts.

d. Edit the configuration file to suppress Ansible command warnings.

e. Configure password-free SSH login on the managed hosts for the control host, and use the ping module to check whether all hosts are reachable from the Ansible control host.

Screenshot requirements:

a. Take a screenshot of the displayed Ansible version, and save it as 1-2-1ansible.

b. Take a screenshot of the host inventory in the configuration file, and save it as 1-2-2host-list.

c. Take a screenshot of the configuration for disabling key checking for the managed hosts, and save it as 1-2-3checking-key.

d. Take a screenshot of the configuration for suppressing Ansible command warnings, and save it as 1-2-4warning.

e. Take a screenshot showing that the Ansible control host can reach all hosts using the ping module, and save it as 1-2-5ansible-ping.

【解析】

a. 使用命令安装 Ansible，并查看 Ansible 版本，代码如下：

```
yum install -y ansible
ansible --version
```

保存查看 ansible 版本的截图，并把截图命名为 1-2-1 ansible，如图 5-8 所示。

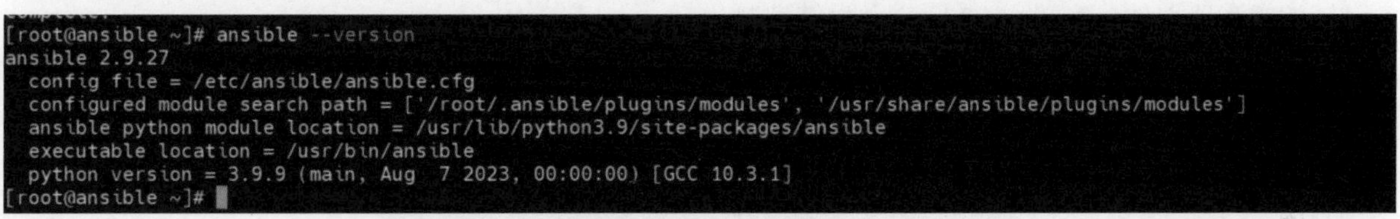

图 5-8　查看 Ansible 版本

b. 创建名为/etc/ansible/inventory 的静态清单文件，使 Ansible 使用此清单文件作为主机清单，分组要求如下：

a) lvs-01 和 lvs-02 属于 lvs 主机组；

b) apache-01 和 apache-02 属于 apache 主机组；

c) mysql 属于 mysql 主机组；

d) dns 属于 dns 主机组。

代码如下：

```
[lvs]
192.168.1.11 host=lvs-01
192.168.1.12 host=lvs-02
[apache]
10.0.0.41 host=apache-01
```

```
10.0.0.42 host=apache-02
[mysql]
10.0.0.31 host=mysql
[dns]
192.168.1.13 host=dns
```

修改 Ansible 配置文件，如图 5-9 所示。

保存 Ansible 主机清单配置截图，并把截图命名为 1-2-2 host-list，如图 5-10 所示。

图 5-9　修改 Ansible 配置文件

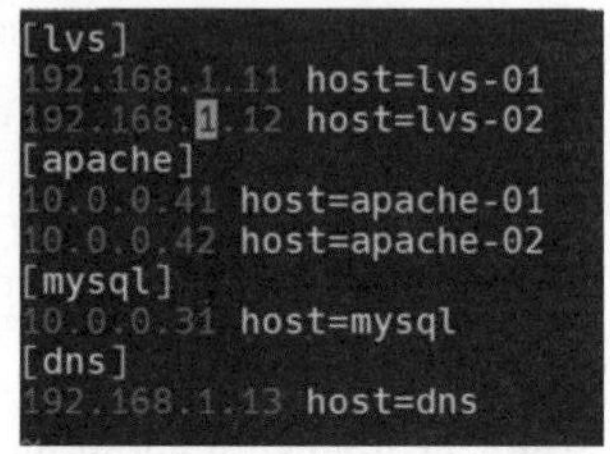

图 5-10　Ansible 主机清单配置

c. 修改 Ansible 配置，取消被控主机秘钥检查配置。

保存取消被控主机秘钥检查配置截图，并把截图命名为 1-2-3 checking-key，如图 5-11 所示。

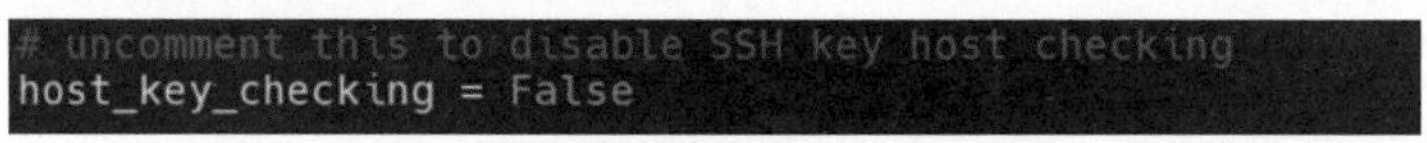

图 5-11　取消被控主机秘钥检查配置

d. 编辑配置文件，取消 Ansible 命令告警配置。

```
interpreter_python = auto_legacy_silent
```

保存取消 Ansible 命令告警配置截图，并把截图命名为 1-2-4 warning，如图 5-12 所示。

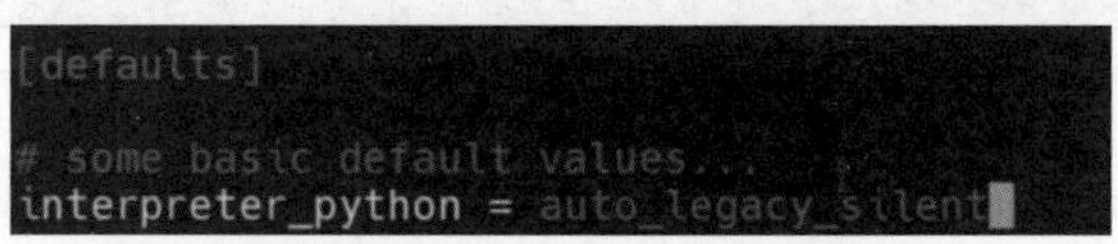

图 5-12　取消 Ansible 命令告警配置

e. 配置控制器对控制主机的 SSH 免密登录。

```
ssh-keygen
ssh-copy-id 192.168.1.11
ssh-copy-id 192.168.1.12
ssh-copy-id 192.168.1.13
ssh-copy-id 10.0.0.41
ssh-copy-id 10.0.0.42
ssh-copy-id 10.0.0.31
```

保存使用 ping 模块测试 Ansible 控制器与所有主机之间的通信的结果截图，并把该截图命名为 1-2-5 ansible-ping，如图 5-13 所示。

```
ansible all -m ping
```

图 5-13　使用 ping 模块测试 Ansible 控制器与所有主机之间的通信结果

Subtask 3: Install and configure Apache and PHP

Procedure:

a. Create playbook /etc/ansible/apache.yml to install Apache and PHP on apache-01 and apache-02.

a) Use the yum command to install the httpd, php, and php-mysqlnd components.

b) Start the components and enable them to start upon system boot.

b. Perform a dry run of playbook /etc/ansible/apache.yml.

c. Run playbook /etc/ansible/apache.yml and ensure that related components can run properly in the apache cluster.

d. Use an Ansible command to check whether related components are properly installed in the apache cluster.

Screenshot requirements:

a. Take a screenshot of the content of etc/ansible/apache.yml, and save it as 1-3-1playbook.

b. Take a screenshot of the result of the dry run of playbook /etc/ansible/apache.yml, and save it as 1-3-2try-apache.

c. Take a screenshot of the execution result of playbook /etc/ansible/apache.yml, and save it as 1-3-3play-apache.

d. Take a screenshot of the output of the Ansible command for checking components installed in the apache cluster, and save it as 1-3-4apache-ins.

【解析】

a. 编写名为/etc/ansible/apache.yml 的 playbook，在 apache-01 和 apache-02 上完成 Apache 和 PHP 相关组件的安装。

a) 通过 yum 安装 httpd、php 和 php-mysqlnd 组件；

b) 组件安装完成后启动，并开启开机自启。

```
---
- hosts: apache
  remote_user: root
  gather_facts: no

  tasks:
  - name: install httpd
    yum:
      name: httpd
      state: present
  - name: enable and start httpd
    service:
      name: httpd
      state: started
      enabled: yes
  - name: install php
    yum:
      name: php
      state: present
  - name: install php-mysqlnd
    yum:
      name: php-mysqlnd
      state: present
```

b. 试运行名为/etc/ansible/apache.yml 的 playbook。

```
ansible-playbook -C apache.yml
```

保存 apache.yml 的运行结果截图，并把截图命名为 1-3-2 try-apache，如图 5-14 所示。

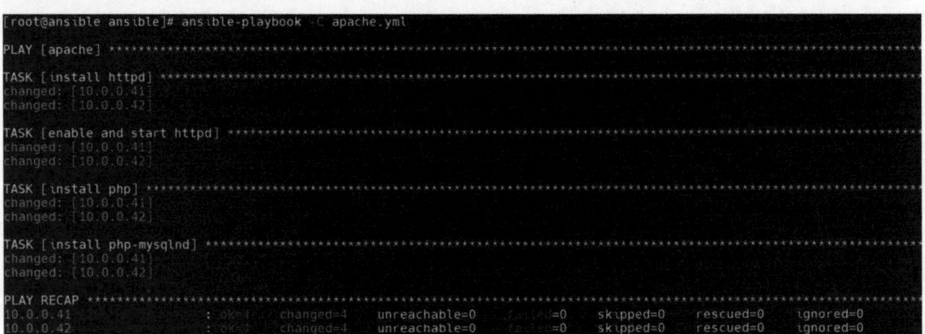

图 5-14　apache.yml 的运行结果

c. 正式运行名为/etc/ansible/apache.yml 的 playbook，并使其在 Apache 集群中可以正常运行相关组件。

```
ansible-playbook apache.yml
```

d. 使用 ansible 命令检查 Apache 集群中是否已经正常安装相关组件。

```
ansible apache -m  shell -a "rpm -qa | grep httpd"
ansible apache -m  shell -a "rpm -qa | grep php"
```

保存使用 ansible 命令检查 Apache 集群中组件的安装结果截图，并把截图命名为 1-3-4 apache-ins，如图 5-15 所示。

图 5-15　使用 ansible 命令检查 Apache 集群中组件的安装结果

Subtask 4: Install and configure MySQL, Keepalived, and DNS-related components

Procedure:

a. Create playbook /etc/ansible/mysql.yml.

a) Installing mysqld on the mysql host using yum.

b) Start the component and enable it to start upon system boot.

b. Create playbook /etc/ansible/lvs.yml.

a) Install Keepalived on the hosts in the **lvs** cluster.

b) Start the component and enable it to start upon system boot.

c. Create playbook /etc/ansible/dns.yml.

a) Install bind on the **dns** host.

b) Start the component and enable it to start upon system boot.

c) Use an Ansible command to check whether the installation is successful.

Screenshot requirements:

a. Take a screenshot of the content of /etc/ansible/mysql.yml, and save it as 1-4-1 mysql-yml.

Take a screenshot of the execution result of playbook /etc/ansible/mysql.yml, and save it as 1-4-2 mysql-playbook.

b. Take a screenshot of the content of /etc/ansible/lvs.yml, and save it as 1-4-3 lvs.yml.

Take a screenshot of the execution result of playbook /etc/ansible/lvs.yml, and save it as 1-4-4 lvs.

c. Take a screenshot of the content of /etc/ansible/dns.yml, and save it as 1-4-5 DNS.yml.

Take a screenshot of the execution result of playbook /etc/ansible/dns.yml, and save it as 1-4-6 DNS.

【解析】

a. 编写名为/etc/ansible/mysql.yml 的 playbook：

a) 在 MySQL 上通过 yum 安装 mysqld 组件；

b) 在组件安装完成后启动组件，并开启开机自启。

```
---
- hosts: mysql
  remote_user: root
  gather_facts: no

  tasks:
  - name: install mysql
    yum:
      name: mysql-server
      state: present
  - name: enable and start mysql
    service:
      name: mysqld
      state: started
      enabled: yes
```

保存/etc/ansible/mysql.yml 内容截图，并把截图命名为 1-4-1 mysql-yml；保存 mysql.yml 的运行结果截图，并把截图命名为 1-4-2 mysql-playbook，如图 5-16 所示。

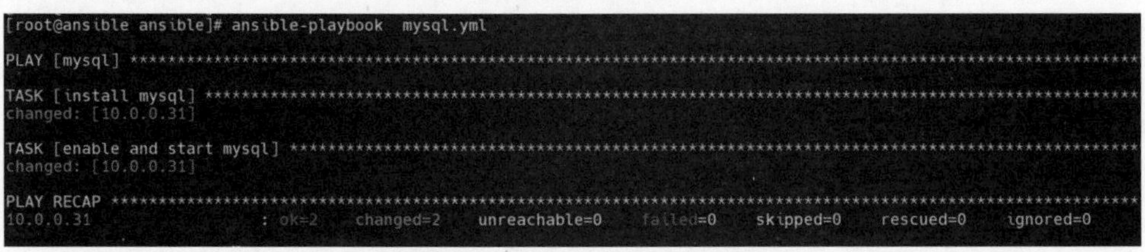

图 5-16　mysql.yml 的运行结果

b. 编写名为/etc/ansible/lvs.yml 的 playbook：

a) 在 LVS 集群主机上完成 Keepalived 组件的安装；

b) 在组件安装完成后启动组件，并开启开机自启。

```
---
- hosts: lvs
  remote_user: root
  gather_facts: no

  tasks:
```

```
  - name: install keepalived
    yum:
      name: keepalived
      state: present
```

保存/etc/ansible/lvs.yml 内容截图，并把截图命名为 1-4-3 lvs.yml；保存 lvs.yml 的运行结果截图，并把截图命名为 1-4-4 lvs，如图 5-17 所示。

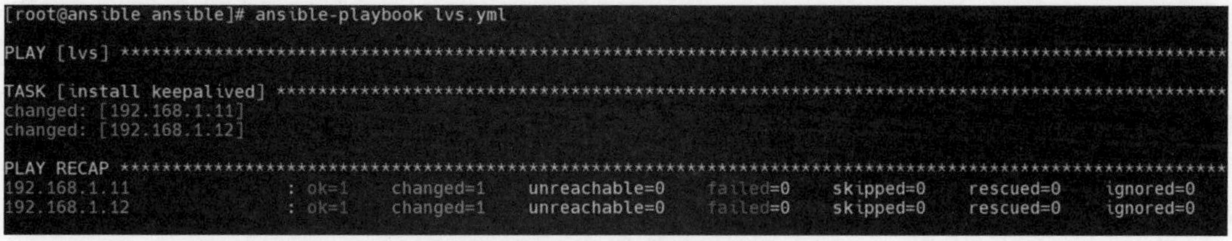

图 5-17　lvs.yml 的运行结果

c. 编写名为/etc/ansible/dns.yml 的 playbook：

a) 在 DNS 上完成 bind 组件的安装；

b) 在组件安装完成后启动组件，并开启开机自启；

c) 使用 ansible 命令检查是否安装成功。

```
---
- hosts: dns
  remote_user: root
  gather_facts: no

  tasks:
  - name: install dns
    yum:
      name: bind
      state: present
  - name: enable and start named
    service:
      name: named
      state: started
      enabled: yes
```

保存/etc/ansible/dns.yml 内容截图，并把截图命名为 1-4-5 DNS.yml；保存 dns.yml 的运行结果截图，并把截图命名为 1-4-6 DNS，如图 5-18 所示。

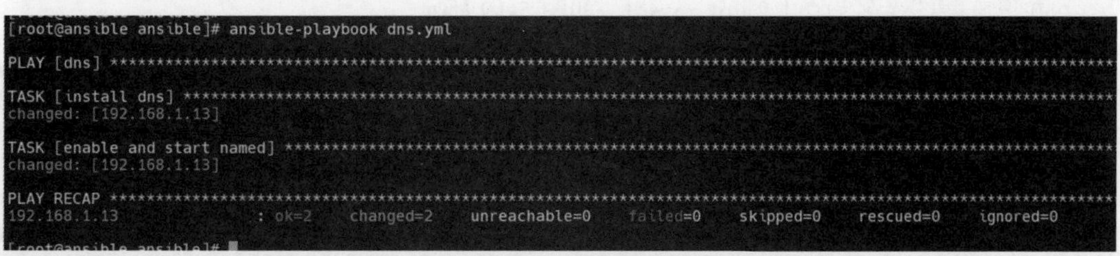

图 5-18　dns.yml 的运行结果

Task 2: Service Configuration (150 Points)
Subtask 1: Configure MySQL

Procedure:

a. Create playbook /etc/ansible/init_mysql.yml for initializing the database.

a) Use the command module.

b) Set the password of the root user to Huawei@123.

b. Use an Ansible command to create the database required by WordPress.

a) Create a database on the mysql host.

b) Name the created database WP as planned.

c. Log in to the MySQL server and create the wp user required by WordPress.

a) Set the user password to Huawei@123.

b) Query all MySQL database users.

Screenshot requirements:

a. Take a screenshot of the content of /etc/ansible/init_mysql.yml, and save it as 2-1-1 init_mysql.yml.

Take a screenshot of the execution result of playbook /etc/ansible/init_mysql.yml, and save it as 2-1-2 init_mysql.

b. Take a screenshot of the output of the Ansible command to create database WP, and save it as 2-1-3 create_db.

c. Take a screenshot of all MySQL database users, including only the users and the hosts from where the users are allowed to connect, and save it as 2-1-4db_user.

【解析】

a. 编写名为/etc/ansible/init_mysql.yml 的 playbook，用它来初始化数据库：

a) 使用 command 模块；

b) 将 root 密码设置为“Huawei@123”。

```
---
- hosts: mysql
  remote_user: root
  gather_facts: no

  tasks:
    - name: set password for root
      command: mysql -e "alter user root@'localhost' identified by 'Huawei@123';"
```

保存/etc/ansible/init_mysql.yml 内容截图，并把该截图命名为 2-1-1init_mysql.yml；保存 init_mysql.yml 的运行结果截图，并把该截图命名为 2-1-2 init_mysql，如图 5-19 所示。

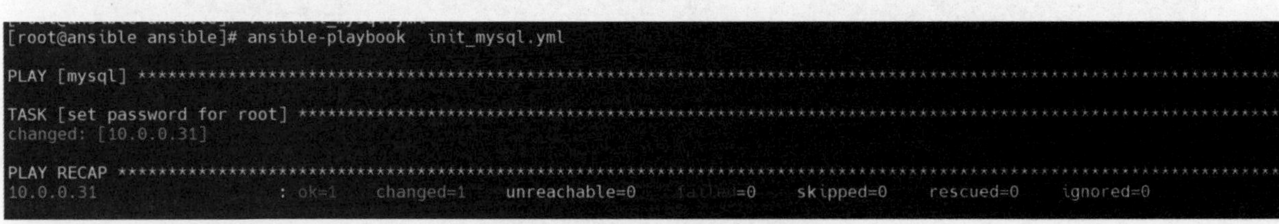

图 5-19　init_mysql.yml 的运行结果

b. 使用 ansible 命令创建 WordPress 所需的数据库：

a) 在 mysql 主机上创建数据库；

b) 按照规划，将所创建的数据库名称设置为“WP”。

```
ansible mysql -a 'mysql -uroot -p"Huawei@123" -e "create database WP character set = utf8mb4;"'
```

保存使用 ansible 命令创建数据库 WP 的截图，并把该截图命名为 2-1-3 create_db，如图 5-20 所示。

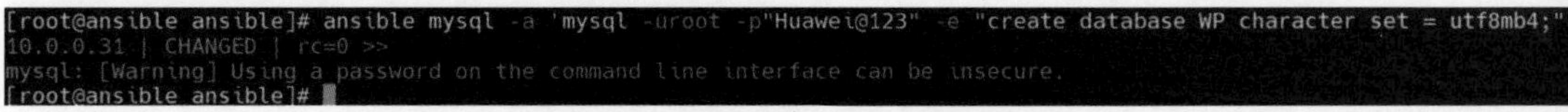

```
[root@ansible ansible]# ansible mysql -a 'mysql -uroot -p"Huawei@123" -e "create database WP character set = utf8mb4;"'
10.0.0.31 | CHANGED | rc=0 >>
mysql: [Warning] Using a password on the command line interface can be insecure.
[root@ansible ansible]#
```

图 5-20 使用 ansible 命令创建数据库 WP

c. 登录 MySQL 服务器创建 WordPress 所需的用户“wp”：

a) 密码为“Huawei@123”；

b) 查询 MySQL 数据库中所有的用户。

```
mysql -uroot -p'Huawei@123'
mysql> CREATE USER wp@'%' identified by 'Huawei@123';
mysql> GRANT ALL PRIVILEGES ON WP.* TO 'wp'@'%';
mysql> FLUSH PRIVILEGES;
mysql> select  host,user  from  mysql.user;
mysql> exit;
```

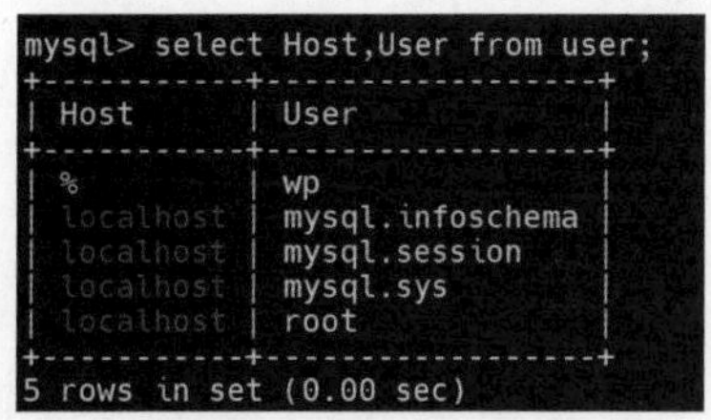

```
mysql> select Host,User from user;
+-----------+------------------+
| Host      | User             |
+-----------+------------------+
| %         | wp               |
| localhost | mysql.infoschema |
| localhost | mysql.session    |
| localhost | mysql.sys        |
| localhost | root             |
+-----------+------------------+
5 rows in set (0.00 sec)
```

图 5-21 MySQL 数据库中所有的用户信息

保存 MySQL 数据库中所有的用户信息截图（仅显示允许访问主机及用户名信息），并把该截图命名为 2-1-4 db_user，如图 5-21 所示。

Subtask 2: Configure the Apache service

Procedure:

a. Create playbook /etc/ansible/php.yml.

a) Use the lineinfile module to edit the Apache configuration file.

b) Insert AddType application/x-httpd-php .php under AddType application/x-gzip .gz .tgz in the configuration file.

b. Log in to the two apache hosts, install WordPress, and set up a WordPress website.

a) Download the WordPress software package from https://wordpress.org/latest.tar.gz.

b) Decompress the WordPress-related files to /home/wordpress.

c) Copy all files in /home/wordpress to /var/www/html.

c. Verify that the WordPress website is accessible and create an article titled ICT-openEuler From apache-01 on the WordPress website deployed on apache-01.

a) Bind a proper EIP to the apache host for website setup and testing.

b) Access http://EIP_of_the_apache_host/wp-admin/setup-config.php to set up the website.

c) Use database WP created in subtask 1 as the WordPress backend database and use database user wp.

d) Site Title: ICT- openEuler.

e) Username: admin.

f) Password: Huawei@123.

g) Email: 123@123.com.

d. Install WordPress on apache-02. Log in to the Ansible host and run links private_IP_address_of_apache-02 to check whether the article created in the previous step is displayed.

a) Install the links command.

b) To exit, press Esc to display the Links menu, and then choose File →Exit→ YES using the mouse or keyboard.

Screenshot requirements:

a. Take a screenshot of the content of /etc/ansible/php.yml, and save it as 2-2-1 php.yml.

Take a screenshot of the execution result of playbook /etc/ansible/php.yml, and save it as 2-2-2 php.

b. Take a screenshot of the WordPress configuration file content, and save it as 2-2-3 wordpress.

c. Take a screenshot of publishing the article on the WordPress page at EIP_of_apache-01, and save it as 2-2-4 post.

d. Take a screenshot of the WordPress page displayed after running links private_IP_address_of_apache-02, and save it as 2-2-5 links.

【解析】

a. 编写名为/etc/ansible/php.yml 的 playbook 文件：

a) 使用 lineinfile 模块编辑 Apache 配置文件；

b) 在配置文件中“AddType application/x-gzip gz tgz”的下一行插入“AddType application/x-httpd-php .php”。

```
---
- hosts: apache
  remote_user: root
  gather_facts: no

  tasks:
    - name: config php
      lineinfile:
        path: /etc/httpd/conf/httpd.conf
        insertafter: AddType application/x-gzip gz tgz
        line: "    AddType application/x-httpd-php .php"
```

保存/etc/ansible/php.yml 文件内容截图，并把截图命名为 2-2-1 php.yml，如图 5-22 所示。

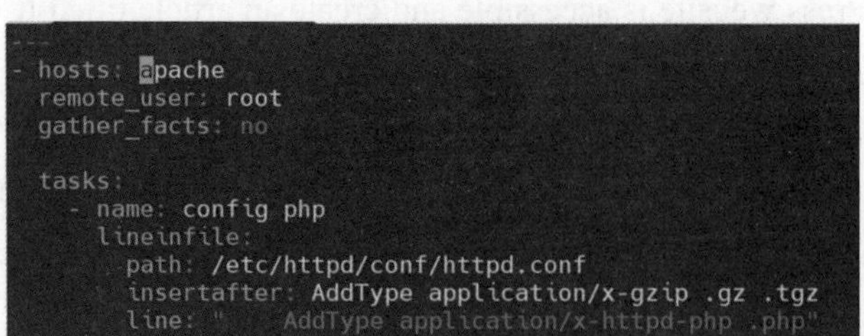

图 5-22　名为/etc/ansible/php.yml 文件内容

保存 php.yml 的运行结果截图，并把截图命名为 2-2-2 php，如图 5-23 所示。

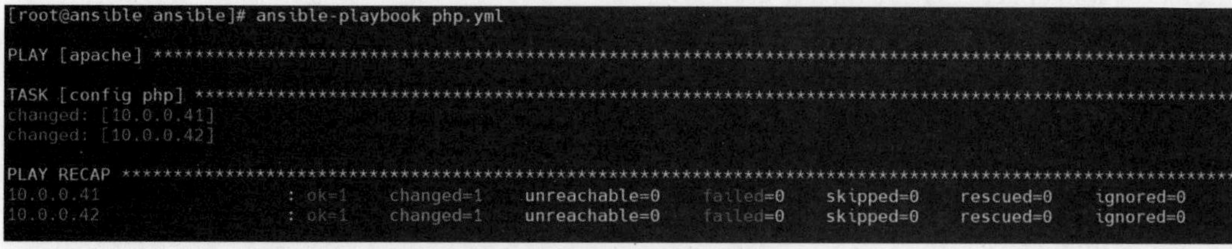

图 5-23　php.yml 的运行结果

b. 分别登录两台 apache 主机，安装并搭建 WordPress 网站，要求如下。

a) WordPress 安装包下载地址：https://wordpress.org/latest.tar.gz。

b) WordPress 相关文件解压到/home/wordpress 中。

c) 将/home/wordpress 内所有文件复制到/var/www/html 中。

```
cd /home
mkdir wordpress
wget https://wordpress.org/latest.tar.gz
mv latest.tar.gz wordpress/
cd wordpress/
tar -xzf latest.tar.gz
cd /home/wordpress/wordpress/
cp -r * /var/www/html
ls /var/www/html
```

保存 WordPress 配置文件内容截图，并把截图命名为 2-2-3 wordpress，如图 5-24 所示。

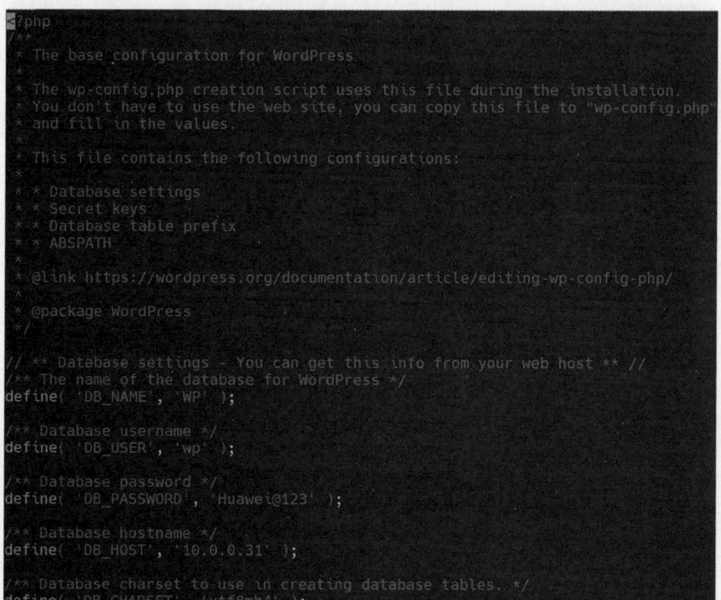

图 5-24　WordPress 配置文件内容

c. 测试 WordPress 是否可以正常访问，并在 apache-01 中部署的 WordPress 网站上新建文章，主题为“ICT-openEuler　From apache-01”，如图 5-25 所示。

a) 请合理为 Apache 主机绑定 EIP 进行网站安装和测试。

b) 使用“http://Apache 的 EIP/wp-admin/setup-config.php”进行网站安装。

c) WordPress 后端数据库使用 subtask 1 中已经创建的数据库 WP，用户名为 wp。

d) 网站名称：ICT-openEuler。

e) 用户名：admin。

f) 密码：Huawei@123。

g) 您的邮箱：123@123.com。

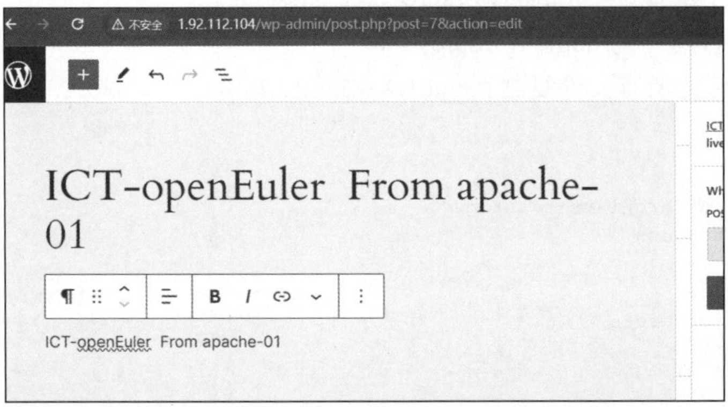

图 5-25　主题为“ICT-openEuler From apache-01”的文章

保存使用 apache-01 EIP 进行文章发布的截图，并把截图命名为 2-2-4 post，如图 5-26 所示。

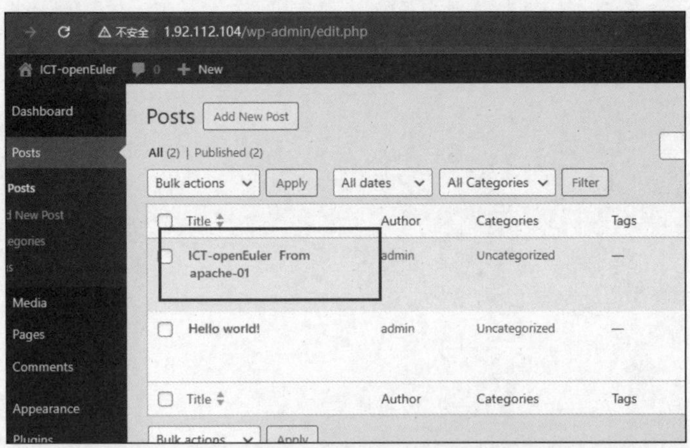

图 5-26　使用 apache-01 EIP 进行文章发布

d. 在 apache-02 中安装 WordPress，登录 Ansible 主机，使用“links apache-02 的 IP 地址”，查看是否可以看到上一步中创建的文章。

a) 自行安装 links 命令。

b) 需要退出时，按 Esc 键显示 links 菜单，然后使用鼠标或键盘选择 File→Exit→YES 退出。

保存使用“links apache-02 的 IP 地址”访问 WordPress 的截图，并把截图命名为 2-2-5 links，如图 5-27 所示。

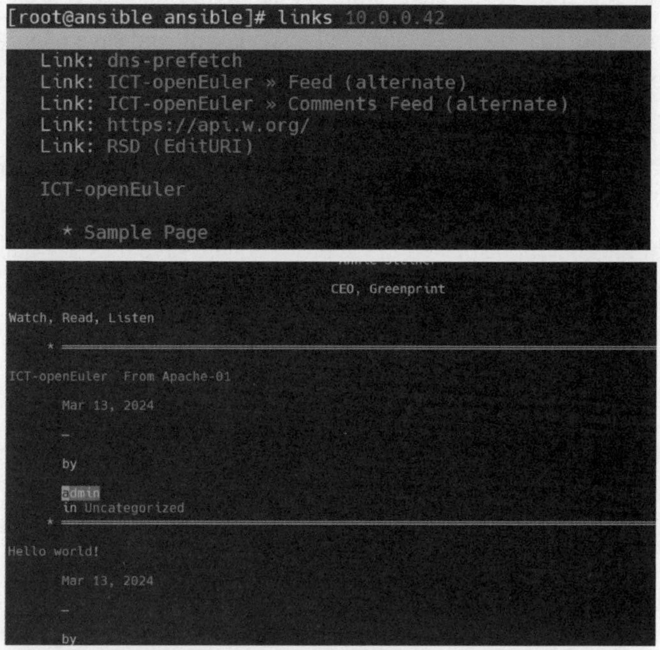

图 5-27　使用“links apache-02 的 IP 地址”访问 WordPress

Task 3: LVS+Keepalived Cluster Configuration (90 Points)
Subtask 1: Use LVS and Keepalived for load balancing of the apache cluster

Procedure:

a. On the Ansible host, create Keepalived configuration file /etc/ansible/lvs-keep.conf.j2 to perform the following operations, and set other parameters as required.

a) Obtain parameters such as the host name, role, and priority.

b) Set network parameters properly based on exam resources.

c) Set the LVS working mode to DR.

b. Create playbook /etc/ansible/lvs-keep.yml.

a) Set the role of the lvs-01 host to MASTER and its priority to 100.

b) Set the role of the lvs-02 host to BACKUP and its priority to 99.

c) Use the template module to upload the Keepalived configuration file to the corresponding hosts.

d) Restart the Keepalived service for the configuration to take effect.

c. Log in to the apache-01 and apache-02 hosts and configure related networks for the LVS configuration to take effect.

d. Open http://EIP_of_the_NAT_host in the browser and view the result.

Screenshot requirements:

a. Take a screenshot of the Keepalived configuration file content, and save it as 3-1-1keep_conf.

b. Take a screenshot of the content of /etc/ansible/lvs-keep.yml, and save it as 3-1-2lvs-keep.yml. Take a screenshot of the execution result of playbook /etc/ansible/lvs-keep.yml, and save it as 3-1-3lvs-keep.

c. Take a screenshot of the IP address information of lvs-01, and save it as 3-1-4lvs-ip. Take a screenshot of the LVS rule of lvs-02, and save it as 3-1-5lvs-rule.Take a screenshot of the IP address information of apache-01, and save it as 3-1-6apache-ip. Take a screenshot of the route information of apache-02, and save it as 3-1-7apache-route.

d. Take a screenshot of the content displayed in the browser, and save it as 3-1-8apache-rip.

【解析】

a. 在 Ansible 主机中，编写名为/etc/ansible/lvs-keep.conf.j2 的 Keepalived 的配置文件，除需满足以下要求外，其他参数根据需要自行配置。

a) 运行该文件自动获取主机名、角色及优先级等参数信息。

b) 根据考试资源信息合理配置相关网络参数。

c) 将 LVS 工作模式设置为 DR 模式。

/etc/ansible/lvs-keep.conf.j2 文件的代码如下：

```
! Configuration File for keepalived

global_defs {
   router_id {{ ansible_fqdn }}
}

vrrp_instance LVS {
    state {{ role }}
    interface eth0
    virtual_router_id 51
    priority {{ priority }}
    advert_int 1
    authentication {
        auth_type PASS
        auth_pass 1111
    }
    virtual_ipaddress {
        192.168.1.10
    }
}

virtual_server 192.168.1.10 80 {
    delay_loop 6
    lb_algo rr
    lb_kind DR
    persistence_timeout 50
    protocol TCP
```

```
    real_server 10.0.0.41 80 {
        weight 1
        TCP_CHECK {
            connect_timeout 3
            retry 3
            delay_before_retry 3
        }
    }
    real_server 10.0.0.42 80 {
        weight 2
        TCP_CHECK {
            connect_timeout 3
            retry 3
            delay_before_retry 3
        }
    }
}
```

b. 编写名为/etc/ansible/lvs-keep.yml 的 playbook。

a) lvs-01 主机的角色为 MASTER，priority 为 100。

b) lvs-02 主机的角色为 BACKUP，priority 为 99。

c) 使用 tamplate 模块，分别将 Keepalived 的配置文件上传到对应主机中。

d) 上传完成后，重启 Keepalived 服务，使服务生效。

名为/etc/ansible/lvs-keep.yml 的 playbook 的代码如下：

```
---
- hosts: 192.168.1.11
  remote_user: root
  vars:
    - role: MASTER
    - priority: 100

  tasks:
    - name: upload configuration to Nginx
      template: src=/etc/ansible/lvs-keep.conf.j2 dest=/etc/keepalived/keepalived.conf
    - name: restart keepalived
      service:
        name: keepalived
        state: restarted
        enabled: yes

- hosts: 192.168.1.12
  remote_user: root
  vars:
    - role: BACKUP
    - priority: 99

  tasks:
    - name: upload configuration to Nginx
      template: src=/etc/ansible/lvs-keep.conf.j2 dest=/etc/keepalived/keepalived.conf
```

```
    - name: restart keepalived
      service:
        name: keepalived
        state: restarted
        enabled: yes
```

保存名为/etc/ansible/lvs-keep.yml 的 playbook 的运行结果截图，并把该截图命名为 3-1-3 lvs-keep，如图 5-28 所示。

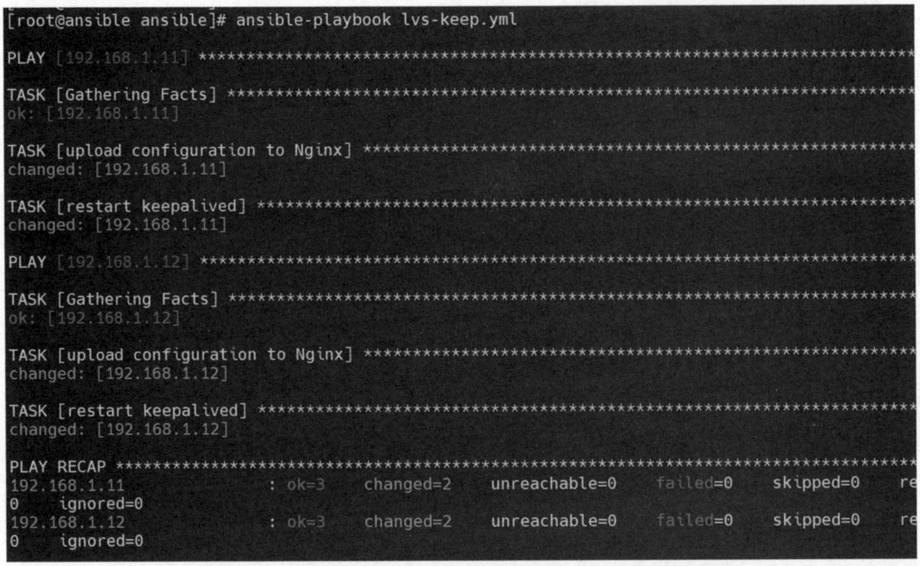

图 5-28　名为/etc/ansible/lvs-keep.yml 的 playbook 的运行结果

c. 登录 apache-01 和 apache-02 主机，配置相关网络，使 LVS 生效，代码如下。

```
nmcli connection add type dummy ifname dummy2 ipv4.method manual ipv4.addresses 192.168.1.10/32
route add -host 192.168.1.10 dev dummy2
修改 arp 内核
cat >> /etc/sysctl.conf << EOF
net.ipv4.conf.all.arp_ignore = 1
net.ipv4.conf.all.arp_announce = 2
net.ipv4.conf.dummy2.arp_ignore = 1
net.ipv4.conf.dummy2.arp_announce = 2
EOF


sysctl -p
```

保存查看 lvs-01 的 IP 地址信息截图，并把该截图命名为 3-1-4 lvs-ip；保存查看 lvs-02 当前 LVS 规则截图，并把该截图命名为 3-1-5 lvs-rule；保存查看 apache-01 的 IP 地址信息截图，并把该截图命名为 3-1-6 apache-ip；保存查看 apache-02 的路由信息截图，并把该截图命名为 3-1-7 apache-route。将几张截图合并，如图 5-29 所示。

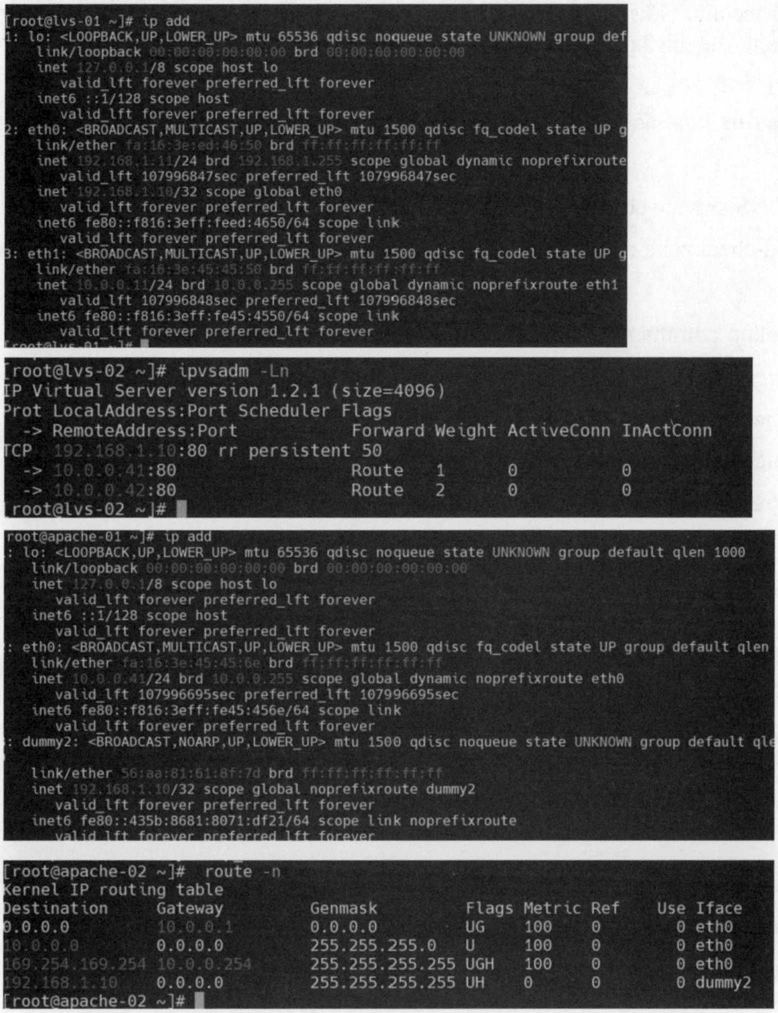

图 5-29　查看 lvs-01、lvs-02、apache-01 和 apache-02 的相关信息

d. 保存使用浏览器访问“http:// NAT 的 EIP”的结果截图，并把该截图命名为 3-1-8 apache-rip，如图 5-30 所示。

图 5-30　使用浏览器访问“http:// NAT 的 EIP”的结果

Task 4: DNS Service and O&M Monitoring Configuration (110 Points)
Subtask 1: Log in to the dns host and configure the DNS service

Procedure:

a. Log in to the **dns** host and add a forward lookup resource record to resolve www.ict-wordpress.com to 192.168.1.10.

b. Modify the DNS service configuration file to allow only subnet 192.168.1.0/24 to access the DNS service.

c. Use the named-checkzone command to check whether the configuration file related to ict-wordpress.com is correctly configured.

d. Use the nslookup command to check whether the DNS service can resolve properly. (You need to change the DNS service address for all subnets in the VPC on the Huawei Cloud console. Run the cat /etc/resolv.conf command to check whether the change is successful. If not, restart the host.)

e. On the Ansible host, run curl www.ict-wordpress.com to access the WordPress home page.

f. When WordPress is installed, it writes the address of the host where it is located to the database. You need to change the address in the database to www.ict-wordpress.com on the mysql host.

a) Modify the parameters whose option_name are home and siteurl, respectively, in wp_options.

Screenshot requirements:

a. Take a screenshot of the content of the resolution configuration file of the DNS service, and save it as 4-1-1analysis.

b. Take a screenshot of the named-checkzone command output, and save it as 4-1-2checkzone.

c. Take a screenshot of the output of the nslookup command for checking the DNS service, and save it as 4-1-3 nslookup.

d. Take a screenshot of the displayed WordPress home page, including only the text with ICT-openEuler, and save it as 4-1-4ansible-dns.

e. Take a screenshot of the output of nslookup www.ict-wordpress.com on the apache-01 host, and save it as 4-1-5apache-dns.

f. Take a screenshot of the modified parameters on the mysql host, and save it as 4-1-6mysql-change.

【解析】

a. 登录 DNS 主机建立正向解析资源记录，以将 www.ict-wordpress.com 解析为 192.168.1.10。

```
   cp /var/named/named.localhost /var/named/ict-wordpress.com.zone -p
$TTL 1D
@       IN SOA  ict-wordpress.com.  admin.ict-wordpress.com (
                                        0       ; serial
                                        1D      ; refresh
                                        1H      ; retry
                                        1W      ; expire
                                        3H )    ; minimum
          NS         ict-wordpress.com.
A         192.168.1.13
AAAA    ::1
```

```
www         A       192.168.1.10
```

vim /etc/named.rfc1912.zones

```
zone "ict-wordpress.com" IN {
        type master;
        file "ict-wordpress.com.zone";
        allow-update { none; };
};
```

b. 修改 DNS 服务的配置文件，仅允许 192.168.1.0/24 网段用户访问。

编辑文件/etc/named.conf，如图 5-31 所示。

```
options {
        listen-on port 53 { localhost; };
        listen-on-v6 port 53 { ::1; };
        directory       "/var/named";
        dump-file       "/var/named/data/cache_dump.db";
        statistics-file "/var/named/data/named_stats.txt";
        memstatistics-file "/var/named/data/named_mem_stats.txt";
        secroots-file   "/var/named/data/named.secroots";
        recursing-file  "/var/named/data/named.recursing";
        allow-query     { 192.168.1.0/24; };
```

图 5-31　编辑文件/etc/named.conf

保存使用 named-checkzone 检查 ict-wordpress.com 相关配置截图，并把该截图命名为 **4-1-2checkzone**，如图 5-32 所示。

```
[root@dns named]# named-checkzone ict-wordpress.com /var/named/ict-wordpress.com.zone
zone ict-wordpress.com/IN: loaded serial 0
OK
```

图 5-32　使用 named-checkzone 检查 ict-wordpress.com 相关配置

c. 使用 named-checkzone 检查 ict-wordpress.com 相关配置文件是否配置错误。

```
named-checkzone ict-wordpress.com /var/named/ict-wordpress.com.zone
```

保存使用 nslookup 命令检查 DNS 域名解析的截图，并把该截图命名为 4-1-3 nslookup，如图 5-33 所示。

```
[root@apache-01 ~]# nslookup www.ict-wordpress.com
Server:         192.168.1.13
Address:        192.168.1.13#53

Name:   www.ict-wordpress.com
Address: 192.168.1.10

[root@apache-01 ~]#
```

图 5-33　使用 nslookup 命令检查 DNS 服务解析

d. 在华为云控制台修改 VPC 中所有子网的 DNS 服务器地址，如图 5-34 所示。使用命令 cat /etc/resolv.conf 查看是否更改成功，如未成功需要重启主机。

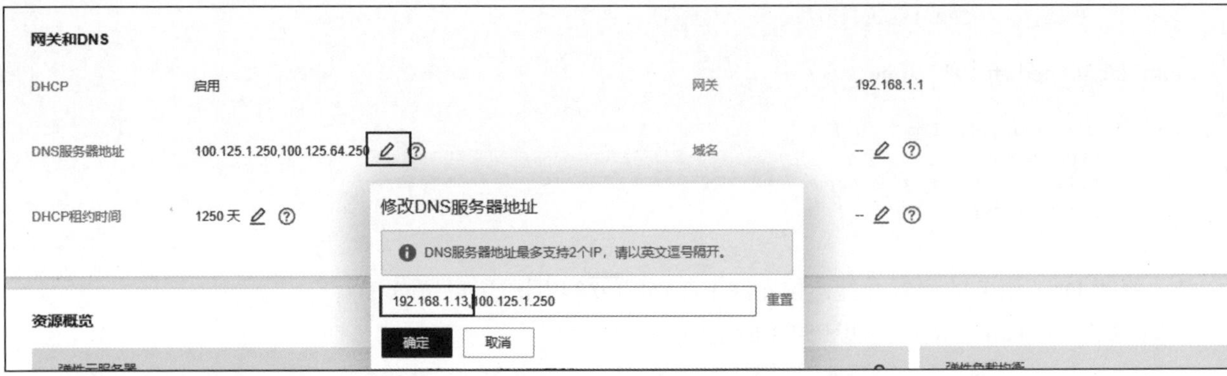

图 5-34　修改 VPC 中所有子网的 DNS 服务器地址

保存通过 Ansible 主机使用 curl www.ict-wordpress.com 访问 WordPress 主页的截图（仅显示带有“ICT-openEuler”的内容），并把该截图命名为 4-1-4 ansible-dns，如图 5-35 所示。

图 5-35　通过 Ansible 主机使用 curl www.ict-wordpress.com 访问 WordPress 主页

注释：Curl 之前可以在 Ansible 上也执行 nslookup www.ict-wordpress.com，如果能够进行正常解析，就可以使用 curl www.ict-wordpress.com 访问 WordPress 主页。如果不能够进行正常解析，大概是因为子网的 DNS 在更改后还未生效，可以重启 Ansible 主机再尝试解析，能解析成功才能访问 WordPress 主页。

保存在 apache-01 主机上使用 nslookup www.ict-wordpress.com 命令查看返回结果的截图，并把该截图命名为 4-1-5 apache-dns，如图 5-36 所示。

图 5-36　在 apache-01 主机上使用 nslookup www.ict-wordpress.com 命令查看返回结果

e. WordPress 在安装的时候会将其所在主机的地址写入数据库。需在 mysql 主机中，通过修改数据库的方式将该地址修改为域名 www.ict-wordpress.com。

a) 修改 wp_options 中 option_name 为 “home”和“siteurl”的参数。

注释：在进行以下操作之前建议检查一下上面题目要求的结果，如果结果都正确，则可以先登录 mysql 主机，并在 Shell 环境下使用 mysqldump -u root -p WP wp_option > wp_option.sql 备份 wp_option 表，再进行以下操作。因为完成以下操作可能导致数据库和 Apache 对接失败，提前备份可以方便进行恢复操作。

```
mysql -uroot -p'Huawei@123'use WP;
update wp_options set option_value="http://www.ict-wordpress.com:80" where option_name="home";
update wp_options set option_value=" http://www.ict-wordpress.com:80" where option_name="siteurl";
```

保存在 mysql 主机中修改完成后的参数信息截图，并把该截图命名为 **4-1-6 mysql-change**，如图 5-37 所示。

```
mysql> select option_value from wp_options where option_name="home";
+---------------------------------+
| option_value                    |
+---------------------------------+
| http://www.ict-wordpress.com:80 |
+---------------------------------+
1 row in set (0.00 sec)
```

图 5-37 在 mysql 主机中修改完成后的参数信息

Subtask 2: Use sysmonitor for O&M monitoring

Procedure:

a. Log in to the mysql host, add the following Yum repositories, and install and start sysmonitor.

```
[22.03-LTS-SP2-Everything]
name=Everything
baseurl=https://repo.openeuler.org/openEuler-22.03-LTS-SP2/everything/x86_64/
enabled=1
gpgcheck=0
sslverify=0
[22.03-LTS-SP2-EPOL]
name=EPOL
baseurl=https://repo.openeuler.org/openEuler-22.03-LTS-SP2/EPOL/main/x86_64/
enabled=1
gpgcheck=0
sslverify=0
```

b. Configure key process monitoring to monitor the MySQL service status so that the service is automatically restarted when its status is abnormal.

c. Edit the sysmonitor configurations to set a timeout interval of two minutes for abnormal key process recovery.

d. Use the kill command to terminate the MySQL process and check whether the sysmonitor configurations take effect.

Screenshot requirements:

a. Take a screenshot of the successful installation of sysmonitor, and save it as 4-2-1sysmonitor-install. Take a screenshot of the sysmonitor logs, and save it as 4-2-2sysmonitor-log.

b. Take a screenshot of the content of the configuration file for monitoring the key process MySQL, and save it as 4-2-3mysql-check.

c. Take a screenshot of the content of the configuration file for setting the timeout interval for abnormal key process recovery, and save it as 4-2-4tmout.

d. After terminating the MySQL process, take a screenshot of the sysmonitor logs about process recovery, and save it as 4-2-5 recover.

【解析】

a. 登录 mysql 主机，新增 yum 源信息，安装并启动 sysmonitor 软件包。

```
cat  >> /etc/yum.repos.d/sysmonitor.repo << EOF
[22.03-LTS-SP2-Everything]
name=Everything
baseurl=https://repo.openeuler.org/openEuler-22.03-LTS-SP2/everything/x86_64/
enabled=1
gpgcheck=0
sslverify=0
[22.03-LTS-SP2-EPOL]
name=EPOL
baseurl=https://repo.openeuler.org/openEuler-22.03-LTS-SP2/EPOL/main/x86_64/
enabled=1
gpgcheck=0
sslverify=0
EOF
```

安装 sysmonitor 的软件包并启动 sysmonitor

```
yum install -y sysmonitor-kmod
systemctl enable --now sysmonitor
```

保存 sysmonitor 软件包安装成功的截图，并把该截图命名为 4-2-1 sysmonitor-install，如图 5-38 所示。

图 5-38　sysmonitor 软件包安装成功

b. 配置关键进程检测，检测 mysql 服务状态，当检测到服务状态异常时，重新启动服务。

```
vim /etc/sysmonitor/process/mysql
USER=root
NAME=mysqld
RECOVER_COMMAND=systemctl restart mysqld
MONITOR_COMMAND=systemctl status mysqld


chmod 600 /etc/sysmonitor/process/mysql
systemctl reload sysmonitor
```

保存关键进程 mysql 的检测配置文件截图，并把该截图命名为 4-2-3 mysql-check，如图 5-39 所示。

```
[root@mysql yum.repos.d]# ps -ef | grep mysqld
mysql      5130      1  0 21:45 ?        00:00:02 /usr/libexec/mysqld --basedir=/usr
root       6893   5434  0 22:04 pts/1    00:00:00 grep --color=auto mysqld
[root@mysql yum.repos.d]# kill -9 5130
[root@mysql yum.repos.d]# ps -ef | grep mysqld
mysql      7357      1 48 22:04 ?        00:00:00 /usr/libexec/mysqld --basedir=/usr
root       7385   5611  0 22:04 ?        00:00:00 systemctl restart mysqld
root       7411   5434  0 22:04 pts/1    00:00:00 grep --color=auto mysqld
```

图 5-39　关键进程 mysql 的检测配置文件

c. 编辑 sysmonitor 配置项，设置关键进程服务异常恢复过程的超时时间为 2 分钟，如图 5-40 所示。

```
vim /etc/sysconfig/sysmonitor
PROCESS_RESTART_TIMEOUT="120"
```

```
# process recover timeout (second)
PROCESS_RESTART_TIMEOUT="120"
```

图 5-40　设置关键进程服务异常恢复过程的超时时间为 2 分钟

d. 使用 kill 命令杀死 mysql 进程，并查看 sysmonitor 是否生效，如图 5-41 所示。

```
ps -ef  | grep  mysqld
kill  -9  进程ID
cat  /var/log/sysmonitor.log 或者再次使用 ps -ef  | grep  mysqld 看到杀死进程后的 mysqld 恢复的过程
```

```
2024-03-14T16:02:48.146968+08:00|info|sysmonitor[174960]: memory usage resume: 32.4%
2024-03-14T16:04:38.519226+08:00|warning|sysmonitor[174960]: monitor cmd: psz_cmd[systemctl status mysqld] execl error[3]
2024-03-14T16:04:38.519460+08:00|info|sysmonitor[174960]: mysqld is abnormal, check cmd return 3, use "systemctl restart mysqld" to recover
2024-03-14T16:04:42.131632+08:00|info|sysmonitor[174960]: mysqld is recovered
```

图 5-41　查看 sysmonitor 是否生效

5.3.2 openGauss

1. Scenarios

Databases are the backbone of enterprise software across industries. Regardless of the role or scenario within a database system, it is crucial to have a strong command of SQL operations, complex statement queries, basic database O&M, and database application development (such as stored procedures and user-defined functions). Additionally, with the aid of AI technologies, openGauss can leverage AI capabilities to enhance database operations and performance tuning. Therefore, acquiring and enhancing these skills can empower database practitioners to leverage databases better, thereby enhancing work quality and efficiency.

2. Network Topology

Description: The following figure illustrates the network topology, a crucial element for understanding the exam environment and tasks. You can define a VPC or use the default VPC, as shown in Fig. 5-42.

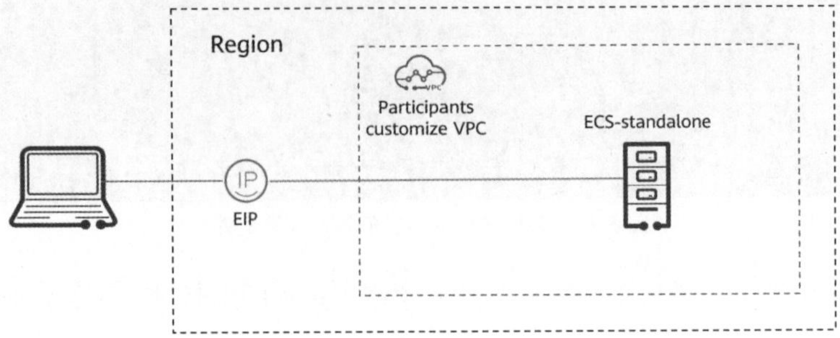

Figure 5-42（图 5-42）　The network topology of openGuass

Introduction:

To successfully install and deploy openGauss (version 5.0.0), you'll need to purchase an ECS in the Huawei Cloud region of your choice. We recommend naming the ECS opengauss. If the name is already in use, please select another name. Additionally, you'll need to purchase an EIP and bind it to the server before establishing a connection to the server from your computer.

3. Exam Resources

(1) Lab Environment

In the lab environment, you need to purchase an ECS on Huawei Cloud and select a shared image as the OS image. Please read the questions carefully before you answer them. The CN North-Beijing4 or CN East-Shanghai1 region is recommended. (Purchase cloud resources in the same region for tasks of the same domain. Resources located in different regions may not be able to access each other.)

(2) Cloud Resources

The Cloud Resources needed in openGuass are shown in Table 5-5 as follows,

Table 5-5（表 5-5）　The Cloud Resources needed in openGuass

Resource Name	Specifications	Description
VPC	None	vpc-default
ECS	4 vCPUs | 8 GiB | openEuler 20.03 with ARM 64bit	You are advised to name the ECS **opengauss**. If the name has already been used, choose another name
EIPs and bandwidth	As required by the tasks	Several EIPs
computing-image	openEuler 20.03 64bit Disk capacity: 60 GB	Shared image

(3) Tools

The Tools are shown in Table 5-6.

Table 5-6（表 5-6） The tools in openGuass

Software Package	Description
MobaXterm	Remote login tool

4. Exam Tasks

(1) Lab Tasks

Task 1: Preparing the openGauss Lab Environment (50 Points)
Subtask 1: Start openGauss

Procedure:

Perform the following operations to accept the shared image computing-image on the IMS console, as shown in Fig. 5-43.

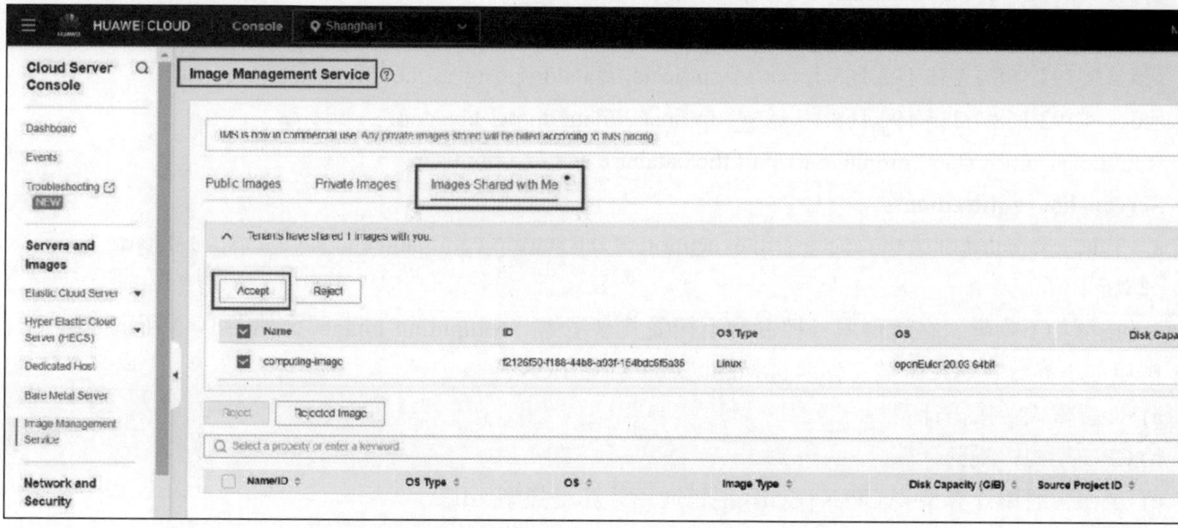

Figure 5-43（图 5-43） Create an ECS in the XX region

Create an ECS in the XX region (selected by you) as follows:

a) Billing mode: pay-per-use.

b) CPU architecture: Kunpeng.

c) Specifications: general computing 4 vCPUs | 8 GiB | Kunpeng general computing-plus kc1.

d) System disk: 60 GB.

e) Image: shared image computing-image (60 GiB).

f) Network: vpc-default.

g) Subnet: subnet-default.

h) Auto-assigned IP address: 192.168.xx.xx.

i) Security group: default.

j) EIP: dynamic BGP | billed by traffic | 100 Mbit/s.

k) ECS name: opengauss. If the name has already been used, choose another name.

l) Password: Set it as required.

After logging in to the system, perform the following operations:

a) Switch to the root user, delete or comment out the last line in the /etc/hosts file, save the file, and exit.

b) If the hostname of the Huawei Cloud ECS is not opengauss, run the hostnamectl --static set-hostname opengauss command as the root user to change the hostname to opengauss. If you do not change the hostname, the database cannot be started.

c) Run the ifconfig command as the root user to find your Huawei Cloud ECS's private IP address. It is similar to 192.168.xx.xx.

d) Run the su - omm command to switch from the root user to the omm user and run the following commands (change 192.168.1.xxx to the private IP address of your Huawei Cloud ECS):

sed -i 's/192.168.1.235/192.168.1.xxx/g' /opt/install/data/dn/postgresql.conf

sed -i 's/192.168.1.235/192.168.1.xxx/g' /opt/install/data/dn/pg_hba.conf

Run the gs_om -t start command to start the database as the omm user.

Screenshot requirements:

a. Take a screenshot of the successful execution of the startup command and save it as 1-1-1start.

【解析】

a. 按照如下指导，在镜像服务控制台上接受共享镜像“computing-image”，如图 5-43 所示。

按照如下参数在 XX 区域（你所选择的区域）创建 ECS。

a) 计费模式：按需计费。

b) CPU 架构：鲲鹏计算。

c) 规格：通用计算型 4vCPUs | 8GiB|鲲鹏通用计算增强型 kc1。

d) 系统盘：60GB。

e) 镜像：共享镜像 computing-image(60GiB)。

f) 网络：vpc-default。

g) 子网：subnet-default。

h) 自动分配 ip 地址：如 192.168.xx.xx。

i) 安全组：default。

j) EIP：全动态 BGP | 按照流量计费 | 100Mbit/s。

k) 云服务器名称：服务器可取名为 opengauss，如被占用，可取其他名称。

l) 密码：自行配置。

b. 登录系统后，须完成如下几个动作。

a) 切换到 root 用户，将/etc/hosts 文件最后一行删除，如图 5-44 所示，保存后退出。

```
::1         localhost        localhost.localdomain   localhost6      localhost6.localdomain6

127.0.0.1       localhost       localhost.localdomain   localhost4      localhost4.localdomain4
127.0.0.1       opengauss       opengauss
127.0.0.1       localhost
127.0.0.1       ecs-test        ecs-test
127.0.0.1       ecs-95a6        ecs-95a6
~
~
~
:wq
```

图 5-44 将/etc/hosts 文件最后一行删除

b) 在 root 用户下，执行 hostnamectl --static set-hostname opengauss 命令修改主机名称为 opengauss，如图 5-45 所示。

```
[root@ecs-1c5a ~]# hostnamectl --static set-hostname opengauss
[root@ecs-1c5a ~]# su


Welcome to 4.19.90-2110.8.0.0119.oe1.aarch64

System information as of time:  Sat Jun 15 19:36:38 CST 2024

System load:    0.24
Processes:      169
Memory used:    6.0%
Swap used:      0.0%
Usage On:       25%
IP address:     192.168.0.224
Users online:   1
```

图 5-45 修改主机名称为 opengauss

c) 在 root 用户下，执行 ifconfig 命令，找到自己的华为云 ECS 的私有 IP 地址，它类似于 192.168.xx.xx，如图 5-46 所示。

```
[root@opengauss ~]# hostnamectl --static set-hostname opengauss
[root@opengauss ~]# ifconfig
eth0: flags=4163<UP,BROADCAST,RUNNING,MULTICAST>  mtu 1500
        inet 192.168.0.241  netmask 255.255.255.0  broadcast 192.168.0.255
        inet6 fe80::f816:3eff:fe7b:d3c4  prefixlen 64  scopeid 0x20<link>
        ether fa:16:3e:7b:d3:c4  txqueuelen 1000  (Ethernet)
        RX packets 900  bytes 101653 (99.2 KiB)
        RX errors 0  dropped 0  overruns 0  frame 0
        TX packets 876  bytes 90878 (88.7 KiB)
        TX errors 0  dropped 0 overruns 0  carrier 0  collisions 0

lo: flags=73<UP,LOOPBACK,RUNNING>  mtu 65536
        inet 127.0.0.1  netmask 255.0.0.0
        inet6 ::1  prefixlen 128  scopeid 0x10<host>
        loop  txqueuelen 1000  (Local Loopback)
        RX packets 0  bytes 0 (0.0 B)
        RX errors 0  dropped 0  overruns 0  frame 0
        TX packets 0  bytes 0 (0.0 B)
        TX errors 0  dropped 0 overruns 0  carrier 0  collisions 0

[root@opengauss ~]#
```

图 5-46 找到自己的华为云 ECS 的私有 IP 地址

d) 执行 su - omm 命令从 root 用户切换到 omm 用户，把如下命令中的 192.168.1.xxx 改成上一步中执行

ifconfig 命令找到的华为云 ECS 的私有 IP 地址，然后执行如下两条命令：

i. sed -i 's/192.168.1.235/192.168.1.xxx/g' /opt/install/data/dn/postgresql.conf;

ii. sed -i 's/192.168.1.235/192.168.1.xxx/g' /opt/install/data/dn/pg_hba.conf。

在 omm 用户下启动数据库，执行 gs_om -t start。保存启动命令执行成功的效果的截图，并把该截图命名为 1-1-1 start，如图 5-47 所示。

```
[omm@opengauss ~]$ gs_om -t start
Starting cluster.
=========================================
[SUCCESS] opengauss
2024-06-15 17:49:07.235 666d6393.1 [unknown] 281460580745232 [unknown] 0 dn_6001 01000  0 [BACKEND] WARNING:  could not create any
HA TCP/IP sockets
2024-06-15 17:49:07.235 666d6393.1 [unknown] 281460580745232 [unknown] 0 dn_6001 01000  0 [BACKEND] WARNING:  could not create any
HA TCP/IP sockets
2024-06-15 17:49:07.241 666d6393.1 [unknown] 281460580745232 [unknown] 0 dn_6001 01000  0 [BACKEND] WARNING:  Failed to initialize
the memory protect for g_instance.attr.attr_storage.cstore_buffers (16 Mbytes) or shared memory (2192 Mbytes) is larger.
=========================================
Successfully started.
```

图 5-47　启动命令执行成功的效果

Subtask 2: Start DBMind

Procedure:

a. To start the node_exporter component as the omm user, run the command: /opt/software/node_exporter-1.7.0.linux-arm64/node_exporter > /opt/software/node_exporter-1.7.0.linux-arm64/node_exporter.log 2>&1 &. Run the netstat -anp|grep 9100 command to check whether port 9100 is in the listening state.

b. To start the cmd_exporter component as the omm user, run the command: gs_dbmind component cmd_exporter --web.listen-address 0.0.0.0 --web.listen-port 9180 --disable-https. Run the netstat -anp|grep 9180 command to check whether port 9180 is in the listening state.

c. To start the opengauss_exporter component as the omm user, run the startup command gs_dbmind component opengauss_exporter --url postgresql://dbmind_monitor:openGauss%401234@192.168.1.235:15432/postgres --web.listen-address 0.0.0.0 --web.listen-port 9187 --log.level info --disable-https (change 192.168.1.235 to the private IP address of your Huawei Cloud ECS). Run the netstat -anp|grep 9187 command to check whether port 9187 is in the listening state.

d. To start the Prometheus component as the omm user, run the configuration file command sed -i 's/192.168.1.235/192.168.xx.xx/g' /opt/software/prometheus-2.49.1.linux-arm64/prometheus.yml (change 192.168.xx.xx to the private IP address of your Huawei Cloud ECS). Then, run the Prometheus startup command: /opt/software/prometheus-2.49.1.linux-arm64/prometheus --web.enable-admin-api --web.enable-lifecycle --config.file=/opt/software/prometheus-2.49.1.linux-arm64/prometheus.yml --storage.tsdb.retention.time=1w >/opt/software/prometheus-2.49.1.linux-arm64/prometheus.log 2>&1 &. Run the netstat -anp|grep 9090 command to check whether port 9090 is in the listening state.

e. To start the reprocessing_exporter component as the omm user, run the startup command: gs_dbmind component reprocessing_exporter 192.168.1.235 9090 --web.listen-address 0.0.0.0 --web.listen-port 8181 --disable-https (change 192.168.1.235 to the private IP address of your Huawei Cloud ECS). Run the netstat -anp|grep 8181 command to check whether port 8181 is in the listening state.

f. To start the DBMind component as the omm user, run the command: sed -i 's/192.168.1.235/ 192.168.xx.xx/g' /home/omm/openGauss-DBMind/dbmindconf/dbmind.conf (change 192.168.xx.xx to the private IP address of your Huawei Cloud ECS). Then, run the DBMind startup command gs_dbmind service start -c /home/omm/openGauss-DBMind/dbmindconf. Run the netstat -anp|grep 8080 command to check whether port 8080 is in the listening state.

Screenshot requirements:

a. Take a screenshot of the information indicating that port 9100 is in the listening state after node_exporter is started and save it as 1-2-1node_exporter.

b. Take a screenshot of the information indicating that port 9180 is in the listening state after successful startup and save it as 1-2-2cmd_exporter.

c. Take a screenshot of the information indicating that port 9187 is in the listening state after successful startup and save it as 1-2-3opengauss_exporter.

d. Take a screenshot of the information indicating that port 9090 is in the listening state after successful startup and save it as 1-2-4prometheus.

e. Take a screenshot of the information indicating that port 8181 is in the listening state after successful startup and save it as 1-2-5reprocessing_exporter.

f. Take a screenshot of the information indicating that port 8080 is in the listening state after successful startup and save it as 1-2-6dbmind.

【解析】

a. 在 omm 用户下，启动 node_exporter 组件，执行启动命令/opt/software/node_exporter-1.7.0.linux-arm64/node_exporter > /opt/software/node_exporter-1.7.0.linux-arm64/node_exporter.log 2>&1 &。然后通过命令 netstat -anp|grep 9100 查看 9100 端口是否处于监听状态，将结果截图并命名为 1-2-1node_exporter，如图 5-48 所示。

```
[omm@opengauss ~]$ netstat -anp|grep 9100
(Not all processes could be identified, non-owned process info
 will not be shown, you would have to be root to see it all.)
tcp6       0      0 :::9100                 :::*                    LISTEN      9461/node_exporter
```

图 5-48　查看 9100 端口是否处于监听状态

b. 在 omm 用户下，启动 cmd_exporter 组件，执行启动命令 gs_dbmind component cmd_exporter --web.listen-address 0.0.0.0 --web.listen-port 9180 --disable-https。然后通过命令 netstat -anp|grep 9180 查看 9180 端口是否处于监听状态，将结果截图并命名为 1-2-2cmd_exporter，如图 5-49 所示。

```
[omm@opengauss ~]$ netstat -anp|grep 9180
(Not all processes could be identified, non-owned process info
 will not be shown, you would have to be root to see it all.)
tcp        0      0 0.0.0.0:9180            0.0.0.0:*               LISTEN      9657/python3
```

图 5-49　查看 9180 端口是否处于监听状态

c. 在 omm 用户下，启动 opengauss_exporter 组件，首先需将启动命令 gs_dbmind component opengauss_ exporter --url postgresql://dbmind_monitor:openGauss%401234@192.168.1.235:15432/postgres --web.listen-address 0.0.0.0 --web.listen-port 9187 --log.level info --disable-https 中的 192.168.1.235 修改成自己的华为云 ECS 的私有 IP 地址，然后执行该启动命令，最后通过命令 netstat -anp|grep 9187 查看 9187 端口是否处于监听状态，将结果截图并命名为 1-2-3 opengauss_exporter，如图 5-50 所示。

```
[omm@opengauss ~]$ netstat -anp|grep 9187
(Not all processes could be identified, non-owned process info
 will not be shown, you would have to be root to see it all.)
tcp        0      0 0.0.0.0:9187            0.0.0.0:*               LISTEN      9865/postgres --web
```

图 5-50　查看 9187 端口是否处于监听状态

d. 在 omm 用户下，启动 Prometheus 组件，首先需将配置文件命令 sed -i 's/192.168.1.235/ 192.168.xx.xx/g' /opt/software/prometheus-2.49.1.linux-arm64/prometheus.yml 中的 192.168.xx.xx 修改成自己的华为云 ECS 的私有 IP 地址，然后执行该配置文件命令，再直接执行启动 Prometheus 的命令/opt/software/prometheus-2.49.1.linux-arm64/prometheus --web.enable-admin-api --web.enable-lifecycle --config.file= /opt/software/prometheus-2.49.1.linux-arm64/prometheus.yml --storage.tsdb. retention.time=1w >/opt/software/ prometheus-2.49.1.linux-arm64/prometheus.log 2>&1 &，最后通过命令 netstat -anp|grep 9090 查看 9090 端口是否处于监听状态，将结果截图并命名为 1-2-4prometheus，如图 5-51 所示。

```
[omm@opengauss ~]$ netstat -anp|grep 9090
(Not all processes could be identified, non-owned process info
 will not be shown, you would have to be root to see it all.)
tcp6       0      0 :::9090                 :::*                    LISTEN      9895/prometheus
```

图 5-51　查看 9090 端口是否处于监听状态

e. 在 omm 用户下，启动 reprocessing_exporter 组件，首先需将启动命令 gs_dbmind component reprocessing_exporter 192.168.1.235 9090 --web.listen-address 0.0.0.0 --web.listen-port 8181 --disable-https 中的 192.168.1.235 修改成自己的华为云 ECS 的私有 IP 地址，然后执行修改后的启动命令，最后通过命令 netstat -anp|grep 8181 查看 8181 端口是否处于监听状态，将结果截图并命名为 1-2-5reprocessing_exporter，如图 5-52 所示。

```
[omm@opengauss ~]$ netstat -anp|grep 8181
(Not all processes could be identified, non-owned process info
 will not be shown, you would have to be root to see it all.)
tcp        0      0 0.0.0.0:8181            0.0.0.0:*               LISTEN      10339/python3
```

图 5-52　查看 8181 端口是否处于监听状态

f. 在 omm 用户下，启动 DBMind 组件，首先需将命令 sed -i 's/192.168.1.235/192.168.xx.xx/g' /home/omm/openGauss-DBMind/dbmindconf/dbmind.conf 中的 192.168.xx.xx 修改成自己的华为云 ECS 的私有 IP 地址，然后执行该命令，再执行 gs_dbmind service start -c /home/omm/openGauss-DBMind/dbmindconf 命令启动 DBMind，最后执行命令 netstat -anp|grep 8080 查看 8080 端口是否处于监听状态，将结果截图并命名为 1-2-6dbmind，如图 5-53 所示。

```
[omm@opengauss ~]$ netstat -anp|grep 8080
(Not all processes could be identified, non-owned process info
 will not be shown, you would have to be root to see it all.)
tcp        0      0 192.168.1.149:8080      0.0.0.0:*               LISTEN      11293/DBMind [Maste
```

图 5-53　查看 8080 端口是否处于监听状态

Task 2: Using openGauss to Analyze the Supply Chain Requirements of a Company (110 points)

Lab task scenario:

Understand the basic functions of openGauss and how to import data. Analyze the order data of a company and its suppliers as follows:

1. Analyze the revenue generated by suppliers in a region for the company. The statistics can be used to determine whether a local allocation center needs to be established in a given region.

2. Analyze the relationship between parts and suppliers to obtain the number of suppliers for parts based on the specified contribution conditions. The information can be used to determine whether there are enough suppliers for large order quantities when the task is urgent.

3. Analyze the revenue loss of small orders. You can query the average annual revenue loss if there are no small orders. Filter out small orders that are lower than 20% of the average supply volume and calculate the total amount of the small orders to determine the average annual revenue loss.

4. Use the AI4DB index recommendation to analyze and recommend indexes for an SQL statement and create virtual indexes.

Lab data: /root/datasets/supplychain.tar.

Relationships between tables are shown in Fig. 5-54 as follows:

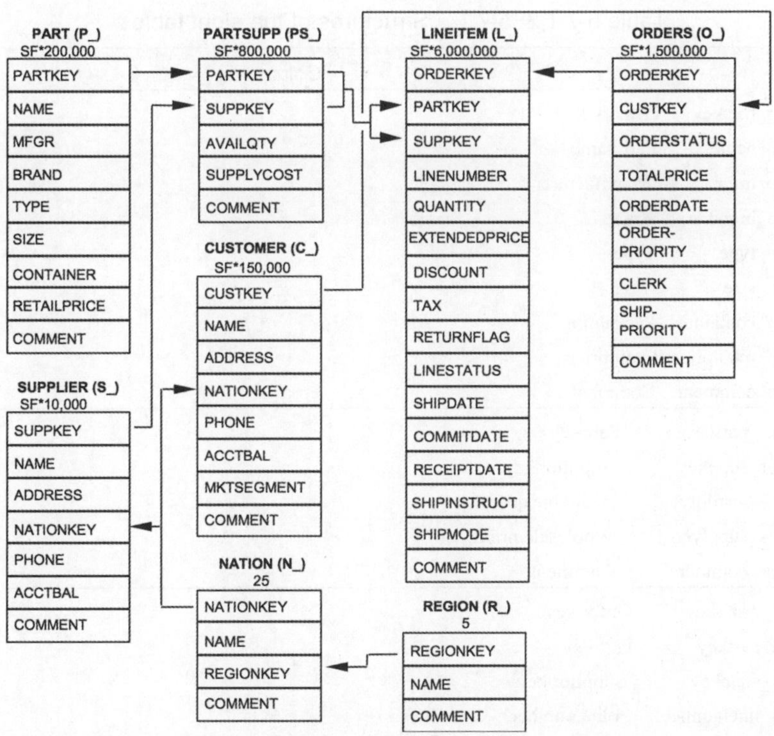

Figure 5-54（图 5-54） Relationships between tables

Description of the eight tables:

(1) PART: indicates part information. The primary key is p_partkey, which ranges from 1 to SF*200,000 and is used to join the PARTSUPP table.

(2) SUPPLIER: indicates supplier information. The primary key is s_suppkey, which ranges from 1 to SF*10,000 and is used to join the PARTSUPP, CUSTOMER, and NATION tables.

(3) PARTSUPP: indicates supplier's part information. The primary keys are ps_partkey and ps_suppkey, which are used to join the PART, SUPPLIER, and LINEITEM tables.

(4) CUSTOMER: indicates consumer information. The primary key is c_custkey, which ranges from 1 to SF*150000 and is used to join the ORDERS table.

(5) ORDERS: indicates order information. The primary key is o_orderkey, which ranges from 1 to SF*1,500,000 and is used to join the LINEITEM table.

(6) LINEITEM: indicates line item information. The primary keys are l_orderkey and l_linenumber. This table has the largest data volume.

(7) NATION: indicates country information. The primary key is n_nationkey. There are 25 fixed countries.

(8) REGION indicates region information. The primary key is r_regionkey. There are five fixed regions.

Structures of the eight tables are shown in Table 5-7 as follows.

Table 5-7（表 5-7）　Structures of the eight tables

Table	Column
PART	p_partkey　Primary key p_name　Part name p_mfgr　Manufacturer p_brand　Brand p_type　Type p_size　Size p_container　Packaging p_retailprice Retail price p_comment　Comment
PARTSUPP	ps_partkey　Part key ps_suppkey　Supplier key ps_availqty　Available quantity ps_supplycost　Wholesale price ps_comment　Comment
LINEITEM	l_orderkey　Order key l_partkey　Part key l_suppkey　Supplier key l_linenumber　Line number l_quantity　Quantity l_extendedprice　Price

续表

Table	Column
LINEITEM	l_discount Discount l_tax Tax l_returnflag Return flag l_linestatus Detailed status l_shipdate Shipment date l_commitdate Estimated arrival date l_receiptdate Actual arrival date l_shipinstruct Waybill processing policy l_shipmode Shipment mode l_comment Comment
ORDERS	o_orderkey Order key o_custkey Customer key o_orderstatus Order status o_totalprice Total price o_orderdate Order date o_orderpriority Order priority o_clerk Cashier o_shippriority Shipment priority o_comment Comment
CUSTOMER	c_custkey Primary key c_name Name c_address Address c_nationkey Country code c_phone Phone c_acctbal Account balance c_mktsegment Market segmentation c_comment Comment
SUPPLIER	s_suppkey Supplier key s_name Supplier name s_address Address s_nationkey Country code s_phone Phone s_acctbal Surplus s_comment Comment
NATION	n_nationkey Country code n_name Country name n_regionkey Region code n_comment Comment

续表

Table	Column
REGION	r_regionkey　Region code r_name　　Name r_comment Comment

Subtask 1: Create the tssupplychain tablespace

Procedure:

a. Log in to the postgres database as the omm user. The database port number is 15432. Run SQL statements to create the tssupplychain tablespace in the relative path ts/tssupplychain.

Screenshot requirements:

a. Take a screenshot of the output of the SQL statement for creating the tablespace and save it as 2-1-1create_tablespace.

【解析】

表之间的关系如下。

- LINEITEM 的 l_orderkey 跟 ORDERS 表的 o_orderkey 之间存在一一对应关系，订单上的商品都在 LINEITEM 表中，每个订单（l_orderkey）有 1～7（l_linenumber）种商品，两张表数据量的关系是 1：(1-7)。
- ORDERS 表的 o_custkey 信息都在 CUSTOMER 表中，但不存在一一对应关系，也就是说订单上的所有消费者信息都在 CUSTOMER 表中，但不是所有消费者都购买了商品，大概 2/3 的消费者有订单。
- PART 和 PARTSUPP 中的 partkey 之间存在一一对应关系，每个零件都有 4 个供应商，两张表数据量的关系是 1：4。
- SUPPLIER 和 PARTSUPP 中的 suppkey 之间存在一一对应关系，每个供应商供应 80 种零件，两张表数据量的关系是 1：80。
- LINEITEM 的 partkey 和 suppkey 都在 PARTSUPP 中。
- 每个 REGION 有 5 个 NATION，每个 NATION 中，supplier 和 customer 的比例大概为 1：15。

a. 以 omm 用户登录 postgres 数据库，数据库端口为 15432，使用 SQL 命令创建 tssupplychain2 表空间。**要求：**创建相对路径的表空间，其相对路径目录为 ts/tssupplychain2。

保存创建表空间的 SQL 语句，将输出内容截图，并把该截图命名为 2-1-1create_tablespace，如图 5-55 所示。

```
openGauss=# create tablespace tssupplychain2 relative location 'ts/tssupplychain2';
CREATE TABLESPACE
```

图 5-55　使用 SQL 命令创建 tssupplychain2 表空间

Subtask 2: Create the dbsupplychain database and switch to the database

Procedure:

a. Log in to the postgres database as the omm user. The database port number is 15432. Run SQL statements to create the dbsupplychain database with the UTF-8 character set and the tssupplychain tablespace.

b. Run the meta-command to switch to the dbsupplychain database.

Screenshot requirements:

a. Take a screenshot of the command to create the database and its output and save it as 2-2-1create_db.

b. Take a screenshot of the meta-command to switch to the dbsupplychain database and its output and save it as 2-2-2change_db.

【解析】

a. 以 omm 用户登录 postgres 数据库，数据库端口为 15432，使用 SQL 命令创建 dbsupplychain 数据库。**要求**：创建 dbsupplychain 数据库的编码集为 UTF-8、表空间为 tssupplychain2。保存创建数据库语句，将输出内容截图，并把该截图命名为 2-2-1create_db，如图 5-56 所示。

```
openGauss=# create database dbsupplychain encoding 'utf8' tablespace tssupplychain2;
CREATE DATABASE
```

图 5-56　使用 SQL 命令创建 dbsupplychain 数据库

b. 使用元命令切换到 dbsupplychain 数据库，将输出内容截图，并把该截图命名为 2-2-2 change_db，如图 5-57 所示。

```
openGauss=# \c dbsupplychain
Non-SSL connection (SSL connection is recommended when requiring high-security)
You are now connected to database "dbsupplychain" as user "omm".
dbsupplychain=#
```

图 5-57　使用元命令切换到 dbsupplychain 数据库

Subtask 3: Import data

Procedure:

a. Copy the supplychain.tar file from the /root/datasets directory to the /home/omm directory. Change the owner and user group of the /home/omm/supplychain.tar file to omm and dbgrp, respectively. Change the permission on the /home/omm/supplychain.tar file to 755.

b. Run the gs_restore command to import supplychain.tar to the dbsupplychain database. The database port number is 15432.

Screenshot requirements:

a. Take a screenshot of the command for modifying the user and user group and save it as 2-3-1chown. Take a screenshot of the command for modifying the permission and save it as 2-3-2chmod. Take a screenshot of the modified file permission information and save it as 2-3-3modified_result.

b. Take a screenshot of the command output indicating that the data is successfully imported and save it as 2-3-4gs_restore.

【解析】

a. 将 supplychain.tar 文件从/root/datasets 目录下复制到/home/omm 目录下。修改/home/omm/supplychain.tar 文件的所属用户为 omm，所属用户组为 dbgrp，并修改/home/omm/supplychain.tar 文件权限为 755。命令如下：

```
chown omm:dbgrp /home/omm/supplychain.tar;
chmod 755 /home/omm/supplychain.tar
```

注释：上一步操作还在数据库连接中，需要使用\q 退出数据库连接再执行权限修改。因为数据文件原本的所有者是 root，需要切换到 root 用户才能执行权限修改，并按题目要求使用 cp 将文件复制到指定路径中（即 cp /root/datasets/supplychain.tar /home/omm）。

保存修改文件所有者及其属组的命令的截图，并把该截图命名为 2-3-1chown；保存修改权限的命令的截图，并把该截图命名为 2-3-2chmod；保存修改后的文件权限信息的截图，并把该截图命名为 2-3-3modified_result，如图 5-58 所示。

```
-rwxr-xr-x  1 omm dbgrp 1.4G Feb 22 10:29 supplychain.tar
[root@opengauss omm]#
```

图 5-58　修改后的文件权限信息

b. 请使用 gs_restore 命令将 supplychain.tar 导入 dbsupplychain 数据库，数据库端口号为 15432，具体命令如下：

gs_restore -d dbsupplychain -h localhost -p 15432 -U omm -W openGauss_1234 -F t supplychain.tar

注释：上一步操作将系统用户切换到了 root 用户，只有 omm 用户才能执行 gs_restore，需要先切换到 omm 用户，即先运行 su - omm。

保存导入数据命令，将导入数据成功输出信息截图，并把该截图命名为 2-3-4gs_restore，如图 5-59 所示。

```
[omm@opengauss ~]$ gs_restore -d dbsupplychain -h localhost -p 15432 -U omm -W openGauss_1234 -F t supplychain.tar
start restore operation ...
table customer complete data imported !
table lineitem complete data imported !
table nation complete data imported !
table orders complete data imported !
table part complete data imported !
table partsupp complete data imported !
table region complete data imported !
table supplier complete data imported !
Finish reading 27 SQL statements!
end restore operation ...
restore operation successful
total time: 105655  ms
[omm@opengauss ~]$
```

图 5-59　使用 gs_restore 命令导入数据

Subtask 4: Query the revenue generated by a supplier in a region for the company in a year

Procedure:

a. Query the annual revenue of suppliers in each country in the region named ASIA in 1995. The unit of the query time is years. The time format is year-month-day and the start time is 1995-01-01. The revenue is calculated by sum(l_extendedprice * (1 - l_discount)), and the alias is **revenue**. Only two columns are displayed in the query result set: country name (n_name) and revenue (**revenue**). The query result is as follows:

```
n_name        |        revenue
AAAXXX        |        555.1697
```

Screenshot requirements:

a. Take a screenshot of the SQL query statement and save it as 2-4-1country_revenue_query.

Take a screenshot of the SQL statement output and save it as 2-4-2country_revenue_result.

【解析】

a. 保存查询 SQL 语句的截图，并把该截图命名为 2-4-1country_revenue_query。保存该查询 SQL 语句执行后的输出结果信息的截图，并把该截图命名为 2-4-2country_revenue_result，如图 5-60 所示。**具体命令如下：**

```
select n_name, sum(l_extendedprice * (1 - l_discount)) as revenue from customer,orders,lineitem,
supplier,nation,region where c_custkey = o_custkey and l_orderkey = o_orderkey and l_suppkey = s_suppkey
and c_nationkey = s_nationkey and s_nationkey = n_nationkey and n_regionkey = r_regionkey and r_name =
'ASIA' and o_orderdate >= '1995-01-01'::date and o_orderdate < '1995-01-01'::date + interval '1 year' group
by n_name order by revenue desc;
```

```
          n_name           |    revenue
---------------------------+---------------
 INDONESIA                 | 56733283.8716
 INDIA                     | 55705718.6713
 CHINA                     | 53387587.3489
 VIETNAM                   | 51634352.6202
 JAPAN                     | 48481534.4057
(5 rows)
```

图 5-60　查询供应商 1995 年的全年收入

Subtask 5: Check whether there are sufficient part suppliers

Procedure:

a. The query conditions are as follows: The part brand is not Brand#51. The part type does not contain MEDIUM POLISHED. The part size is within the range [49, 14, 23, 45, 19, 3, 36, 9]. The parts suppliers must be unique and should not have any customer complaints against them. That is, s_comment does not contain the character strings Customer and Complaints. Parts are grouped by part brand, part type, and part size. Parts are sorted by the total number of part suppliers (the alias must be supplier_cnt) in descending order, and then by part brand, part type, and part size in ascending order. The query result set contains only 10 records, and only four columns are displayed: p_brand, p_type, p_size, and supplier_cnt.

Screenshot requirements:

a. Take a screenshot of the SQL query statement and save it as 2-5-1supplier_query.

Take a screenshot of the SQL statement output and save it as 2-5-2supplier_result.

【解析】

a. 保存查询 SQL 语句的截图，并把该截图命名为 2-5-1 supplier_query。保存该查询 SQL 语句执行后的输出结果信息的截图，并把该截图命名为 2-5-2 supplier_result，如图 5-61 所示。代码如下：

```
select
p_brand,
p_type,
p_size,
count(distinct ps_suppkey) as supplier_cnt
from
partsupp,
part
where
p_partkey = ps_partkey
and p_brand <> 'Brand#51'
and p_type not like 'MEDIUM POLISHED%'
and p_size in (49, 14, 23, 45, 19, 3, 36, 9)
```

```
and ps_suppkey not in (
        select
        s_suppkey
        from
        supplier
        where
        s_comment like '%Customer%Complaints%'
)
group by
p_brand,
p_type,
p_size
order by
supplier_cnt desc,
p_brand,
p_type,
p_size
limit 10;
```

```
 p_brand  |          p_type           | p_size | supplier_cnt
----------+---------------------------+--------+--------------
Brand#41  | MEDIUM BRUSHED TIN        |      3 |           28
Brand#54  | STANDARD BRUSHED COPPER   |     14 |           27
Brand#11  | STANDARD BRUSHED TIN      |     23 |           24
Brand#11  | STANDARD BURNISHED BRASS  |     36 |           24
Brand#15  | MEDIUM ANODIZED NICKEL    |      3 |           24
Brand#15  | SMALL ANODIZED BRASS      |     45 |           24
Brand#15  | SMALL BURNISHED NICKEL    |     19 |           24
Brand#21  | MEDIUM ANODIZED COPPER    |      3 |           24
Brand#22  | SMALL BRUSHED NICKEL      |      3 |           24
Brand#22  | SMALL BURNISHED BRASS     |     19 |           24
(10 rows)
```

图 5-61　查询零件供货商

Subtask 6: Query the average annual revenue loss in a scenario where there are no small orders

Procedure:

a. Query how much average annual revenue will be lost if there are no small orders (the number of orders is less than 15% of the average supply). Select small orders whose part brand is Brand#43, part packaging is JUMBO PACK, and parts quantity is less than 15% of the average supply. Calculate the average annual revenue loss by using the formula: Total price/7. The query result is as follows:

```
 avg_yearly
-----------------
31xxx.368xxx
```

Screenshot requirements:

a. Take a screenshot of the SQL query statement and save it as 2-6-1avg_yearly_query.

Take a screenshot of the SQL statement output and save it as 2-6-2avg_yearly_result.

【解析】

a. 保存查询 SQL 语句的截图，并把该截图命名为 2-6-1 avg_yearly_query。保存该查询 SQL 语句执行后的输出结果信息的截图，并把该截图命名为 2-6-2avg_yearly_result，如图 5-62 所示。代码如下：

```
   avg_yearly
------------------
165731.368571428571
(1 row)
```

图 5-62　计算平均年收入损失

```
select
sum(l_extendedprice) / 7.0 as avg_yearly
from
lineitem,
part
where
p_partkey = l_partkey
and p_brand = 'Brand#43'
and p_container = 'JUMBO PACK'
and l_quantity < (
```

```
select 0.15 * avg(l_quantity)
from lineitem
where l_partkey = p_partkey );
```

Subtask 7: Use AI4DB index recommendation

Procedure:

a. First, use AI4DB to analyze the SQL statements used in subtask 4 and obtain the index recommendation column.

b. Second, create a virtual index based on the recommendation result.

c. Finally, enable the SQL execution duration and run the SQL statements in subtask 4 again.

Screenshot requirements:

a. Take a screenshot of the SQL statements used for index recommendation and save it as 2-7-1index_advise_rec. Take a screenshot of the SQL statement output and save it as 2-7-2index_advise_result.

b. Take a screenshot of the SQL statement for creating the virtual index and save it as 2-7-3create_vindex. Take a screenshot of the output of the SQL statement for viewing the virtual index and save it as 2-7-4query_index.

c. Take a screenshot of the meta-command for enabling the SQL execution duration and save it as 2-7-5timing_up. Take a screenshot of the output result and execution duration after the SQL statement in subtask 4 is executed again and save it as 2-7-6timing_result.

【解析】

a. 保存索引推荐时的 SQL 语句的截图，并把该截图命名为 2-7-1index_advise_rec。保存该 SQL 语句输出结果截图，并把该截图命名为 2-7-2 index_advise_result，如图 5-63 所示。代码如下：

```
select * from gs_index_advise('
select
n_name,
sum(l_extendedprice * (1 - l_discount)) as revenue
from
customer,
orders,
lineitem,
supplier,
nation,
region
where
c_custkey = o_custkey
and l_orderkey = o_orderkey
and l_suppkey = s_suppkey
and c_nationkey = s_nationkey
and s_nationkey = n_nationkey
and n_regionkey = r_regionkey
and r_name = ''ASIA''
and o_orderdate >= ''1995-01-01''::date
and o_orderdate < ''1995-01-01''::date + interval ''1 year''
group by
n_name
order by revenue desc;');
```

```
schema | table    |         column          | indextype
--------+----------+-------------------------+-----------
public | customer | c_custkey,c_nationkey   |
public | orders   | o_custkey,o_orderkey    |
public | lineitem | l_orderkey,l_suppkey    |
public | supplier | s_suppkey,s_nationkey   |
public | nation   | n_name                  |
public | region   | r_regionkey             |
(6 rows)
```

图 5-63　索引推荐时的 SQL 语句输出结果

b. 保存创建虚拟索引的 SQL 语句的截图，并把该截图命名为 2-7-3 create_vindex。保存查看虚拟索引的 SQL 语句的输出结果的截图，并把该截图命名为 2-7-4 query_index。

创建虚拟索引的代码如下：

```
select * from hypopg_create_index('create index on customer(c_custkey,c_nationkey)');
select * from hypopg_create_index('create index on orders(o_custkey,o_orderkey)');
select * from hypopg_create_index('create index on lineitem(l_orderkey,l_suppkey)');
select * from hypopg_create_index('create index on supplier(s_suppkey,s_nationkey)');
select * from hypopg_create_index('create index on nation(n_name)');
select * from hypopg_create_index('create index on region(r_regionkey)');
```

截图参考如图 5-64 所示。

```
dbsupplychain=# select * from hypopg_create_index('create index on customer(c_custkey,c_nationkey)');
select * from hypopg_create_index('create index on orders(o_custkey,o_orderkey)');
select * from hypopg_create_index('create index on lineitem(l_orderkey,l_suppkey)');
select * from hypopg_create_index('create index on supplier(s_suppkey,s_nationkey)');
select * from hypopg_create_index('create index on nation(n_name)');
select * from hypopg_create_index('create index on region(r_regionkey)');
 indexrelid |                 indexname
------------+-------------------------------------------
      25362 | <25362>btree_customer_c_custkey_c_nationkey
(1 row)

dbsupplychain=# select * from hypopg_create_index('create index on orders(o_custkey,o_orderkey)');
 indexrelid |               indexname
------------+---------------------------------------
      25363 | <25363>btree_orders_o_custkey_o_orderkey
(1 row)

dbsupplychain=# select * from hypopg_create_index('create index on lineitem(l_orderkey,l_suppkey)');
 indexrelid |                indexname
------------+-----------------------------------------
      25364 | <25364>btree_lineitem_l_orderkey_l_suppkey
(1 row)

dbsupplychain=# select * from hypopg_create_index('create index on supplier(s_suppkey,s_nationkey)');
 indexrelid |                 indexname
------------+-------------------------------------------
      25365 | <25365>btree_supplier_s_suppkey_s_nationkey
(1 row)

dbsupplychain=# select * from hypopg_create_index('create index on nation(n_name)');
 indexrelid |         indexname
------------+---------------------------
      25366 | <25366>btree_nation_n_name
(1 row)

dbsupplychain=# select * from hypopg_create_index('create index on region(r_regionkey)');
 indexrelid |            indexname
------------+--------------------------------
      25367 | <25367>btree_region_r_regionkey
(1 row)
```

图 5-64　创建虚拟索引

查看虚拟索引的代码如下：

```
select * from hypopg_display_index();
```

查看虚拟索引结构，如图 5-65 所示。

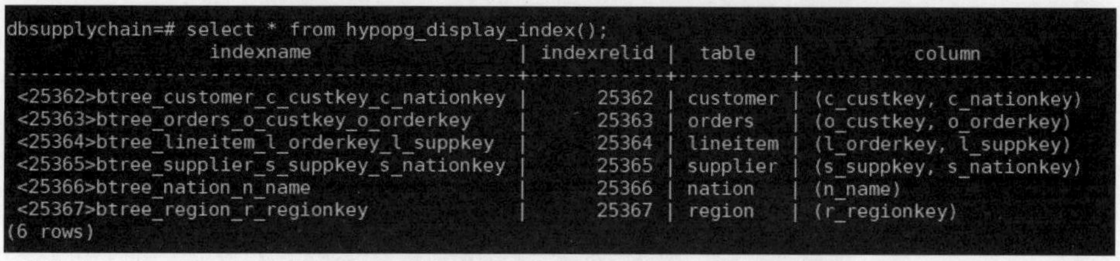

图 5-65　查看虚拟索引

c. 保存开启 SQL 语句执行时长元命令的截图，并把该截图命名为 2-7-5 timing_up，如图 5-66 所示。重新执行 Subtask 4 的 SQL 语句，保存其输出结果及执行时长的截图，并把该截图命名为 2-7-6 timing_result，如图 5-67 所示。

开启 SQL 语句执行时长元命令：\timing on。

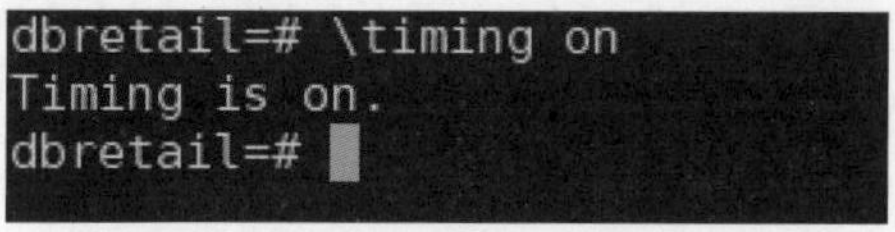

图 5-66　开启 SQL 语句执行时长元命令

Subtask 4 的 SQL 语句如下：

```
select
n_name,
sum(l_extendedprice * (1 - l_discount)) as revenue
from
customer,
orders,
lineitem,
supplier,
nation,
region
where
c_custkey = o_custkey
and l_orderkey = o_orderkey
and l_suppkey = s_suppkey
and c_nationkey = s_nationkey
and s_nationkey = n_nationkey
and n_regionkey = r_regionkey
and r_name = 'ASIA'
and o_orderdate >= '1995-01-01'::date
and o_orderdate < '1995-01-01'::date + interval '1 year'
group by
n_name
order by revenue desc;
```

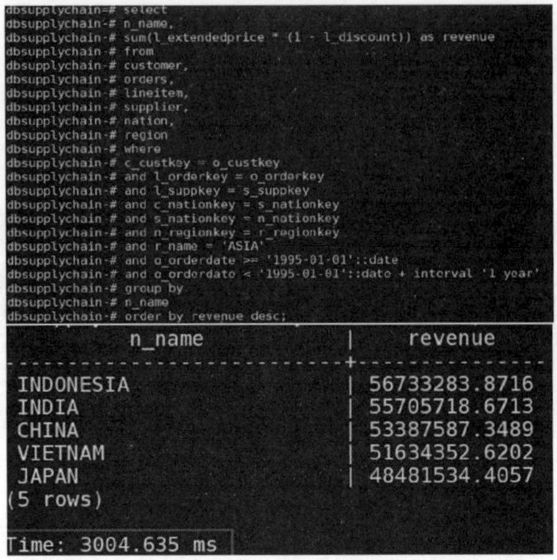

图 5-67　Subtask 4 的 SQL 语句的输出结果及执行时长

Task 3: Using openGauss to Analyze the Operation Status of a Retail Company (110 Points)

Lab task scenario:

A multi-dimensional analysis is performed on the service data of each retailer. For example, KPI information such as store turnover, customer flow, monthly sales ranking, monthly customer flow conversion rate, monthly rent-to-sales ratio, and sales per unit area can be summarized and queried.

Lab data: /root/datasets/retail_data.sql.

Involved tables and their relationships (case-insensitive columns) are shown in Fig. 5-68 and Table 5-8.

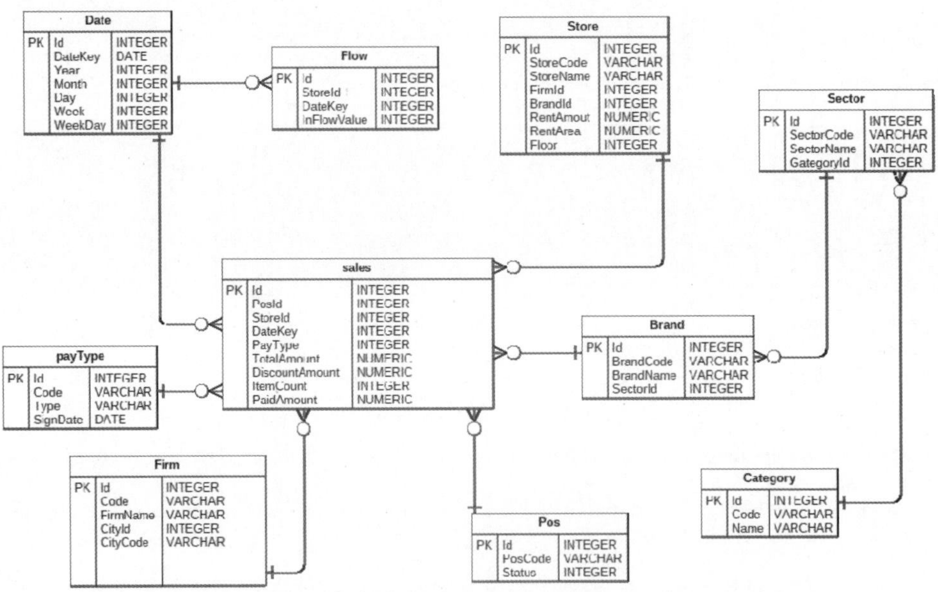

Figure 5-68（图 5-68）　Involved tables and their relationships

Table 5-8（表 5-8） The tables in task 3

Table/View	Column
brand (Brand)	id Brand ID brandcode Brand code brandname Brand name sectorid Retail industry ID
category (Category)	id Category ID code Category code name Category name
date (Date)	id Date ID datekey Date in the long format, for example, '2016-01-01 00:00:00' year Year month Month day Day week Week weekday The day in a week
firm (Company)	id Company ID code Company code name Company name cityid ID of the city where the company is located cityname Name of the city where the company is located citycode Code of the city where the company is located
flow (Flow)	id ID storeid Store datekey Date in the long format inflowvalue Inflow value
paytype (Payment type table)	id ID code Code type Payment type signdate Signing date
Pos (Position)	id ID poscode Position code status Status: 1 or 0 modificationdate Modification date
sales (Sales)	id ID posid Position ID storeid Store ID datekey Date paytype Payment type totalamount Total number discountamount Number of discounts itemcount Number of items paidamount Number of paid items

续表

Table/View	Column
sector (Retail industry)	id　Retail industry ID sectorcode　Retail industry code sectorname　Name of the retail industry categoryid　Category ID
store (Store)	id　Store ID storecode　Store code storename Store name firmid　Company ID floor brandid　Brand ID rentamount　Number of rentals rentarea　Rental area

Subtask 1: Initialize data

Procedure:

a. Copy the retail_data.sql file from the /root/datasets directory to the /home/omm directory. Change the owner and user group of the /home/omm/retail_data.sql file to omm and dbgrp, respectively. Change the permission on the /home/omm/retail_data.sql file to 755.

Create the ts/tsretail tablespace.

b. Create the dbretail database with the ts/tsretail tablespace and the UTF-8 character set, and switch to the dbretail database.

c. Use the meta-command to import retail_data.sql to the dbretail database.

d. Run the meta-command to list all tables in the dbretail database.

Screenshot requirements:

a. Take a screenshot of the SQL statement for creating the tablespace and save it as 3-1-1create_ts.

b. Take a screenshot of the SQL statement for creating the database and save it as 3-1-2create_db.

c. Take a screenshot of the meta-command for importing data and save it as 3-1-3import_data.

d. Take a screenshot of the meta-command for listing database tables and views and save it as 3-1-4 list_table.

【解析】

a. 创建表空间的 SQL 语句如下：

```
create tablespace tsretail2 relative location 'ts/tsretail2';
```

保存该命令及其输出结果截图，并把该截图命名为 3-1-1create_ts，如图 5-69 所示。

```
dbsupplychain=# create tablespace tsretail2 relative location 'ts/tsretail2';
CREATE TABLESPACE
```

图 5-69　创建表空间 ts/tsretail2

b. 保存创建数据库的 SQL 语句，输入以下命令：

```
create database dbretail encoding 'utf8' tablespace tsretail2;
```

保存该命令及其输出结果截图，并把该截图命名为 3-1-2create_db，如图 5-70 所示。

```
dbsupplychain=# create database dbretail encoding 'utf8' tablespace tsretail2;
CREATE DATABASE
```

图 5-70 创建编码集为 UTF-8 的数据库

c. 保存导入数据的元命令，输入以下命令：

```
\i /home/omm/retail_data.sql
```

保存该命令及其输出结果截图，并把该截图命名为 3-1-3 import_data，如图 5-71 所示。

```
dbretail=# \i /home/omm/retail_data.sql
gsql:/home/omm/retail_data.sql:10: NOTICE:  table "brand" does not exist, skipping
DROP TABLE
CREATE TABLE
gsql:/home/omm/retail_data.sql:21: NOTICE:  table "category" does not exist, skipping
DROP TABLE
CREATE TABLE
gsql:/home/omm/retail_data.sql:31: NOTICE:  table "date" does not exist, skipping
DROP TABLE
CREATE TABLE
gsql:/home/omm/retail_data.sql:45: NOTICE:  table "firm" does not exist, skipping
DROP TABLE
CREATE TABLE
gsql:/home/omm/retail_data.sql:58: NOTICE:  table "flow" does not exist, skipping
DROP TABLE
CREATE TABLE
gsql:/home/omm/retail_data.sql:69: NOTICE:  table "paytype" does not exist, skipping
DROP TABLE
CREATE TABLE
gsql:/home/omm/retail_data.sql:80: NOTICE:  table "pos" does not exist, skipping
DROP TABLE
CREATE TABLE
gsql:/home/omm/retail_data.sql:91: NOTICE:  table "sales" does not exist, skipping
DROP TABLE
CREATE TABLE
gsql:/home/omm/retail_data.sql:107: NOTICE:  table "sector" does not exist, skipping
DROP TABLE
CREATE TABLE
gsql:/home/omm/retail_data.sql:118: NOTICE:  table "store" does not exist, skipping
DROP TABLE
CREATE TABLE
gsql:/home/omm/retail_data.sql:133: NOTICE:  view "v_sales_flow_details" does not exist, skipping
DROP VIEW
CREATE VIEW
INSERT 0 1
```

图 5-71 导入数据的元命令

d. 保存列出数据库表和视图的元命令\d 或\dt，将输出结果截图，并把该截图命名为 3-1-4 list_table，如图 5-72 所示。

```
                           List of relations
Schema |   Name   | Type  | Owner |               Storage
--------+----------+-------+-------+--------------------------------------
public | brand    | table | omm   | {orientation=column,compression=middle}
public | category | table | omm   | {orientation=column,compression=middle}
public | date     | table | omm   | {orientation=column,compression=middle}
public | firm     | table | omm   | {orientation=column,compression=middle}
public | flow     | table | omm   | {orientation=column,compression=middle}
public | paytype  | table | omm   | {orientation=column,compression=middle}
public | pos      | table | omm   | {orientation=column,compression=middle}
public | sales    | table | omm   | {orientation=column,compression=middle}
public | sector   | table | omm   | {orientation=column,compression=middle}
public | store    | table | omm   | {orientation=column,compression=middle}
(10 rows)
```

图 5-72 列出数据库表和视图及其输出结果

Subtask 2: Create a view and analyze retail indicators

Procedure:

a. Create a view named v_sales_and_flow in inner join mode based on the sales, store, firm, brand, sector, category, date, and flow tables, and relationships between the tables. This view should contain the following columns:

firmid, firname, citycode, categoryid, categoryname, sectorid, sector.sectorname, brandid, brand.brandname, storeid, store.storename, store.rentamount, store.rentarea, datekey, totalamount, discountamount, itemcount, paidamount, and inflowvalue

b. Query the monthly turnover of each store in the created v_sales_and_flow view. In addition, you can write SQL statements based on the relationship between tables to query the monthly turnover of each store. You can use either of the two methods. Requirement: Use the date_trunc function to obtain monthly information and sort the information by turnover in descending order. The result set should contain the following columns: month (monthly) and turnover (turnover).

c. Customize a function named query_brand_day_turnover and call the function to query the daily turnover of each brand. To query the daily turnover of each brand, write SQL statements according to the relationship between tables. The requirements are as follows: Group by brand and date and sort by daily turnover in ascending order. The result set should contain the following columns: brand (brandname), date (datekey), and turnover (turnover).

Screenshot requirements:

a. Take a screenshot of the SQL statement for creating a view and save it as 3-2-1view_create. Take a screenshot of the view and output displayed by running a meta-command and save it as 3-2-2view_result.

b. Take a screenshot of the SQL query statement and save it as 3-2-3month_query. Take a screenshot of the SQL statement and output result and save it as 3-2-4month_result.

c. Take a screenshot of the SQL statement for creating a user-defined function and save it as 3-2-5create_func. Take a screenshot of the command or statement for calling a user-defined function and save it as 3-2-6call_func. Take a screenshot of output result for calling a user-defined function and save it as 3-2-7func_result.

【解析】

a. 保存创建视图的 SQL 语句的截图，并把该截图命名为 3-2-1view_create，如图 5-73 所示。保存用于查看视图的元命令及其输出结果的截图，并把该截图命名为 3-2-1view_result，如图 5-74 所示。命令如下：

```
CREATE VIEW v_sales_and_flow AS SELECT firm.id AS firmid, firm.name AS firname, firm.citycode, category.id AS categoryid, category.name AS categoryname,sector.id AS sectorid, sector.sectorname, brand.id AS brandid,brand.brandname, store.id AS storeid, store.storename, store.rentamount,store.rentarea, "date".datekey, sales.totalamount, sales.discountamount,sales.itemcount, sales.paidamount, flow.inflowvalue FROM sales JOIN store ON sales.storeid = store.id JOIN firm ON store.firmid = firm.id JOIN brand ON store.brandid = brand.id JOIN sector ON brand.sectorid = sector.id JOIN category ON sector.categoryid = category.id JOIN "date" ON sales.datekey = "date".id JOIN flow ON flow.datekey = "date".id AND flow.storeid = store.id;
```

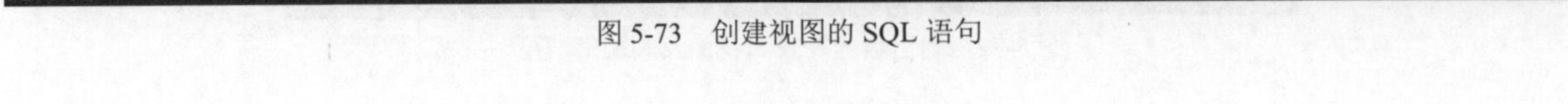

```
dbretail=# CREATE VIEW v_sales_and_flow AS SELECT firm.id AS firmid, firm.name AS firname, firm.citycode, category.id AS categoryid, category.name AS categoryname,sector.id AS secto
rid, sector.sectorname, brand.id AS brandid,brand.brandname, store.id AS storeid, store.storename, store.rentamount,store.rentarea, "date".datekey, sales.totalamount, sales.discount
amount,sales.itemcount, sales.paidamount, flow.inflowvalue FROM sales JOIN store ON sales.storeid = store.id JOIN firm ON store.firmid = firm.id JOIN brand ON store.brandid = brand.
id JOIN sector ON brand.sectorid = sector.id JOIN category ON sector.categoryid = category.id JOIN "date" ON sales.datekey = "date".id JOIN flow ON flow.datekey = "date".id AND flow
.storeid = store.id;
CREATE VIEW
```

图 5-73　创建视图的 SQL 语句

```
dbretail=# \d+ v_sales_and_flow
                          View "public.v_sales_and_flow"
    Column     |              Type              | Modifiers | Storage  | Description
---------------+--------------------------------+-----------+----------+-------------
 firmid        | integer                        |           | plain    |
 firname       | character varying(40)          |           | extended |
 citycode      | character varying(20)          |           | extended |
 categoryid    | integer                        |           | plain    |
 categoryname  | character varying(20)          |           | extended |
 sectorid      | integer                        |           | plain    |
 sectorname    | character varying(20)          |           | extended |
 brandid       | integer                        |           | plain    |
 brandname     | character varying(100)         |           | extended |
 storeid       | integer                        |           | plain    |
 storename     | character varying(100)         |           | extended |
 rentamount    | numeric(18,2)                  |           | main     |
 rentarea      | numeric(18,2)                  |           | main     |
 datekey       | timestamp(0) without time zone |           | plain    |
 totalamount   | numeric(18,2)                  |           | main     |
 discountamount | numeric(18,2)                 |           | main     |
 itemcount     | integer                        |           | plain    |
 paidamount    | numeric(18,2)                  |           | main     |
 inflowvalue   | integer                        |           | plain    |
View definition:
 SELECT firm.id AS firmid, firm.name AS firname, firm.citycode,
    category.id AS categoryid, category.name AS categoryname,
    sector.id AS sectorid, sector.sectorname, brand.id AS brandid,
    brand.brandname, store.id AS storeid, store.storename, store.rentamount,
    store.rentarea, "date".datekey, sales.totalamount, sales.discountamount,
    sales.itemcount, sales.paidamount, flow.inflowvalue
   FROM sales
   JOIN store ON sales.storeid = store.id
   JOIN firm ON store.firmid = firm.id
   JOIN brand ON store.brandid = brand.id
   JOIN sector ON brand.sectorid = sector.id
   JOIN category ON sector.categoryid = category.id
   JOIN "date" ON sales.datekey = "date".id
   JOIN flow ON flow.datekey = "date".id AND flow.storeid = store.id;
```

图 5-74　用于查看视图的元命令及其输出结果

b. 保存查询 SQL 语句的截图，并把该截图命名为：3-2-3month_query。将该 SQL 语句及输出结果截图命名为 3-2-4month_result。

① 依赖 v_sales_and_flow 视图查询的 SQL 语句：

```
SELECT DATE_TRUNC('month',datekey) AS monthly, SUM(paidamount)
AS turnover FROM v_sales_and_flow GROUP BY DATE_TRUNC('month',datekey) ORDER BY SUM(paidamount) DESC;
```

该语句的输出结果如图 5-75 所示。

```
dbretail=# SELECT DATE_TRUNC('month',datekey) AS monthly, SUM(paidamount)
dbretail-# AS turnover FROM v_sales_and_flow GROUP BY DATE_TRUNC('month',datekey) ORDER BY SUM(paidamount) DESC;
      monthly        |   turnover
---------------------+--------------
 2016-01-01 00:00:00 | 398573094.39
(1 row)
```

图 5-75　依赖 v_sales_and_flow 视图查询的 SQL 语句的输出结果

② 多表关联查询 SQL 语句：

```
select date_trunc('month',datekey) as monthly,sum(paidamount) as turnover from (select s.storeid,s.
datekey as day,s.paytype,s.paidamount,d.id as dateid,d.datekey,t.storename,t.id from store t join sales
s on t.id=s.storeid join "date" d on s.datekey=d.id) as tt group by date_trunc('month',datekey) order by
sum(paidamount) desc;
```

该语句的输出结果如图 5-76 所示。

```
      monthly        |   turnover
---------------------+--------------
 2016-01-01 00:00:00 | 398573094.39
(1 row)
```

图 5-76　多表关联查询 SQL 语句的输出结果

c. 保存创建自定义函数 SQL 语句的截图，并把该截图命名为 3-2-5create_func，如图 5-77 所示。将调用自定义函数命令或语句的截图命名为 3-2-6call_func，将调用自定义函数的输出结果截图命名为 3-2-7 func_result，如图 5-78 所示。

① 创建自定义函数的 SQL 语句：

```
CREATE OR REPLACE FUNCTION query_brand_day_turnover()
RETURNS TABLE (brandname varchar,datekey timestamp(0) without time zone,turnover numeric(18,2))
LANGUAGE plpgsql
AS $$
BEGIN
    RETURN QUERY select brandname,datekey as day_timestamp,sum(paidamount) as turnover from (select s.id as storeid,s.brandid,b.brandname,l.datekey as daynum,d.datekey, l.paidamount from store s join brand b on s.brandid=b.id join sales l on l.storeid=s.id join "date" d on l.datekey=d.id) as tt group by brandname,day_timestamp order by turnover asc limit 1000;
END;
$$;
```

该语句及其输出结果截图如图 5-77 所示。

```
dbretail=# CREATE OR REPLACE FUNCTION query_brand_day_turnover()
dbretail-# RETURNS TABLE (brandname varchar,datekey timestamp(0) without time zone,turnover numeric(18,2))
dbretail-# LANGUAGE plpgsql
dbretail-# AS $$
dbretail$# BEGIN
dbretail$#     RETURN QUERY select brandname,datekey as day_timestamp,sum(paidamount) as turnover from (select s.id as storeid,s.brandi
d,b.brandname,l.datekey as daynum,d.datekey, l.paidamount from store s join brand b on s.brandid=b.id join sales l on l.storeid=s.id jo
in "date" d on l.datekey=d.id) as tt group by brandname,day_timestamp order by turnover asc limit 1000;
dbretail$# END;
dbretail$# $$;
CREATE FUNCTION
dbretail=#
```

图 5-77　创建自定义函数的 SQL 语句及其输出结果

② 调用自定义函数的语句：

call query_brand_day_turnover(); 或者 select * from query_brand_day_turnover();

该语句的输出结果截图如图 5-78 所示。

brandname	datekey	turnover
ZHUYEQING	2016-01-24 00:00:00	3972.97
ZHUYEQING	2016-01-10 00:00:00	3973.01
ZHUYEQING	2016-01-17 00:00:00	3977.97
ZHUYEQING	2016-01-03 00:00:00	3988.48
ZHUYEQING	2016-01-04 00:00:00	7656.37
ZHUYEQING	2016-01-25 00:00:00	7681.60
ZHUYEQING	2016-01-11 00:00:00	7719.87
ZHUYEQING	2016-01-18 00:00:00	7731.67
ZHUYEQING	2016-01-19 00:00:00	10787.49
ZHUYEQING	2016-01-12 00:00:00	10874.35
ZHUYEQING	2016-01-05 00:00:00	10878.77
ZHUYEQING	2016-01-26 00:00:00	10976.76
ZHUYEQING	2016-01-06 00:00:00	13210.13
ZHUYEQING	2016-01-20 00:00:00	13252.48
ZHUYEQING	2016-01-27 00:00:00	13299.86
ZHUYEQING	2016-01-13 00:00:00	13449.12
COLUMBIA	2016-01-24 00:00:00	13667.38
COLUMBIA	2016-01-17 00:00:00	13706.64
COLUMBIA	2016-01-10 00:00:00	13832.05
COLUMBIA	2016-01-03 00:00:00	13840.88
ZHUYEQING	2016-01-16 00:00:00	14713.14
ZHUYEQING	2016-01-30 00:00:00	14721.39
ZHUYEQING	2016-01-07 00:00:00	14736.35
ZHUYEQING	2016-01-02 00:00:00	14779.10
ZHUYEQING	2016-01-21 00:00:00	14823.01
ZHUYEQING	2016-01-14 00:00:00	14896.40
ZHUYEQING	2016-01-09 00:00:00	14902.25
ZHUYEQING	2016-01-28 00:00:00	14942.66
ZHUYEQING	2016-01-23 00:00:00	14956.36
ZHUYEQING	2016-01-08 00:00:00	15230.53
CALVIN KLEIN	2016-01-24 00:00:00	15237.74
ZHUYEQING	2016-01-15 00:00:00	15376.27
ZHUYEQING	2016-01-01 00:00:00	15381.63

--More--

图 5-78　调用自定义函数的语句的输出结果

Task 4: Managing openGauss System O&M (30 Points)
Subtask 1: Check the database performance

Procedure:

a. Use gs_checkperf to check the performance of the current database cluster. Requirement: Check the performance of the current database cluster in PMK mode and display its detailed performance information. Take a screenshot of the CPU and disk usage.

Screenshot requirements:

a. Take a screenshot of the executed command and its output and save it as 4-1-1perf.

【解析】

数据库运维人员和数据库管理员平时都需要对 openGauss 进行管理，运维人员更是进行 openGauss 系统运维与管理的主要人员，需要对 openGauss 系统进行巡检，主要工作包括数据库状态检查、实例主备切换、例行维护、备份与恢复、性能查询等。

a. 执行以下命令：

```
gs_checkperf -i PMK --detail
```

保存完整的执行命令及其输出结果截图，并把该截图命名为 4-1-1perf，如图 5-79 所示。

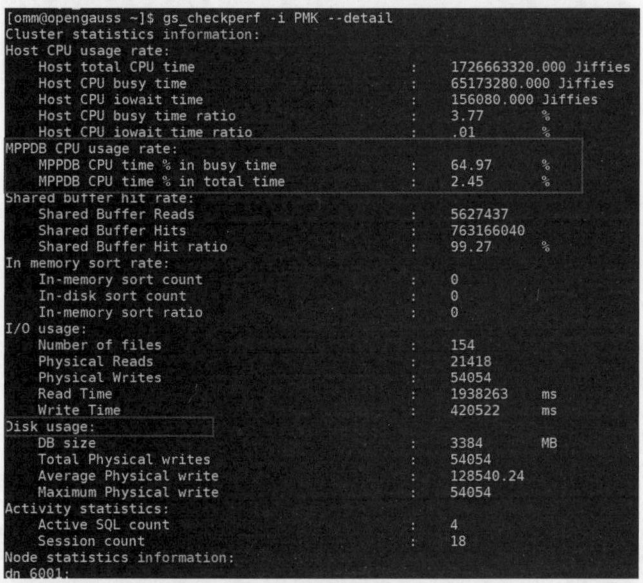

```
[omm@opengauss ~]$ gs_checkperf -i PMK --detail
Cluster statistics information:
Host CPU usage rate:
    Host total CPU time                    :    1726663320.000 Jiffies
    Host CPU busy time                     :    65173280.000 Jiffies
    Host CPU iowait time                   :    156080.000 Jiffies
    Host CPU busy time ratio               :    3.77        %
    Host CPU iowait time ratio             :    .01         %
MPPDB CPU usage rate:
    MPPDB CPU time % in busy time          :    64.97       %
    MPPDB CPU time % in total time         :    2.45        %
Shared buffer hit rate:
    Shared Buffer Reads                    :    5627437
    Shared Buffer Hits                     :    763166040
    Shared Buffer Hit ratio                :    99.27       %
In memory sort rate:
    In-memory sort count                   :    0
    In-disk sort count                     :    0
    In-memory sort ratio                   :    0
I/O usage:
    Number of files                        :    154
    Physical Reads                         :    21418
    Physical Writes                        :    54054
    Read Time                              :    1938263     ms
    Write Time                             :    420522      ms
Disk usage:
    DB size                                :    3384        MB
    Total Physical writes                  :    54054
    Average Physical write                 :    128540.24
    Maximum Physical write                 :    54054
Activity statistics:
    Active SQL count                       :    4
    Session count                          :    18
Node statistics information:
dn_6001:
```

图 5-79　检查数据库集群的性能

Subtask 2: Collect system information to help locate faults

Procedure:

a. Use gs_collector to collect system information. Requirements: The collection time range is [20240103 07:00, 20240303 22:30]. You need to collect information about the pg_locks and pg_stat_activity views. You can add the information about the two views to /home/omm/collector.json. The mandatory items are "Count": "1" and

"Interval": "0".

Screenshot requirements:

a. Take a screenshot of the content added to the collector.json file and save it as 4-2-1collector_json.

Take a screenshot of the gs_collector command execution and save it as 4-2-2collector_exec.

Take a screenshot of the gs_collector command output, and save it as 4-2-3collector_result.

【解析】

a. 保存 collector.json 中添加的内容的截图，并把该截图命名为 4-2-1collector_json。

① 修改配置文件，如图 5-80 所示。

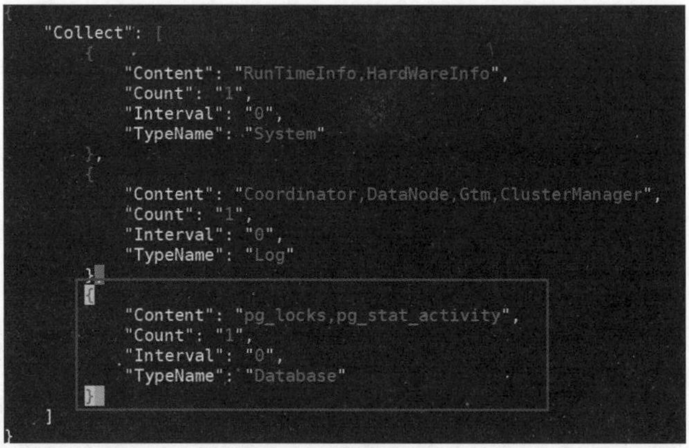

图 5-80　修改配置文件

② 保存 gs_collector 命令执行截图，并把该截图命名为 4-2-2collector_exec，如图 5-81 所示。具体命令如下：

```
gs_collector --begin-time="20240103 07:00" --end-time="20240303 22:30" -C /home/omm/collector.json
```

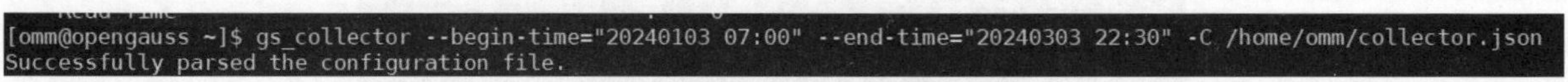

图 5-81　gs_collector 命令执行

③ 保存 gs_collector 命令及其执行结果截图，并把该截图命名为 4-2-3collector_result，如图 5-82 所示。

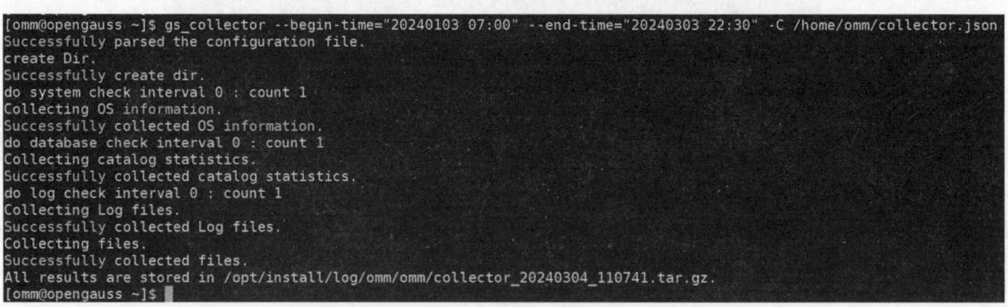

图 5-82　gs_collector 命令及其执行结果

Subtask 3: Use the DBMind Web interface

Procedure:

a. Log in to the DBMind Management page, find the top 10 slow query records, and take a screenshot. The username and password for logging in to the DBMind Management page are dbmind_monitor and openGauss@1234, respectively.

Note: First, ensure that port 8080 is allowed in the security group's inbound direction.

Screenshot requirements:

a. Take a screenshot of the top 10 slow query records and save it as 4-3-1slow_query.

【解析】

a. 找到排名前 10 的 Slow Query 记录，并截图保存下来，把该截图命名为 4-3-1 slow_query，如图 5-83 所示。登录地址为公网 ip:8080。

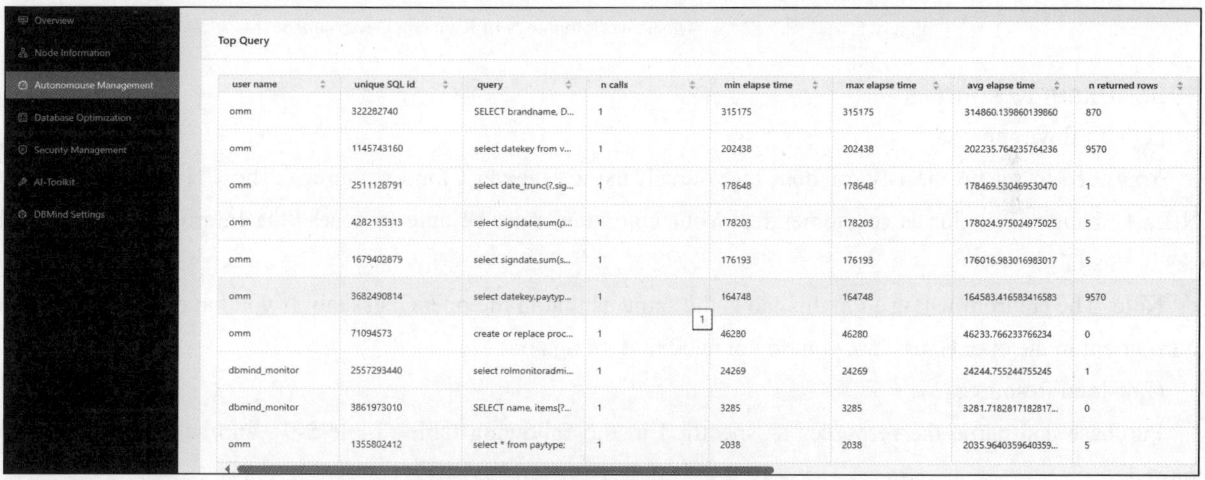

图 5-83　排名前 10 的 Slow Query 记录

5.3.3 Kunpeng Application Development

1. Scenarios

Different instruction sets supported by processors mean that developers may need to migrate code across platforms. Code migration is often complex and cumbersome. Developers need to manually analyze, check, and identify software packages, source code, and dependency libraries, and manually solve differences between instruction sets, including syntaxes, instructions, functions, and library support. Faced with migration challenges like laborious manual code review, demanding expertise, repetitive compilation/troubleshooting cycles, and overall inefficiency, the Kunpeng Porting Advisor can provide professional migration guidance based on quick and automatic scan of massive code.

2. Network Topology

Description: The following figure (Figure 5-84)shows the network topology of this exam. You can define a VPC or use the default VPC.

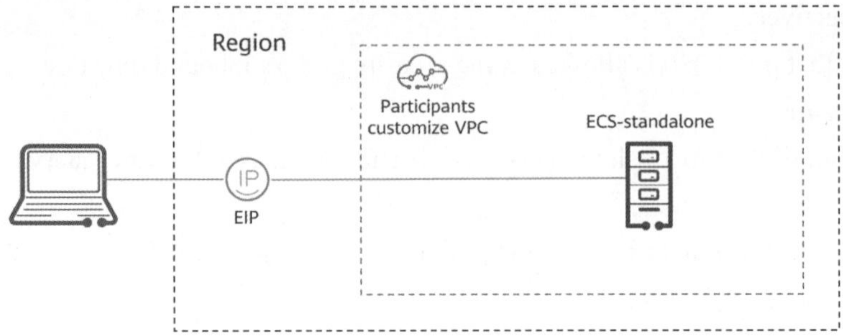

Figure 5-84（图 5-84） The network topology of Kunpeng Development

3. Exam Resources

(1) Lab Environment

You need to set up the environment by yourself using Huawei Cloud resources. The CN North-Beijing4 or CN East-Shanghai1 region is recommended. Your computer must be able to access the Internet to complete the tasks in this lab.

Note: The environment used in this lab is the same as that in the openGauss lab. If you have already set up the environment in the openGauss lab, you do not need to do it again.

(2) Cloud Resources

Purchase and name the resources as specified in the following table (Table 5-9), and set the passwords as required.

Table 5-9（表 5-9） Cloud Resources of Kunpeng

Resource Name	Specifications	Description
VPC	None	Use a custom VPC name or **vpc-default**
ECS ecs-standalone	4 vCPUs | 8 GiB | openEuler 20.03 with ARM 64bit	Use the Kunpeng architecture
EIPs and bandwidth	As required by the tasks	Several EIPs

(3) Tools

The following table (Table 5-10) lists the tool required in this lab.

Table 5-10（表 5-10） The Tools required in this lab

Software	Description
MobaXterm	Remote login tool. Other remote login tools can also be used

The following table (Table 5-11) lists the software or source packages to be downloaded for this lab.

Table 5-11（表 5-11） The software or source packages

Software	Description
Porting-advisor_2.5.0.1_linux-Kunpeng.tar.gz	Porting tool used in task 1
single_inline_asm	Used for single_inline_asm source code analysis in task 1
bisheng-jdk-11.0.19-linux-aarch64.tar.gz	Used for BiSheng JDK installation in task 2
jenkins.war	Used for Jenkins deployment in task 2
smartdenovo.zip	Used for the build step of the PortingAdvisor type in task 2
porting-advisor-plugin.hpi	Used for deployment of the porting-advisor plugin of Jenkins in task 2
Porting-advisor_23.0.RC1_linux-Kunpeng.tar.gz	Configured in the build step of the PortingAdvisor type in task 2

Note: All software packages are stored in the /home/kunpeng directory of the ECS. If the directory does not exist, check whether the shared image is used to create the ECS.

4. Exam Tasks

Lab Tasks

Each step in a task is scored separately. Please arrange your exam time appropriately.

Note: The environment used in this lab is the same as that in the openGauss lab.

Task 1: Full Assembly Translation Using the Kunpeng Porting Advisor (100 Points)
Subtask 1: Install and deploy the Porting Advisor

Procedure:

a. Install the Kunpeng Porting Advisor on the ECS.

Note: If the error message "GPG check failed" is displayed, you are advised to solve the problem by modifying the /etc/yum.repos.d/openEuler.repo configuration file and use Porting-advisor_2.5.0.1_linux-Kunpeng.tar.gz for installation.

b. Log in to the Kunpeng Porting Advisor webUI.

Note: If "Your connection is not private" is displayed, click Proceed to...

Screenshot requirements:

a. Take a screenshot of the output after the Porting Advisor is installed, including the message " Successfully installed the Kunpeng Porting Advisor in /opt/portadv/.", and save it as 1-1-1terminal.

b. Take a screenshot of the login page of the administrator portadmin, and save it as 1-1-2portadmin.

【解析】

a. 保存安装 Porting Advisor 工具后输出的截图，要求包括回显信息“Successfully installed the Kunpeng Porting Advisor in /opt/portadv/.”。把截图命名为 1-1-1terminal。

1）通过远程登录工具 MobaXterm 连接 ECS，进入/home/kunpeng 目录，解压 Porting-advisor_

2.5.0.1_linux-Kunpeng.tar.gz。

2）进入解压后的目录，执行 install 文件，加上 web 选项（前面加空格隔开）。安装 Porting Advisor 工具的详细过程如图 5-85 所示。

```
[root@ecs-standalone ~]# cd /home/kunpeng/
[root@ecs-standalone kunpeng]# ll
total 1.1G
drwxr-xr-x 2 root root 4.0K Apr  8 17:03 all_asm
-rw-r--r-- 1 root root 190M Apr  8 16:55 bisheng-jdk-11.0.19-linux-aarch64.tar.gz
-rw-r--r-- 1 root root  86M Apr  8 16:56 jenkins.war
-rw-r--r-- 1 root root 436M Apr  8 17:02 Porting-advisor_23.0.RC1_linux-Kunpeng.tar.gz
-rw-r--r-- 1 root root 415M Apr  8 16:59 Porting-advisor_2.5.0.1_linux-Kunpeng.tar.gz
-rw-r--r-- 1 root root  46K Apr  8 17:02 porting-advisor-plugin.hpi
drwxr-xr-x 2 root root 4.0K Apr  8 17:03 single_inline_asm
-rw-r--r-- 1 root root 269K Apr  8 17:02 smartdenovo.zip
[root@ecs-standalone kunpeng]# tar -zxf Porting-advisor_2.5.0.1_linux-Kunpeng.tar.gz
[root@ecs-standalone kunpeng]# ll
total 1.1G
drwxr-xr-x 2 root root  4.0K Apr  8 17:03 all_asm
-rw-r--r-- 1 root root  190M Apr  8 16:55 bisheng-jdk-11.0.19-linux-aarch64.tar.gz
-rw-r--r-- 1 root root   86M Apr  8 16:56 jenkins.war
-rw-r--r-- 1 root root  436M Apr  8 17:02 Porting-advisor_23.0.RC1_linux-Kunpeng.tar.gz
drwxr-xr-x 2 1001 users 4.0K Feb 28  2022 Porting-advisor_2.5.0.1_linux-Kunpeng
-rw-r--r-- 1 root root  415M Apr  8 16:59 Porting-advisor_2.5.0.1_linux-Kunpeng.tar.gz
-rw-r--r-- 1 root root   46K Apr  8 17:02 porting-advisor-plugin.hpi
drwxr-xr-x 2 root root  4.0K Apr  8 17:03 single_inline_asm
-rw-r--r-- 1 root root  269K Apr  8 17:02 smartdenovo.zip
[root@ecs-standalone kunpeng]# cd Porting-advisor_2.5.0.1_linux-Kunpeng
[root@ecs-standalone Porting-advisor_2.5.0.1_linux-Kunpeng]# ll
total 418M
-rwxr-xr-x 1 1001 users 3.3M Feb 28  2022 cms
-rwxr-xr-x 1 1001 users  67K Feb 28  2022 install
-r-------- 1 1001 users 508K Feb 28  2022 Open_Source_Software_Notice.txt
-rw-r--r-- 1 1001 users 414M Feb 28  2022 Porting-advisor_2.5.0.1_linux-Kunpeng.tar.gz
-rw-r--r-- 1 1001 users 9.0K Feb 28  2022 Porting-advisor_2.5.0.1_linux-Kunpeng.tar.gz.cms
-rw-r--r-- 1 1001 users 7.1K Feb 28  2022 Porting-advisor_2.5.0.1_linux-Kunpeng.tar.gz.crl
-rw-r--r-- 1 1001 users  186 Feb 28  2022 Porting-advisor_2.5.0.1_linux-Kunpeng.tar.gz.txt
-rw-r--r-- 1 1001 users 2.3K Feb 28  2022 runtime_env_check.conf
-rwxr-xr-x 1 1001 users  49K Feb 28  2022 runtime_env_check.sh
[root@ecs-standalone Porting-advisor_2.5.0.1_linux-Kunpeng]# ./install web
```

（a）第一步

```
[root@ecs-standalone Porting-advisor_2.5.0.1_linux-Kunpeng]# ./install web
Checking ./Porting-advisor_2.5.0.1_linux-Kunpeng ...
Installing ./Porting-advisor_2.5.0.1_linux-Kunpeng ...
Enter the installation path. The default path is /opt :  ← 按“Enter”键
Start to install the Kunpeng Porting Advisor.
Decompressing files ...
Checking dependent Installations for Kunpeng Porting Advisor...
unzip already installed!
sudo already installed!
expect already installed!
gcc already installed!
make already installed!
zlib-devel already installed!
zlib already installed!
pcre already installed!
openssl-devel already installed!
openssl already installed!
wget already installed!
cpio already installed!
rpm already installed!
acl already installed!
lsof already installed!
bzip2 already installed!
libcap already installed!
crontabs already installed!
e2fsprogs already installed!
The following essential dependencies have not been installed: java-devel pcre-devel
The following optional dependencies have not been installed: rpm-build rpmdevtools rpmrebuild
(The rpmrebuild component is not installed, download and upload the rpmrebuild component to the server, and run the following
command to install it:
rpm -ivh xxx.rpm)
Some risky components, will be automatically installed with the Kunpeng Porting Advisor. Do you allow automatic installation o
f these components(y/n)?  ← 输入y
```

（b）第二步

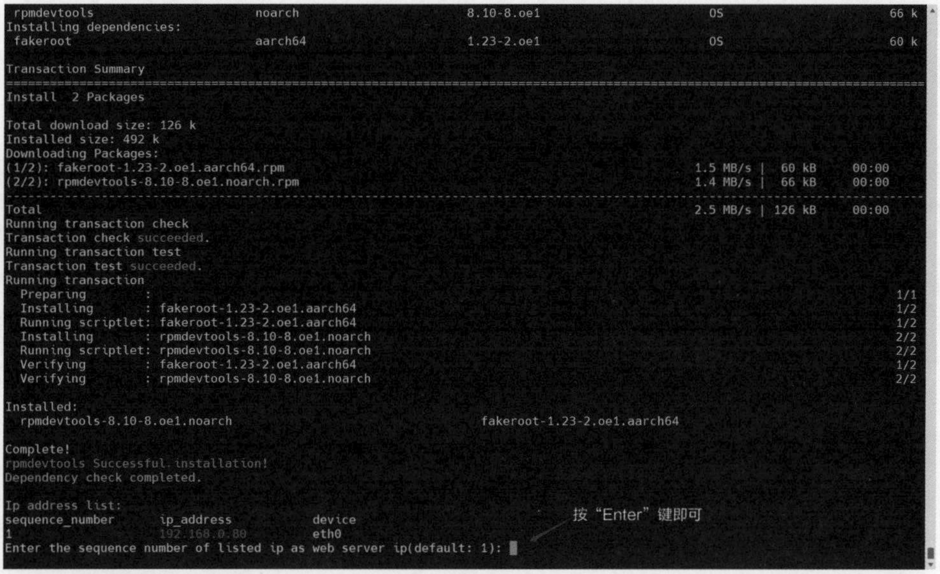

```
 rpmdevtools                    noarch                  8.10-8.oe1                    OS                 66 k
Installing dependencies:
 fakeroot                       aarch64                 1.23-2.oe1                    OS                 60 k

Transaction Summary
================================================================================================================
Install  2 Packages

Total download size: 126 k
Installed size: 492 k
Downloading Packages:
(1/2): fakeroot-1.23-2.oe1.aarch64.rpm                                        1.5 MB/s |  60 kB     00:00
(2/2): rpmdevtools-8.10-8.oe1.noarch.rpm                                      1.4 MB/s |  66 kB     00:00
----------------------------------------------------------------------------------------------------------------
Total                                                                         2.5 MB/s | 126 kB     00:00
Running transaction check
Transaction check succeeded.
Running transaction test
Transaction test succeeded.
Running transaction
  Preparing        :                                                                                      1/1
  Installing       : fakeroot-1.23-2.oe1.aarch64                                                          1/2
  Running scriptlet: fakeroot-1.23-2.oe1.aarch64                                                          1/2
  Installing       : rpmdevtools-8.10-8.oe1.noarch                                                        2/2
  Running scriptlet: rpmdevtools-8.10-8.oe1.noarch                                                        2/2
  Verifying        : fakeroot-1.23-2.oe1.aarch64                                                          1/2
  Verifying        : rpmdevtools-8.10-8.oe1.noarch                                                        2/2

Installed:
  rpmdevtools-8.10-8.oe1.noarch                         fakeroot-1.23-2.oe1.aarch64

Complete!
rpmdevtools Successful installation!
Dependency check completed.

Ip address list:
sequence_number      ip_address          device
1                    192.168.0.80        eth0
Enter the sequence number of listed ip as web server ip(default: 1):
```


（c）第三步

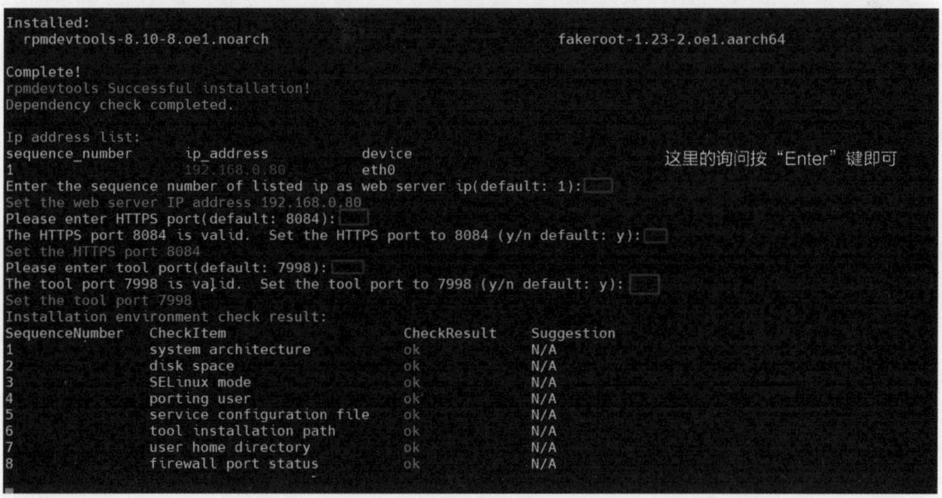

```
Installed:
  rpmdevtools-8.10-8.oe1.noarch                         fakeroot-1.23-2.oe1.aarch64

Complete!
rpmdevtools Successful installation!
Dependency check completed.

Ip address list:
sequence_number      ip_address          device
1                    192.168.0.80        eth0
Enter the sequence number of listed ip as web server ip(default: 1):
Set the web server IP address 192.168.0.80
Please enter HTTPS port(default: 8084):
The HTTPS port 8084 is valid.  Set the HTTPS port to 8084 (y/n default: y):
Set the HTTPS port 8084
Please enter tool port(default: 7998):
The tool port 7998 is valid.  Set the tool port to 7998 (y/n default: y):
Set the tool port 7998
Installation environment check result:
SequenceNumber   CheckItem                     CheckResult    Suggestion
1                system architecture           ok             N/A
2                disk space                    ok             N/A
3                SELinux mode                  ok             N/A
4                porting user                  ok             N/A
5                service configuration file    ok             N/A
6                tool installation path        ok             N/A
7                user home directory           ok             N/A
8                firewall port status          ok             N/A
```


（d）第四步

图 5-85　安装 Porting Advisor 工具的详细过程

在图 5-85 的方框内输入 y/n，此处输入 y 即可，安装 Porting Advisor 工具并回显成功，如图 5-86 所示。

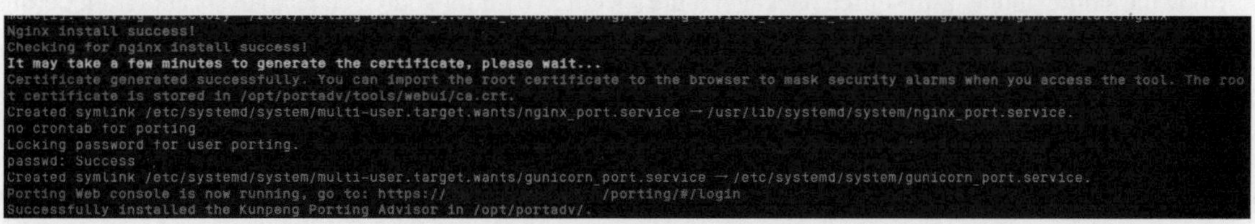

```
Nginx install success!
Checking for nginx install success!
It may take a few minutes to generate the certificate, please wait...
Certificate generated successfully. You can import the root certificate to the browser to mask security alarms when you access the tool. The roo
t certificate is stored in /opt/portadv/tools/webui/ca.crt.
Created symlink /etc/systemd/system/multi-user.target.wants/nginx_port.service → /usr/lib/systemd/system/nginx_port.service.
no crontab for porting
Locking password for user porting.
passwd: Success
Created symlink /etc/systemd/system/multi-user.target.wants/gunicorn_port.service → /etc/systemd/system/gunicorn_port.service.
Porting Web console is now running, go to: https://                    /porting/#/login
Successfully installed the Kunpeng Porting Advisor in /opt/portadv/.
```

图 5-86　安装 Porting Advisor 工具并回显成功

b. 保存管理员账号 portadmin 登录界面的截图，并把截图命名为 1-1-2portadmin。

通过浏览器访问 https://公网 IP:8084/porting/#/login，配置完初始密码后，即可得到关键截图，如图 5-87 所示。

（a）在浏览器中打开网站

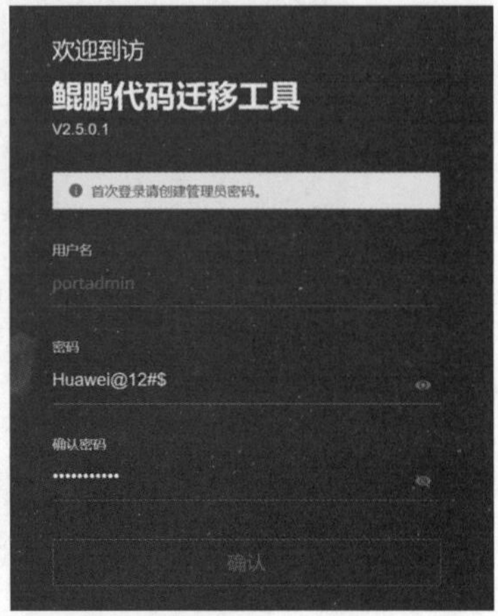

（b）通过浏览器访问并配置初始密码

（c）管理员账号 portadmin 登录界面

图 5-87　关键截图

Subtask 2: Analyze the scanning result of the Porting Advisor

Procedure:

a. Copy the single_inline_asm source package to the specified path for source code analysis and grant permissions. Create a single_inline_asm source code porting task on the Porting Advisor with correct configurations.

Note: Select 7.3.0 as the GCC version and openEuler 20.03 as the target OS.

b. Execute the analysis task and obtain the source code porting analysis report.

Screenshot requirements:

a. Take a screenshot of the source code porting task creation page. All parameters, except Custom x86 Macro, must be set correctly. Save the screenshot as 1-2-1single_inline_asm.

b. Take a screenshot of the entire source code porting analysis report page, and save it as 1-2-2analysis.

【解析】

a. 将 single_inline_asm 源码复制到源码分析指定路径并赋权，进入代码迁移工具。保存已填写除 x86 宏外的所有信息的源码迁移配置页面的截图，并把截图命名为 1-2-1single_inline_asm，如图 5-88 所示。

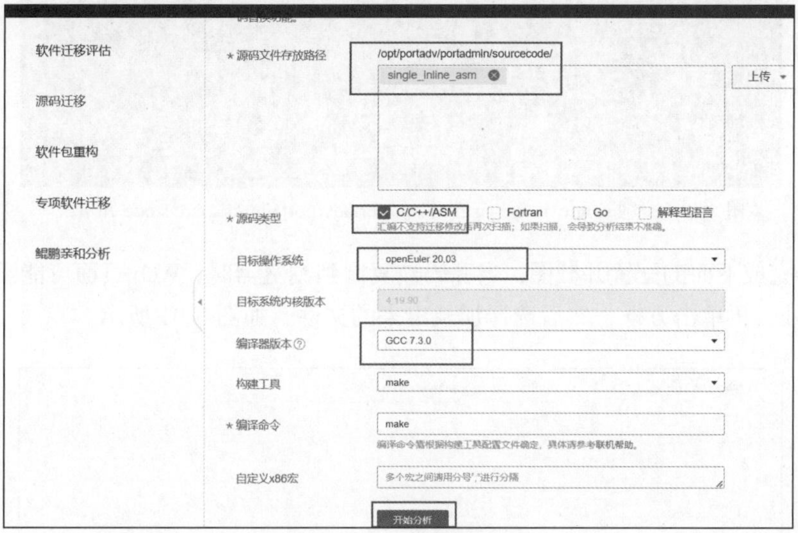

图 5-88　源码迁移配置页面

b. 执行分析任务，获取源码迁移分析报告。

1）登录鲲鹏代码迁移工具界面后，选择左侧的“源码迁移”，查看源码存放路径，如图 5-89 所示。

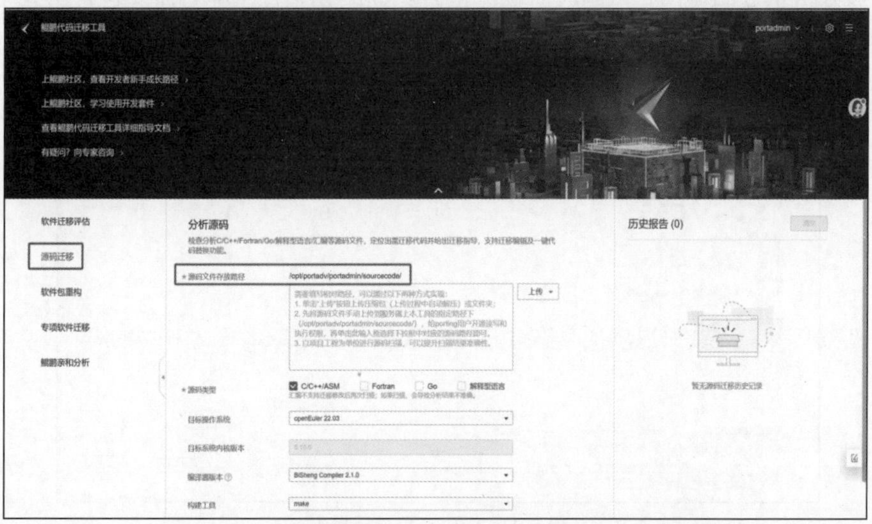

图 5-89　登录鲲鹏代码迁移工具界面并查看源码存放路径

2）复制 single_inline_asm 到/opt/portadv/portadmin/sourcecode 并赋权，如图 5-90 所示。

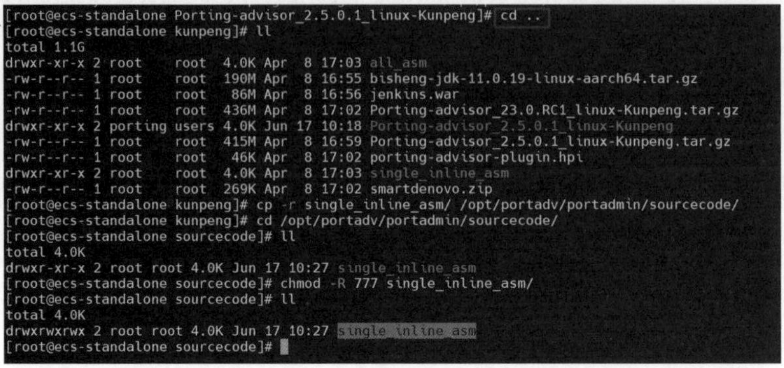

图 5-90　复制 single_inline_asm 到/opt/portadv/portadmin/sourcecode 并赋权

3）回到浏览器完成下面的配置并截图，当源码被复制到浏览器时，Web 页面可能没有同步数据，需要单击方框外的空白处，再单击方框，然后选择加载出来的文件，如图 5-91 所示。

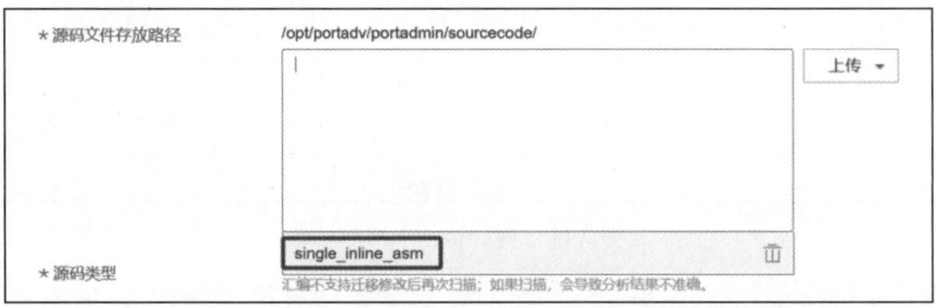

图 5-91　回到浏览器完成配置并截图

保存源码迁移分析报告的截图，截图时需确保报告页面的完整性（即它需要包含所有结果），并把截图命名为 1-2-2 analysis，如图 5-92 所示。

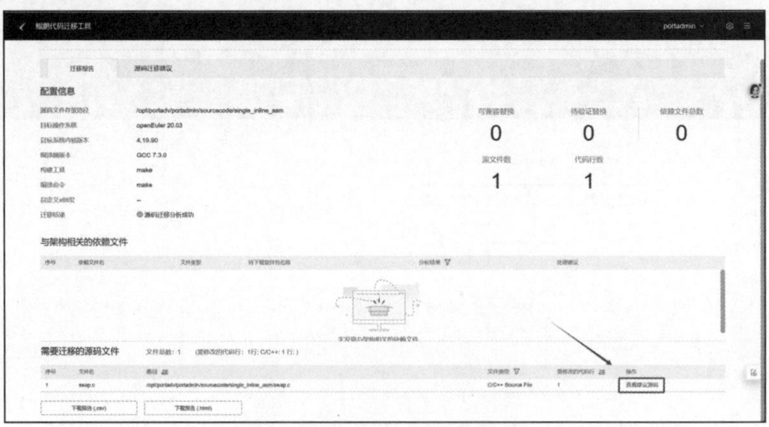

图 5-92　源码迁移分析报告

Subtask 3: Modify the source code based on the porting suggestions

Procedure:

a. Modify the swap.c file based on the source code porting suggestions.

b. Go to the source code path and compile the source code.

Note: Use a compile command to output an .out file.

Screenshot requirements: (Take multiple screenshots if the results cannot be included in one, and suffix the screenshot names with (1), (2), etc.)

a. Take a screenshot of the swap.c porting suggestions, including the items to be modified marked with wavy lines. Save the screenshot as 1-3-1 test.

Take a screenshot of the content of the modified swap.c, and save it as 1-3-2update.

b. Take a screenshot of files in the compilation directory after single_inline_asm is compiled, and save it as 1-3-3result.

【解析】

a. 保存 swap.c 源码迁移建议截图，要求包含修改项的浪纹线标志，并把截图命名为 1-3-1 test，如图 5-93 所示。

① 在 swap.c 文件右下角单击“查看建议源码”，会跳转到修改页。

② 将鼠标指针悬停在浪纹线处，会出现快捷菜单。

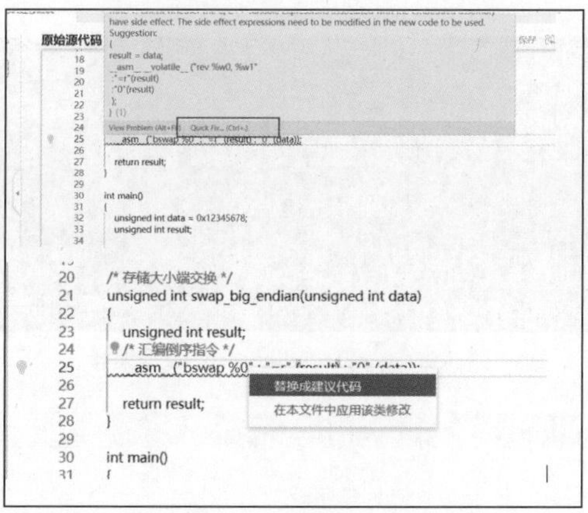

图 5-93　swap.c 源码迁移建议

③ 保存修改后的 swap.c 源码截图，并把截图命名为 1-3-2 update，如图 5-94 所示。

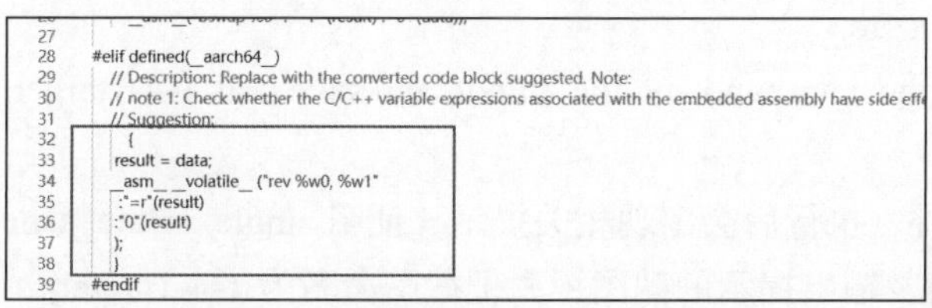

图 5-94　修改后的 swap.c 源码（部分）

单击右上角的“保存”，如图 5-95 所示，使得修改生效。

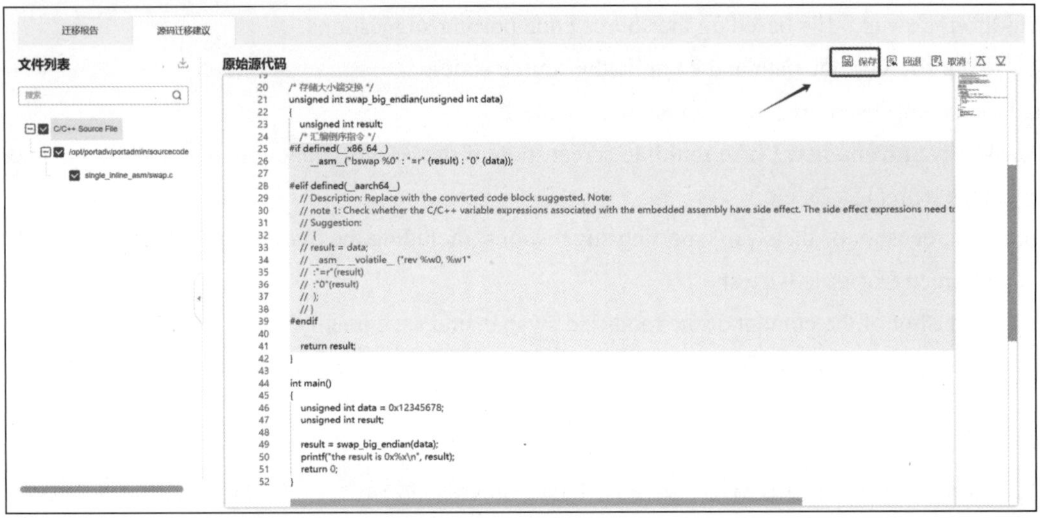

图 5-95　单击右上角的“保存”

b. 保存 single_inline_asm 源码编译的截图，需要显示编译路径下生成的所有文件，并把截图命名为 1-3-3 result，如图 5-96 所示。

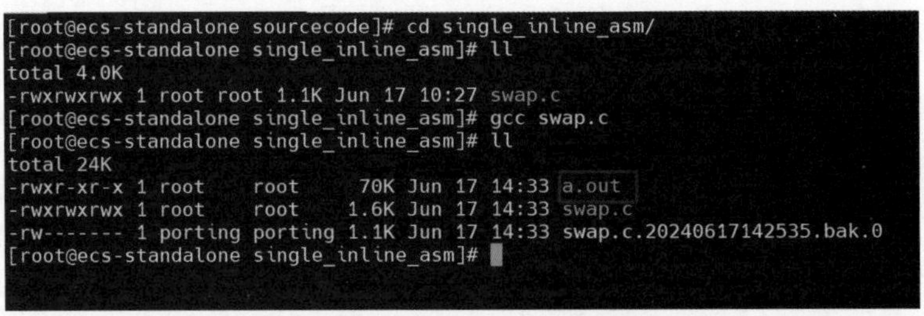

图 5-96　single_inline_asm 源码编译

Subtask 4: Run the modified source code for verification

Procedure:

a. Execute the generated target file. If related output is displayed, the single_inline_asm source code has been ported.

Screenshot requirements: (Take multiple screenshots if the results cannot be included in one, and suffix the screenshot names with (1), (2), etc.)

a. Take a screenshot of the command and the output, and save it as 1-4-1target.

【解析】

a. 执行生成的目标文件，执行后会出现相关提示，证明 single_inline_asm 源码已完成迁移，如图 5-97 所示。保存终端相关命令行及输出提示的截图，并把截图命名为 1-4-1target。

```
[root@ecs-standalone single_inline_asm]# ll
total 24K
-rwxr-xr-x 1 root    root     70K Jun 17 14:33 a.out
-rwxrwxrwx 1 root    root    1.6K Jun 17 14:33 swap.c
-rw------- 1 porting porting 1.1K Jun 17 14:33 swap.c.20240617142535.bak.0
[root@ecs-standalone single_inline_asm]# ./a.out
the result is 0x0
[root@ecs-standalone single_inline_asm]# 
```

图 5-97　执行生成的目标文件

Task 2: Continuous Integration of the Software Porting Project Using the Porting Advisor Plugin of Jenkins (100 Points)

Subtask 1: Install and configure BiSheng JDK

Procedure:

a. Install and configure BiSheng JDK on the ECS. After the configuration is complete, run a command to view the Java version of BiSheng JDK.

Screenshot requirements:

a. Take a screenshot of the BiSheng JDK version, including output message "OpenJDK Runtime Environment BiSheng (build 11.0.19+11)", and save it as 2-1-1jdk.

【解析】

Jenkins 是一种持续集成工具，用于监控持续重复工作。Porting Advisor 与 Jenkins 结合可实现工程首次配置，后续持续集成扫描，能帮助开发者实现自动化且持续性的源码迁移评估。

a. 毕昇 JDK 配置完成后，用 Java 版本查看命令查看毕昇 JDK 版本信息并截图，要求包括回显信息“OpenJDK Runtime Environment BiSheng (build 11.0.19+11)”，并把截图命名为 2-1-1jdk。

① 回到/home/kunpeng 目录，解压 JDK 的软件包，并将解压后的软件包重命名为 jdk11。

② 编辑 /etc/profile 配置 jdk11 的环境变量，如图 5-98 所示。

```
[root@ecs-standalone single_inline_asm]# cd /home/kunpeng/
[root@ecs-standalone kunpeng]# ll
total 1.1G
drwxr-xr-x 2 root    root  4.0K Apr  8 17:03 all_asm
-rw-r--r-- 1 root    root  190M Apr  8 16:55 bisheng-jdk-11.0.19-linux-aarch64.tar.gz
-rw-r--r-- 1 root    root   86M Apr  8 16:56 jenkins.war
-rw-r--r-- 1 root    root  436M Apr  8 17:02 Porting-advisor_23.0.RC1_linux-Kunpeng.tar.gz
drwxr-xr-x 2 porting users 4.0K Jun 17 10:18 Porting-advisor_2.5.0.1_linux-Kunpeng
-rw-r--r-- 1 root    root  415M Apr  8 16:59 Porting-advisor_2.5.0.1_linux-Kunpeng.tar.gz
-rw-r--r-- 1 root    root   46K Apr  8 17:02 porting-advisor-plugin.hpi
drwxr-xr-x 2 root    root  4.0K Apr  8 17:03 single_inline_asm
-rw-r--r-- 1 root    root  269K Apr  8 17:02 smartdenovo.zip
[root@ecs-standalone kunpeng]# tar -zxf bisheng-jdk-11.0.19-linux-aarch64.tar.gz
[root@ecs-standalone kunpeng]# ll
total 1.1G
drwxr-xr-x  2 root    root  4.0K Apr  8 17:03 all_asm
drwxr-xr-x 10 omm     users 4.0K May  9  2023 bisheng-jdk-11.0.19
-rw-r--r--  1 root    root  190M Apr  8 16:55 bisheng-jdk-11.0.19-linux-aarch64.tar.gz
-rw-r--r--  1 root    root   86M Apr  8 16:56 jenkins.war
-rw-r--r--  1 root    root  436M Apr  8 17:02 Porting-advisor_23.0.RC1_linux-Kunpeng.tar.gz
drwxr-xr-x  2 porting users 4.0K Jun 17 10:18 Porting-advisor_2.5.0.1_linux-Kunpeng
-rw-r--r--  1 root    root  415M Apr  8 16:59 Porting-advisor_2.5.0.1_linux-Kunpeng.tar.gz
-rw-r--r--  1 root    root   46K Apr  8 17:02 porting-advisor-plugin.hpi
drwxr-xr-x  2 root    root  4.0K Apr  8 17:03 single_inline_asm
-rw-r--r--  1 root    root  269K Apr  8 17:02 smartdenovo.zip
[root@ecs-standalone kunpeng]# mv bisheng-jdk-11.0.19 jdk11
[root@ecs-standalone kunpeng]# vim /etc/profile
```

图 5-98　配置 jdk11 的环境变量

③ 在 /etc/profile 文件最后添加图 5-99 所示的变量信息。

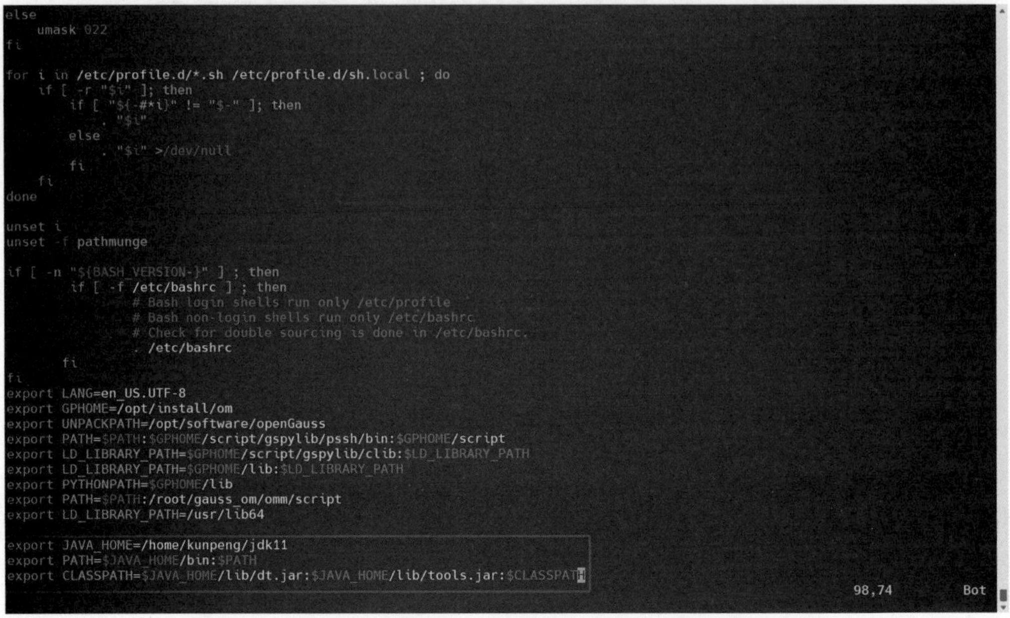

图 5-99　在/etc/profile 文件最后添加的变量信息

④ 运行 source/etc/profile 命令，使环境变量生效，查看毕昇 JDK 版本信息，如图 5-100 所示。

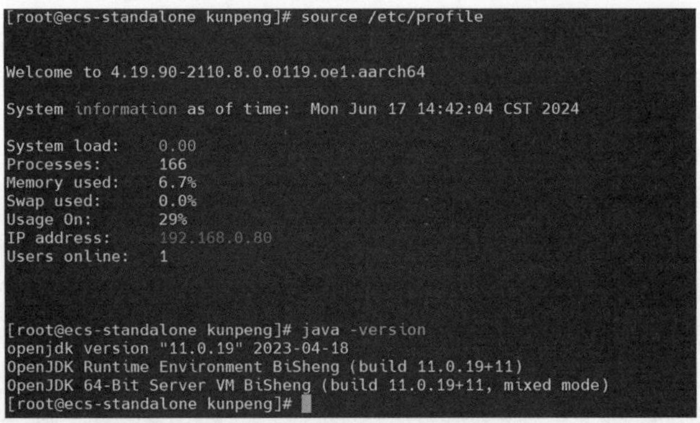

图 5-100　查看毕昇 JDK 版本信息

Subtask 2: Install the Porting Advisor plugin of Jenkins

Procedure:

a. Start the Jenkins service on the ECS and allow access through port 8080.

Note: Allow port 8080 in the inbound rules of the security group to which the ECS belongs. Otherwise, the Jenkins service cannot be accessed.

b. Initialize Jenkins and complete basic configurations such as setting the user password.

Note: The Jenkins service automatically generates an administrator password upon startup. Use this password to configure Jenkins.

c. Import the Porting Advisor plugin to Jenkins and deploy it. Ensure that the plugin is usable.

Note: You can export the plugin file porting-advisor-plugin.hpi from the /home/kunpeng directory on the ECS and deploy it locally.

Screenshot requirements:

a. Take a screenshot of the entire Jenkins service startup page, including the initial password, and all real-time overview results, and save it as 2-2-1Jenkins.

b. Take a screenshot of the Create First Admin User page, and save it as 2-2-2Jenkins-Console.

c. Take a screenshot of the entire page after the Porting Advisor plugin is configured, and save it as 2-2-3Plugin.

【解析】

a. 保存“启动 Jenkins 服务”界面中显示的初始化密码的截图，截图时需确保页面内容的完整性（即包含所有实时概览结果），并把截图命名为 2-2-1Jenkins，如图 5-101 所示。

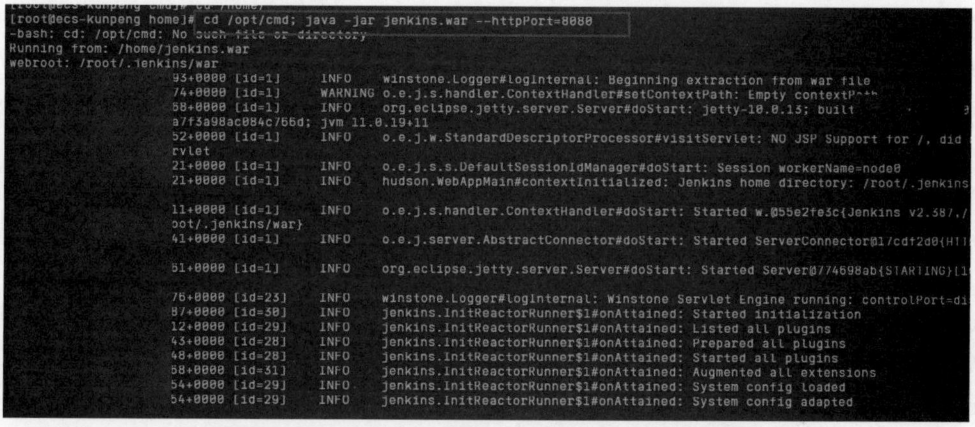

图 5-101　“启动 Jenkins 服务”界面中显示的初始化密码

b. 保存 Jenkins“创建第一个管理员用户”界面截图，并把截图命名为 2-2-2Jenkins-Console，如图 5-102 所示。

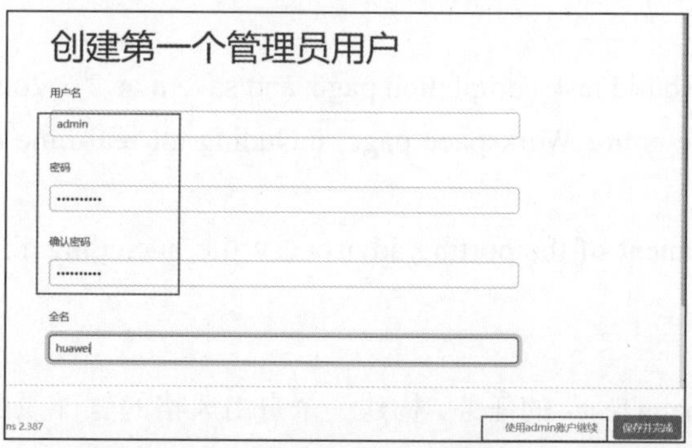

图 5-102　Jenkins“创建第一个管理员用户”界面

c. 保存"Porting Advisor 插件"配置完成页面的截图，截图时需确保页面内容的完整性，并把截图命名为 2-2-3Plugin，如图 5-103 所示。

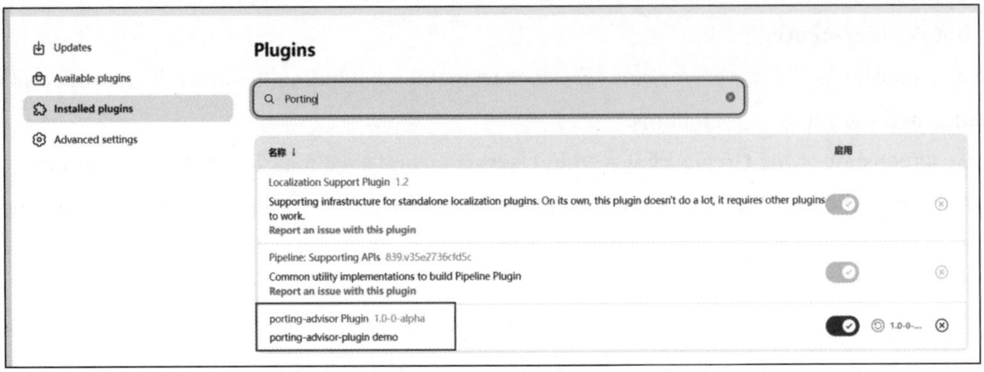

图 5-103　"Porting Advisor 插件"配置完成页面

Subtask 3: Use the Porting Advisor plugin to continuously scan the smartdenovo source code

Procedure:

a. Create a freestyle project named KunpengTest. In Build Steps, configure PortingAdvisor and Execute Shell in sequence.

Note: When configuring PortingAdvisor, select smartdenovo as the source code to be analyzed. The source package is in the /home/kunpeng directory of the ECS. Set other parameters as prompted. When configuring Execute Shell, configure parameters such as too_path and output_path.

b. After the configuration is complete, click Build Now and wait for the build task to complete.

Note: When the build task is complete, a green circle with a tick will be displayed.

c. Find build task in Workspace. A porting-advisor.csv file is generated under the build task. Open the file to view the detailed result of smartdenovo source code analysis.

Screenshot requirements: (Take multiple screenshots if the results cannot be included in one, and suffix the screenshot names with (1), (2), etc.)

a. Take a screenshot of the entire page after PortingAdvisor and Execute Shell are configured in Build Steps, and save it as 2-3-1build.

b. Take a screenshot of the build task completion page, and save it as 2-3-2output.

c. Take a screenshot of the entire Workspace page, including all real-time overview results, and save it as 2-3-3workspace.

Take a screenshot of the content of the porting advisor.csv file, including all real-time overview results, and save it as 2-3-4csv.

【解析】

a. 新建一个名称为"KunpengTest"的任务，构建一个自由风格的软件项目，如图 5-104 所示，在"Build Steps"选项中配置"PortingAdvisor"并"执行 shell"，如图 5-105 所示。

图 5-104 新建任务并构建自由风格的软件项目

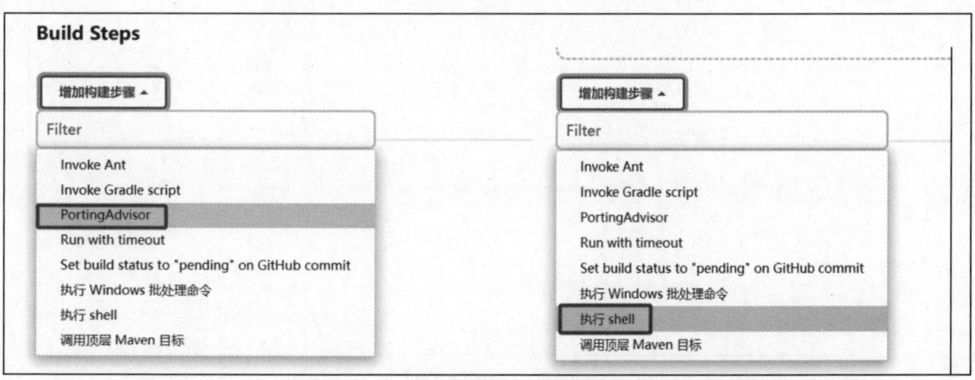

图 5-105 在“Build Steps”选项中配置“PortingAdvisor”并“执行 shell”

提示：配置“PortingAdvisor”过程中分析的源码选择“smartdenovo”，源码包位于 ECS 的/home/kunpeng 路径下，其他选项根据提示完成；配置“执行 shell”时需要配置 too_path、output_path 等相关参数。参数如下：

```
tool_path=/home/kunpeng
output_path=${tool_path}/portadv/tools/cmd/report/sourcecode
output_filepath=`ls -t ${output_path} | head -n 1`
cp -rf ${output_path}/${output_filepath}/* ${WORKSPACE}/
```

保存配置“PortingAdvisor”并“执行 shell”后页面截图，要求包含所有内容，并把截图命名为 **2-3-1build**，如图 5-106 所示。

（a）配置“PortingAdvisor”

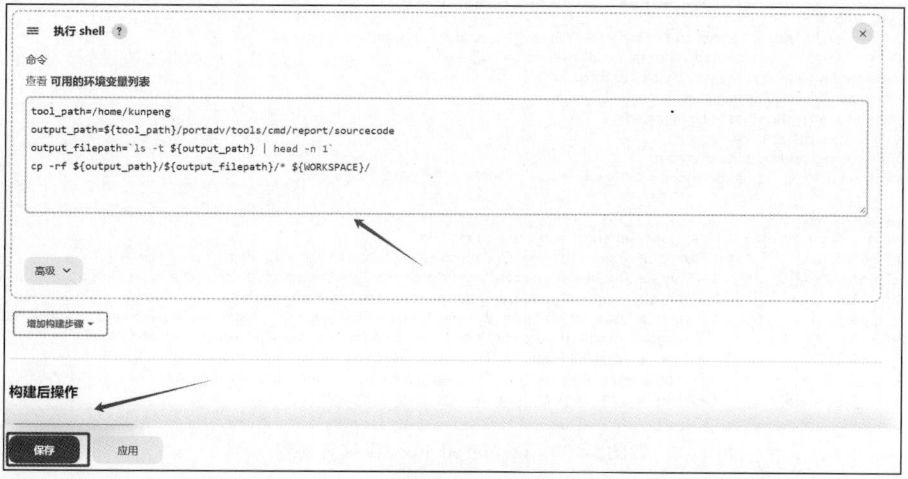

（b）配置“执行 shell”

图 5-106　配置“PortingAdvisor”并“执行 shell”

b. 配置完成后，单击“立即构建”，直到构建任务完成。

提示：构建任务完成后会出现带勾的圆圈。

保存构建完成页面的截图，并把截图命名为 2-3-2output，如图 5-107 所示。

图 5-107　构建完成页面

c. 在“工作空间”中找到构建任务，构建任务下方会自动生成名为“porting-advisor.csv”的文件，打开该文件查看 smartdenovo 源码分析的详细结果。保存“工作空间”页面截图，截图时需确保页面内容的完整性（即需要包含所有实时概览结果），并把截图命名为 2-3-3workspace，如图 5-108 所示。

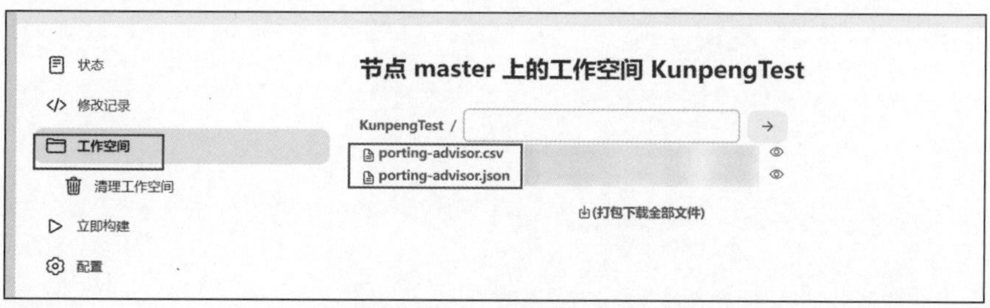

图 5-108　“工作空间”页面

保存 porting advisor.csv 文件内容截图，截图时需确保页面内容的完整性（即需要包含所有实时概览结果），并把截图命名为 2-3-4csv，如图 5-109 所示。

Source Need Migrated: YES
Scanned 32 C/C++ files, 1 Makefile/CMakeLists.txt/Automake related files, total 2 files need to be migrated.
Total 8 lines C/C++/Makefile/CMakeLists.txt/Automake code need to be migrated.
Scanned 0 pure assembly files, no pure assembly files to be migrated.
Scanned 0 Go files, no Go files to be migrated.
Scanned 0 python files, no python files to be migrated.
Scanned 0 java files, no java files to be migrated.
Scanned 0 scala files, no scala files to be migrated.
Estimated transplant workload: 0.1 person/months.(C/C++/Fortran/Go, 500Line/PM; ASM, 250Line/PM)

ource files scan details are as follows:

filename	filetype	line numb	rows	category	keyword	suggestio	description
/home/sm	FileType.M	(5, 5)	1	PortingCa	-march	Please ad	Generate instructions for the machine type cpu-type.
/home/sm	FileType.M	(5, 5)	1	PortingCa	-fsigned-	It's recom	By default on x86 GNU/Linux system a plain char represents a signed char value. On Kunpeng P
/home/sm	FileType.M	(7, 7)	1	PortingCa	-march	Please ad	Generate instructions for the machine type cpu-type.
/home/sm	FileType.M	(7, 7)	1	PortingCa	-fsigned-	It's recom	By default on x86 GNU/Linux system a plain char represents a signed char value. On Kunpeng P
/home/sm	FileType.M	(7, 7)	1	PortingCa	-mpopcn	Please che	These switches enable the use of instructions in the POPCNT.
/home/sm	FileType.M	(7, 7)	1	PortingCa	-mssse3	Please che	These switches enable the use of instructions in the SSSE3.
/home/sm	FileType.C	(28, 28)	1	PortingCa	emmintrir	Use the av	This header file is not a Kunpeng-compatible file.
/home/sm	FileType.C	(118, 118)	1	PortingCa	_mm_ma	Visit 'https	Kunpeng support the intrinsics.

图 5-109　porting advisor.csv 文件内容